# Web 服务 QoS 监控和预测技术

张鹏程　王继民　赵和松　著

科学出版社

北　京

## 内 容 简 介

本书从 Web 服务质量的监控和预测技术两个方面着手，系统而全面地介绍服务质量的动态管理技术，为终端用户提供满意的 Web 服务。全书共 13章。第 1 章介绍 Web 服务和 Web 服务质量的基础知识。第 2 章介绍 Web 服务监控和预测的一般思想与研究现状。第 3 章～第 6 章介绍各种 Web 服务质量的监控方法，包括基于贝叶斯统计、加权朴素贝叶斯、结合信息增益和滑动窗口机制及多元的监控方法。第 7 章～第 11 章介绍各种 Web 服务质量的预测方法，包括基于贝叶斯组合预测模型、径向基神经网络、贝叶斯网络模型和深度学习的服务 QoS 预测方法。第 12 章和第 13 章介绍 Web 服务监控和预测的原型工具。

本书可供软件工程学科专业的教师、研究生和高年级本科生，以及从事Web 服务相关工作的研究和工程技术人员阅读。

**图书在版编目 (CIP) 数据**

Web 服务 QoS 监控和预测技术/张鹏程，王继民，赵和松著. —北京：科学出版社，2017.11
ISBN 978-7-03-054974-7

Ⅰ. ①W… Ⅱ. ①张… ②王… ③赵… Ⅲ. ①Web 服务器—研究
Ⅳ. ①TP393.09

中国版本图书馆 CIP 数据核字 (2017) 第 262107 号

责任编辑：闫　悦 / 责任校对：郭瑞芝
责任印制：张　伟 / 封面设计：迷底封装

科 学 出 版 社 出版
北京东黄城根北街 16 号
邮政编码：100717
http://www. sciencep. com

北京京华虎彩印刷有限公司 印刷

科学出版社发行　各地新华书店经销

\*

2017 年 11 月第　一　版　开本：720×1 000　1/16
2017 年 11 月第一次印刷　印张：19 1/4
字数：378 000

定价：**108.00 元**
(如有印装质量问题，我社负责调换)

# 前　言

随着互联网的快速发展，网络上出现了众多功能相似而服务质量（Quality of Service, QoS）不同的 Web 服务。如何在动态多变的环境下，在线对 Web 服务的 QoS 进行动态的评估，从而为终端用户提供满意的 Web 服务，是该领域近年来的研究热点。本书作者近年来在 Web 服务 QoS 的动态评估方面做了大量基础性的工作，也取得了一系列研究成果，具体描述如下。

在 Web 服务 QoS 监控方法方面，创新性地提出了基于贝叶斯统计的 Web 服务 QoS 监控方法；针对环境因素对监控结果的影响，提出了一种基于加权朴素贝叶斯算法的 QoS 监控方法；针对监控的权值无法动态更新的问题，提出了一种结合信息增益和滑动窗口机制的 Web 服务 QoS 动态监控方法；针对现有的 QoS 监控方法几乎只考虑单个 QoS 指标，无法满足用户满意度要求这一问题，提出了一种基于信息融合的多元 QoS 监控方法。

在 Web 服务 QoS 预测方法方面，针对目前的 QoS 预测算法未考虑高度的动态性，预测精度不能持续保证的问题，提出了基于贝叶斯组合预测模型对服务质量进行预测的方法和基于径向基神经网络的 Web 服务 QoS 组合预测技术；针对云服务 QoS 动态多变的特点，提出了基于贝叶斯网络模型的云服务 QoS 预测技术；另外，还将最新的深度神经网络算法应用到 QoS 预测中，提出了基于深度学习的 Web 服务 QoS 预测方法，提高了预测精度。

在理论研究的基础上，还开发了支持 Web 服务监控的原型工具和支持 Web 服务预测的原型工具，并给出了这些工具具体的应用实例。

为此，有必要系统地写一本书，以便和国内外同行分享研究经验和教训，也希望通过这本书架起国内外同行学者之间相互了解和交流的桥梁。

本书共 13 章，河海大学的王继民参与了本书第 2 章和第 8 章内容的撰写；水利部水文局（水利信息中心）的赵和松参与了本书的第 10 章、第 12 章和第 13 章的撰写；全书的组织架构和其余章节由河海大学的张鹏程负责设计和撰写。本书相关成果在研究过程中得到了国家科技支撑计划项目（编号：2015BAB07B01）、国家自然科学基金（编号：61572171、61202097）和河海大学中央高校基本科研业务费（编号：B15020191）的支持，在此一并表示感谢。

本书在写作过程中得到了河海大学计算机与信息学院的老师和同学的大力支持。他们是朱跃龙教授、冯钧教授、万定生教授、李士进教授、胡鹤轩副教授、余宇峰副教授、陆佳民博士、张云飞博士、吉顺慧博士，硕士生武晓斌、刘千、徐美君、成艳、孙朋姣、余俊、刘宗磊、庄媛、肖艳、周宇鹏、曾金伟、韩晴、孙颖桃、张馨元、何宏丽、张雷、刘琪、王丽艳、江艳、王韬、龚亚丽、程坤、周学武、熊芳等。特别感谢 2017 级研究生金惠颖参与了大量的文字编辑工作。

感谢我的硕士导师朱跃龙教授、博士导师李必信教授、博士后合作导师李宣东教授，感谢他们一直以来对我的关心和照顾，正是有了他们的鼓励，此书才得以诞生。

尽管本书作者在撰写过程中尽了最大的努力，但由于水平、精力有限，书中难免存在不足之处，恳请广大读者批评指正。也欢迎读者针对本书中的观点和我们展开学术交流与讨论，以期进一步完善本书提出的理论、方法和工具。

张鹏程

2017 年 6 月于南京

# 目　录

# 第 1 章　Web 服务技术概述

本章从总体上介绍面向服务的计算和面向服务架构的基本概念，并引出了 Web 服务和 Web 服务质量的概念。在对相关的技术进行介绍后，还给出了本书的主要贡献和章节安排。

## 1.1　面向服务计算与面向服务架构

纵观软件技术发展的历史，即从起初的个人作坊、面向过程的结构化方法、面向对象的开发方法到面向构件的开发方法，这些开发方法无不对软件技术的发展产生了深远的影响。在个人作坊阶段，程序设计仅是一种发挥创造才能的活动，程序往往被称为只是少数人编写的"艺术品"。面向过程的结构化方法[1]，强调数据结构、程序模块化结构等特征，从而大大提高了程序的可读性。伴随着结构化软件技术而出现的软件工程方法（包括计算机辅助软件工程（Computer Aided Software Engineering，CASE）工具）[2]，使得软件开发的工作范围从只考虑程序的编写扩展到整个软件生命周期（包括需求分析、设计、实现、验证和确认、运行和维护）。由此，软件由个人作坊的"艺术品"变为团队的工程商品。面向对象（Object-Oriented，OO）的方法[3]在很大程度上提高了软件的易读性、可维护性、可重用性，进一步使得从软件分析到软件设计的转变非常自然，从而大大降低了软件开发的成本。另外，通过有效地重用 OO 技术开辟了提高软件生产率的新篇章。之后，面向构件技术[4]的出现实现了软件产业向工业化生产的飞跃，带来了新的契机。同样，由于网络和分布式应用的广泛发展与应用，面向服务的计算（Service-Oriented Computing，SOC）[5]和面向服务的体系架构（Service-Oriented Architecture，SOA）[6]应运而生，这是对传统的软件开发技术的改进，势必会对软件技术发展历程产生深远的影响。

随着网络和分布式计算的快速发展，现代企业的软件开发面临的挑战是快速改变的市场条件、企业外部环境的不断变化、企业内部的结构不断调整等。现代企业只有快速地适应这些多变的需求，才能紧跟时代的步伐，在激烈的市场竞争环境中立于不败之地。所以传统的"一次性"软件开发方式显然不能满足这种快速增长和多变的需求。而如何解决企业应用所面临的挑战是当今软件界的焦点问题之一。SOC 和 SOA 的提出为解决这一难题提供了新型的计算模式和软件开发方法。

SOC 以服务为基础来支持快速、低成本地开发可组合的分布式应用[5]，其中，服务是自治的、平台独立的计算实体。服务可以完成基本的功能，也可以通过组合已有的服务来完成复杂的功能。通过描述、发布、发现和动态地组合服务从而形成规模更大的系统，该系统具有分布式、互操作性、重用性、可扩展性和动态演化速度快等特点[6]。根据服务的思想，软件系统中任何代码或任何构件都能够被重复使用，并封装为网络上可使用的服务。这体现了"面向服务"的编程方法的核心思想，即通过发现和调用网络上已有的服务来组合新应用而不是通过自己编写新的程序来实现这些应用。一般而言，服务都以独立于其使用的方式被开发，这使得服务提供者和请求者是以松耦合的方式连接的。

SOA 是一种基于 SOC 的设计方式，在服务的生命周期（从需求分析、设计、实现、预发布、运行到演化）中，指导着服务的创建和使用的方方面面。SOA 也是一种定义和提供信息技术（Information Technology，IT）基础设施的方式，允许分布式应用之间交互数据、参与业务过程，而不管分布式应用是基于何种操作系统或采用何种编程语言。

当前一些研究组织和世界著名大学都深入地研究了 SOC 和 SOA，研究人员不断地提出新的面向服务的基础理论、方法和应用。以面向服务的计算和面向服务的软件开发为主题的国际会议（conference）、研讨会（symposium），著名的如 ICWS（International Conference on Web Service）、SCC（Service Computing Conference）、ICSOC（International Conference on Service Oriented Computing）和 SOSE（Service Oriented Software Engineering）等。同时，各大学术团体和标准化组织，如结构化信息标准促进组织（Organization for the Advancement of Structured Information Standards，OASIS）、万维网联盟（World Wide Web Consortium，W3C）也不断推出 SOA 相关技术标准和规范，如 WSDL（Web Service Definition Language）[7]、UDDI（Universal Description, Discovery and Integration）[8]、WS-BPEL（Web Service Business Process Execution Language）[9]、WS-CDL（Web Service Choreography Description Language）[10]、SLA（Service Level Agreement）[11]和 WS-Agreement[12]等。

在工业界，Web 服务技术也逐渐成为当前 SOA 实现的主流方式，包括 IBM、微软、BEA 等在内的全球知名企业和各大研究机构都在通力合作，促进 Web 服务技术的发展和成熟。总之，SOC 和 SOA 是软件技术发展的新的里程碑，是继面向对象和面向构件的编程思想以来一种变革性的软件开发技术。实践证明，SOC 和 SOA 将对软件技术的发展以及企业的 IT 架构带来巨大的影响。

## 1.2　Web 服务和 Web 服务质量

Web 服务体系结构如图 1-1 所示，包括三种角色之间的交互，即服务提供者、服务注册中心、服务请求者。交互就是指发布、发现和绑定操作[6]。Web 服务提供者利用 WSDL 描述 Web 服务，Web 服务请求者通过 UDDI 来发现服务，两者之间的通信使用简单对象访问协议（Simple Object Access Protocol，SOAP）[13]。Web 服务注册中心的作用是把 Web 服务请求者与合适的 Web 服务提供者联系起来。同时，图 1-1 显示了 Web 服务角色之间的交互关系。其中，发布是为了让用户或其他服务知道某个 Web 服务的存在和相关信息；发现是为了找到合适的 Web 服务；绑定是在提供者与请求者之间建立某种关系。

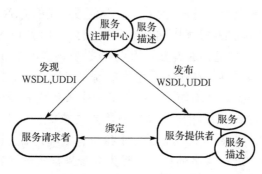

图 1-1　Web 服务体系结构

国际质量标准 ISO 8402 定义的质量为"一个产品或者服务能够满足规定和潜在需求的特征与特性的总和"。而 Web 服务中的 QoS[14]是一组非功能属性的集合，它用来描述 Web 服务在功能以外的属性。对 QoS 的研究主要集中在如何使用 QoS 来描述一个系统，以及如何将这些系统自身的 QoS 数值表达给资源管理者以满足系统理论上所需的 QoS 需求或通过设定一定的需求规定来帮助用户作出合适的服务选择。QoS 中的属性表征了 Web 服务某一方面的质量信息，具有一个属性值，该值反映了 Web 服务在此方面给用户的使用体验。

随着 SOC 技术在系统开发中的应用普及，Web 上出现了各种各样功能相同或相近但其 QoS 却有很大差别的 Web 服务，因此，如何选择一个适合自己系统的服务在很大程度上受其 QoS 的影响。而 Web 服务是通过网络获取的，其 QoS 易受到网络环境、服务器负载等因素的影响，会出现周期性、短暂性的服务质量变化的情况[15-17]。

在许多应用场景中，一个完整的 Web 服务由许多不同的服务组合而成，其本身也许只有核心功能由自己开发，而非核心功能将使用 Web 上的其他服务。但是 Web 上充满了大量功能相同的服务，如何选择最适合自身系统的服务，或者当一个组合系统中某一服务发生失效时如何选择替代服务，正成为 SOC 领域需要解决的关键问题之一。面向服务系统的执行能力以及 QoS 越来越依赖于第三方提供的服务，然而在复杂多变的 Internet 环境中，这种对于第三方服务的依赖会带来不确定的问题，如服务组件接口变化、组件自身变化、某个组件提供的功能或者非功能特性与预先声明不同等服务内在因素变化以及动态选择发生变化、网络资源不足、通信模式的变化、基础构造失效的影响等外在环境变化，都会对服务质量产生严重影响，这些变动甚至是故障使得系统难以提供稳定的服务,使得服务无法满足 QoS 需求。因此,面向服务系统需要进行运行时监控,对 Web 服务实现质量控制,以提高鲁棒性和应对失效发生的能力。

Web 服务 QoS 监控技术[18]是指在线收集 Web 服务运行时的 QoS 数据,并用来判断是否满足预定义的质量属性。通常情况下可以采用数值计算、基于统计的方法和基于贝叶斯的方法来监控运行时 QoS 是否满足预定义的 QoS 属性。

在线 Web 服务 QoS 预测技术[19]通常使用收集到的历史 QoS 数据集来预测未来一段时间内 QoS 的变化情况。通过分析历史 QoS 观察值,Web 服务 QoS 预测技术通过预测可以帮助服务提供商在服务发生失效前作出反应,选择出正确的候选服务或者对现有服务作出调整,从而防止这些服务发生失效或者减少由于服务失效而产生的影响。能够对 QoS 属性值作出正确预测是至关重要的,它能够帮助一个系统采取正确的自适应措施。如果一个 Web 服务本身没有故障,而预测出了故障,则会产生多余的自适应行为。这种多余的自适应行为会带来很多缺点。第一,多余的自适应是昂贵的。例如,系统将有可能根据预测结果从备选服务中选择一个满足 SLA 准则的服务进行替代,而这属于附加的行为;也有可能导致系统进行一个代价更大的操作。第二,多余的自适应行为有可能是错误的,导致系统产生服务问题。第三,执行自适应是需要花费时间的,也就是说在最坏情况下,如果进行多余的自适应则可能致使没有足够的时间去解决真正的错误。另外,如果一个 Web 服务发生错误,而方法并未能及时预测,将导致系统有可能需要花费一定的代价进行修复活动。由此可以看出,一个 Web 服务预测方法得到的结果是否有效具有很大意义。

## 1.3　本书的主要贡献

本书的主要贡献包括五个方面,具体描述如下。

(1)综述了现有的 Web 服务 QoS 监控方法和 Web 服务 QoS 预测方法。

(2)结合本书作者近几年在 Web 服务 QoS 监控方面的研究成果,介绍了一系列 Web 服务 QoS 监控方法。包括基于贝叶斯统计的 Web 服务 QoS 监控方法[20,21]、考虑环境因素影响的结合 TF-IDF(Term Frequency-Inverse Document Frequency)的加权朴素贝叶斯监控方法[22-24]、考虑样本动态更新的结合信息增益和滑动窗口的加权朴素贝叶斯监控方法[25]和考虑多 QoS 融合的监控方法。

(3)结合本书作者近几年在 Web 服务 QoS 预测方面的研究成果,介绍了一系列 Web 服务 QoS 预测方法。包括基于贝叶斯组合模型的 Web 服务 QoS 预测关键技术[21]、基于径向基神经网络的 Web 服务 QoS 预测技术[26,27]、基于贝叶斯网络模型的云 Web 服务 QoS 预测技术[28,29]和基于深度学习的 Web 服务 QoS 预测技术[30]。

(4)在理论研究的基础上,开发了支持 Web 服务监控的原型工具[31]。该工具集成了目前常用的 Web 服务 QoS 监控方法，包括基于传统思想的 Chan 监控方法、基于假设检验思想的 SPRT（Sequential Probabilistic Ratio Test）监控方法和 ProMo 监控方法、基于贝叶斯思想的改进的贝叶斯运行时监控方法（Improved Bayes Statistical Runtime Monitoring，iBSRM）和带权贝叶斯运行时的监控方法（Weighted Naive Bayes Statistical Runtime Monitoring，wBSRM）等。

（5）开发了支持 Web 服务预测的原型工具[32]。该工具集成了目前多个 Web 服务 QoS 预测方法，包括差分自回归移动平均（Auto-regressive Integrated Moving Average，ARIMA）模型预测方法、基于滑动窗口的 ARIMA 模型预测方法、BP（Back-Propagation）神经网络预测方法、径向基（Radial Basis Function，RBF）神经网络预测方法和灰度模型 GM(1,1)预测方法，组合模型预测方法包括基于 BP 神经网络的 ARIMA 和灰度组合模型预测方法以及基于径向基神经网络（Radial Basis Function Neural Network，RBFNN）的 ARMA 和灰度组合模型预测方法等。

## 1.4　本书的章节安排

第 1 章从总体上介绍面向服务的计算和面向服务架构的基本概念，并引出 Web 服务和 Web 服务质量的概念。最后给出本书的贡献和章节安排。

第 2 章描述 Web 服务 QoS 监控技术的基本思想，然后综述现有的典型 Web 服务 QoS 监控方法，包括传统的 Web 服务 QoS 监控方法和新近的概率监控方法，并分析现有研究存在的问题。接着描述 Web 服务 QoS 预测技术的基本思想。最后综述现有的典型 Web 服务预测方法，包括基于相似度的 Web 服务 QoS 预测方法、基于人工智能的 Web 服务 QoS 预测方法和基于时间序列的 Web 服务 QoS 预测方法。

第 3 章提出基于贝叶斯统计的 Web 服务 QoS 监控方法[20,21]。针对目前存在的概率监控方法通过估算概率值与预定的概率标准进行比较，缺乏统计分析论证；或基于传统的假设检验，如 SPRT，某些情况下方法会失效，且整个监控过程中，监控概率标准必须为常量的问题，提出一种基于贝叶斯统计的概率监控方法 BaProMon。该方法根据 Web 服务 QoS 运行时监控信息和贝叶斯统计原理，计算贝叶斯因子，进行假设检验。为了采用合适的概率时态逻辑来表示概率特性，还对概率线性时态逻辑（Probabilistic Linear Temporal Logic，PLTL）进行拓展，提出三值概率线性时态逻辑（3-valued Semantic Probabilistic Linear Temporal Logic，$PLTL_3$），用真、假和不确定来表示 $PLTL_3$ 公式值。

第 4 章考虑环境因素，提出基于加权朴素贝叶斯的 Web 服务 QoS 监控方法[23,24]。wBSRM 的 Web 服务 QoS 监控方法，受机器学习分类方法的启发，通过 TF-IDF 算法计算环境因素的影响，通过对部分样本进行学习，构建加权朴素贝叶斯分类器。将监控结果分类，满足 QoS 标准为 $c_0$、不满足 QoS 标准为 $c_1$，监控时调用分类器

得到 $c_0$ 和 $c_1$ 的后验概率之比，对比值进行分析可得监控结果满足 QoS 属性标准、不满足 QoS 属性标准和不能判断这三种情况。在网络开源数据以及随机数据集上的实验结果表明：利用 TF-IDF 算法能够准确地估算环境因子权值，通过加权朴素贝叶斯分类器能够更好地监控 QoS，效率显著优于现有方法。

第 5 章提出一种时效感知的动态 Web 服务 QoS 监控方法[25]。该方法在传统加权监控方法中融入了滑动窗口机制和信息增益原理，简称 IgS-wBSRM（Information Gain and Sliding Window based Weighted Naive Bayes Statistical QoS Runtime Monitoring）。方法以一定的初始训练样本进行环境因素权值初始化，利用信息熵（Information Entropy, IE）及信息增益（Information Gain, IG）对样本所处混沌状态的确定作用，依次读取样本数据流，计算样本数据单元出现前后各影响因子组合的信息增益，结合 TF-IDF 算法对早期初始化权值进行动态更新，修正传统算法对监控分类的类间分布偏差问题和参数未更新问题。另外，考虑训练样本数据的时效性，结合滑动窗口机制来对影响因子组合权值进行同步更新，以消解长期累积的历史冗余数据对近期服务 QoS 的影响。在模拟数据集和开源数据集上的实验结果表明：利用滑动窗口机制可以有效摒弃历史数据的过期信息，结合滑动窗口机制实现的基于信息增益的动态权值算法能够更加准确地监控 Web 服务 QoS，总体监控效果明显优先于现有方法。

第 6 章提出一种基于信息融合的多元 QoS 监控方法。首先，建立多元 QoS 模型，由于不同的 QoS 指标的计量单位不一样，方法对不同的 QoS 属性数据先进行归一化处理，再使用信息融合方法将多个 QoS 属性样本融合为综合 QoS 数据样本。提取样本的特征因子，通过点互信息计算特征因子的分类倾向，构造加权贝叶斯分类器。在网络开源数据集以及模拟数据集上的实验结果表明，该方法与现有方法相比监控效果显著提高。

第 7 章提出一种基于组合贝叶斯模型的 Web 服务 QoS 预测方法[21]。针对目前的 QoS 预测算法，要么未考虑 Web 服务高度的动态性，要么建立的预测模型仅在特定的适用场合和时段预测精度良好，但不能持续保持优良的预测性能的问题，提出贝叶斯组合预测模型对服务质量进行预测，该方法首先对时间序列特征进行识别，根据识别结果选取合适的基本预测模型，对已选取的模型进行训练，然后使用预测—权值调整—预测的循环结构进行预测。在预测的过程中，通过不断调整基本预测模型权重的方式使结果逼近预测效果最好的模型，保持相对优良的预测精度。为了验证预测效果，对响应时间、吞吐量、可靠性等 QoS 属性进行预测，并且采用精度分析和有效性评估两种方式对实验结果进行比较。实验表明，不同特征的时间序列样本下，贝叶斯组合预测模型能保持较高的预测精度，趋近于最优的预测模型，可提供较为稳定良好的预测表现。

第 8 章提出基于径向基神经网络的 Web 服务 QoS 组合预测方法[26,27]。方法结合了基于数据集特征分析的时间序列算法和基于滑动窗口的动态灰色预测算法。通过 K-S 检验法识别时间序列的线性或非线性，接着针对特征分析的结果分别建立差分自回归移动平均模型和自激励门限自回归移动平均模型，使用（偏）自相关函数求模型系数。在建立自激励门限自回归移动平均模型的过程中，使用黄金分割搜索算法求门限值，对数据集进行划分。同时利用灰色预测系统现实信息优先的原则，考虑到如果时间序列过长，不稳定因素增加，数据波动性大等问题，为样本集设置一个较小的滑动窗口，每次预测后添加一个最新的数据信息，同时删除一个最旧的信息。由于灰色预测时间效率高，可进行动态建模预测，将上述两个方法中的结果组成二元组，通过一个权值公式构造训练集，并作为输入源传递给径向基神经网络模型，使用二级递阶遗传算法训练模型的网络结构和模型参数。设置误差阈值作为模型更新的约束条件，当误差持续不满足时，可动态调整径向基神经网络模型或时间序列模型。以 QoS 属性中的响应时间和吞吐量为例，使用四组共享数据集和四组自测数据集作为模型预测样本进行实验。实验结果证明该模型不仅在预测精度上有一定提高，而且能够很好地保证预测的有效性，符合实际应用要求。

第 9 章介绍基于深度学习模型的 Web 服务 QoS 预测方法[29]。利用深度置信神经网络的时间序列预测能力，将小波分析方法和相空间重构与之结合起来，建立一个基于深度置信神经网络的 Web 服务 QoS 时间序列预测模型。首先利用小波变换方法对时间序列进行预处理，将原始序列噪声去除，然后对序列进行归一化处理，选取合适的重构维数和延迟时间，将历史数据进行扩充，避免了数据量不足以训练深度学习模型的问题。之后利用历史数据训练深度置信神经网络模型，最后对未来数据进行预测。根据深度置信网络具有记忆功能的特点，通过对改进的粒子群对比验证，提出一种高效的粒子群改进算法，实现了自适应的参数调节方法，减少了对模型参数的人工干预，提高了预测结果的精度；为了缩短深度置信网络的训练时间，提出使用图形处理器（Graphics Processing Unit，GPU）进行训练时加速，大大节约了时间成本。选取 Web 服务 QoS 属性中的响应时间和吞吐量，使用八组自测数据以及两组开源数据作为模型预测样本进行实验。将其运用到该章所提出的方法及传统的时间序列模型、BP 神经网络模型以及层次遗传算法优化的径向基神经网络组合方法（Hierarchical Genetic Algorithm Optimization Radical Basis Function Neural Networks Basel Combinational Approach，HGA-RBFC）中。同时使用误差评估对预测结果在精度上进行详细分析，证明提出的方法是有效的。

第 10 章提出基于贝叶斯网络模型云服务 QoS 预测方法[30,31]。云计算三层体系结构中的软硬件资源会对云服务 QoS 有一定的影响，而现有的云服务 QoS 预测方法均未考虑到。这些影响在云服务 QoS 预测的时候都是存在的，忽略考虑这些影响可能导致预测结果和实际结果误差偏大。因此为了提高云服务 QoS 的准确性、缩小误差，使用互信息来描述云计算三层体系结构中的软硬件资源和云服务 QoS 属性之间的相关性，并建立贝叶斯网络模型预测云服务 QoS。收集云计算各个层次结构的软硬件资源和 QoS 属性数据集，以及进行合理的预处理，然后对贝叶斯网络进行训练。利用各变量之间的互信息构建贝叶斯网络，并进行参数学习，计算贝叶斯网络各个节点所对应的条件概率分布表。接着使用贝叶斯网络的预测推理算法对 QoS 属性数据进行预测和推理，最终获取云服务 QoS 的概率值。实验以 QoS 属性中的响应时间和可用性为例，使用随机抽取的 10 组数据集作为模型预测样本进行实验。通过对贝叶斯网络模型的云服务 QoS 预测方法和时间序列预测模型、BP 神经网络预测模型、算术平均值预测模型等预测方法对比分析预测结果，使用平均相对误差（Mean Relative Error，MRE）、平均绝对误差（Mean Absolute Error，MAE）、均方和误差（Square Sum Error，SSE）、均方根误差（Root Mean Squared Error，RMSE）四个误差指标对预测结果进行评估来验证本书提出的预测方法的准确性。实验结果表明基于贝叶斯网络模型的云服务 QoS 预测方法能够准确地预测云服务 QoS，并且准确率高于对比的预测方法。

第 11 章提出一种基于多元时间序列的 Web 服务 QoS 预测方法 MulA-LMRBF（Multiple Step Forecasting with Advertisement-Levenberg Marquardt Radial Basis Function）。充分考虑多个 QoS 属性之间的关联，采用平均位移法（Average Dimension，AD）确定相空间重构的嵌入维数和延迟时间，还将短期服务提供商 QoS 广告数据加入数据集中，采用列文伯格-马夸尔特法（Levenberg-Marquardt，LM）算法改进 RBF 神经网络预测模型，动态更新神经网络的权重，提高预测精度，实现 QoS 动态多步预测。通过网络开源数据和自测数据的实验表明，此方法与传统方法相比有较好的预测效果。

第 12 章设计和实现了一种 Web 服务 QoS 监控工具[31]，将多个监控方法放在一个工具中，主要包括五个监控方法：基于传统思想的 Chan 监控方法、基于假设检验思想的 SPRT 监控方法和 ProMo 监控方法、基于贝叶斯思想的 iBSRM 监控方法和 wBSRM 监控方法。并且考虑多个 QoS 对 Web 服务的影响，用户可以根据需要选择考虑的 QoS 属性，而且多个监控方法可以随机选择，监控结果以折线图的形式动态展示出来，折线图更能表现监控结果的变化趋势，满足多个监控方法相互比较的需求。根据 Web 服务 QoS 监控方法的实现原理和算法，上述功能主要运用 Java 语言来实现，而且为了使监控结果展示效果更加突出，使用 FusionCharts 图表插件动态展示监控结果，用户可以直接看出监控结果的特征，还可以通过方法对比，进行实验分析。为了方便用户使用该工具，将其部署到云服务器上，并采用 B/S 架构，将功能实现部分放在云服务器端，整个工具展示和操作部分放在浏览器端完成，用户只需打开浏览器，输入固定的地址，便可轻松使用该工具，提高了其灵活性、安全性、资源复用性等。

第 13 章设计并实现了 Web 服务 QoS 预测工具[32]。通过在服务代理商中嵌入 Java

代码收集 Web 服务响应时间数据，并使用性能负载测试工具 HP LoadRunner 收集 Web 服务吞吐量数据。本书研究的 Web 服务 QoS 预测方法主要包括基本模型预测方法和组合模型预测方法。其中基本模型预测方法包括 ARIMA 模型预测方法、基于滑动窗口的 ARIMA 模型预测方法、BP 神经网络预测方法、RBF 神经网络预测方法和灰度模型 GM（1,1）预测方法；组合模型预测方法包括基于 BPNN 的 ARIMA 和灰度组合模型预测方法以及基于 RBFNN 的 ARIMA 和灰度组合模型预测方法。接着采用 C/S 架构设计与实现了 Web 服务 QoS 预测工具。利用 Java 语言实现工具的客户端，客户端主要负责界面设计和预测结果展示与评估等；服务器端通过 R 语言实现，服务器端主要负责实现 Web 服务 QoS 预测方法；客户端与服务器端之间通过 Rserve 连接，客户端通过获得的连接调用服务器端中相应的 Web 服务 QoS 预测方法的 R 语言脚本。利用自测的四个 Web 服务的响应时间和吞吐量数据、四组网络中共享的吞吐量和响应时间数据作为工具的输入进行测试，测试和验证了工具的可行性和适用性。

## 参 考 文 献

[ 1 ] 陈火旺. 程序设计方法学基础[M]. 长沙: 湖南科学技术出版社, 1987.

[ 2 ] 谢冰, 杨芙清. 青鸟工程及其 CASE 工具[J]. 计算机工程, 2000, 26(11): 76-77.

[ 3 ] 汤庸. 结构化与面向对象软件方法[M]. 北京: 科学出版社, 1998.

[ 4 ] 李延春, 晏敏. 软件构件技术的现状与未来[J]. 计算机工程与应用, 2003, 39(31): 86-93.

[ 5 ] Papazoglou M P, Traverso P, Dustdar S, et al. Service-oriented computing research roadmap[R]. Technical Report/Vision Paper on Service Oriented Computing European Union Information Society Technologies (IST), 2006.

[ 6 ] Lewis G. Service oriented architecture (SOA)[J]. Pro Scalable. NET 2.0 Application Designs, 2006: 247-268.

[ 7 ] Christensen E, Curbera F, Meredith G, et al. Web Service Definition Language (WSDL)[M]. New York: Springer, 2001.

[ 8 ] Richards R. Universal description, discovery, and integration (UDDI)[J]. Pro PHP XML and Web Services, 2006: 751-780.

[ 9 ] Mendling J. Business process execution language for web service (BPEL)[J]. Emisa Forum, 2006, 26: 78-94.

[10] Kavantzas N. Web services choreography description language version 1. 0, W3C[EB/OL]. http://www.w3.org/TR/ws-cdl-10/.

[11] Ludwig H, Keller A, Dan A, et al. Web service level agreement (WSLA) language specification[J]. Documentation for Web Services Toolkit, version 3. 2. 1. International Business Machines Corporation, 2003:815-824.

[12] Andrieux A, Czajkowski K, Dan A, et al. Web services agreement specification (WS-Agreement)[J]. Open Grid Forum, 2007:128-216.

[13] Ryman A. Simple object access protocol (SOAP) and web services[J]. Encyclopedia of Genetics Genomics Proteomics & Informatics, 2002, 14(11): 303-305.

[14] Wang Z, Crowcroft J. Quality-of-service routing for supporting multimedia applications[J]. IEEE Journal on Selected Areas in Communications, 1996, 14(7): 1228-1234.

[15] 华哲邦, 李萌, 赵俊峰, 等. 基于时间序列分析的 Web service QoS 预测方法[J]. 计算机科学与探索, 2013, 7 (3): 218-226.

[16] Chaparadza R, Papavassiliou S, Kastrinogiannis T, et al. Towards the future internet-A European research perspective[J]. Creating a Viable Evolution Path towards Self-Managing Future Internet via a Standardizable Reference Model for Autonomic Network Engineering, 2009: 313-324.

[17] Papazoglou M P, Traverso P, Dustdar S, et al. Service-oriented computing: A research roadmap[J]. International Journal of Cooperative Information Systems, 2008, 17(02): 223-255.

[18] Zeng L, Lei H, Chang H. Monitoring the QoS for web services[C]//International Conference on Service-Oriented Computing Berlin: Springer, 2007: 132-144.

[19] Shao L S, Li Z, Zhao J F, et al. Web service QoS prediction approach[J]. Journal of Software, 2009, 20(8): 2062-2073.

[20] Zhu Y, Xu M, Zhang P, et al. Bayesian probabilistic monitor: A new and efficient probabilistic monitoring approach based on bayesian statistics[C]//International Conference on Quality Software. IEEE Computer Society, 2013: 45-54.

[21] 徐美君. Web 服务 QoS 监控和预测关键技术研究[D]. 南京: 河海大学, 2014.

[22] 庄媛, 张鹏程, 李雯睿, 等. 一种环境因素敏感的 Web Service QoS 监控方法[J]. 软件学报, 2016, 27(8): 1978-1992.

[23] Zhang P, Zhuang Y, Leung H, et al. A novel QoS monitoring approach sensitive to environmental factors[C]//IEEE International Conference on Web Services. IEEE, 2015: 145-152.

[24] 庄媛. 环境因素敏感的 Web 服务 QoS 监控方法研究[D]. 南京: 河海大学, 2016.

[25] 何志鹏. 结合信息增益与滑动窗口机制的加权 Web 服务 QoS 监控方法的设计与实现[D]. 南京: 河海大学, 2017.

[26] 刘宗磊, 庄媛, 张鹏程. 基于径向基神经网络的 Web Service QoS 属性值组合预测方法[J]. 计算机与现代化, 2015(12): 52-56.

[27] 刘宗磊. 基于径向基神经网络的 Web 服务 QoS 组合预测方法研究[D]. 南京: 河海大学, 2016.

[28] 韩晴. 基于贝叶斯网络模型的云服务 QoS 预测方法的研究[D]. 南京: 河海大学, 2017.

[29] Zhang P, Han Q, Li W, et al. A novel QoS prediction approach for cloud service based on Bayesian networks model[C]//IEEE International Conference on Mobile Services. IEEE, 2016: 111-118.

[30] 孙颖桃. 基于深度学习的 Web 服务 QoS 预测方法研究[D]. 南京: 河海大学, 2017.

[31] 龚亚莉. Web 服务 QoS 监控方法研究与工具实现[D]. 南京: 河海大学, 2017.

[32] 王韬. Web 服务 QoS 预测方法研究与工具实现[D]. 南京: 河海大学, 2017.

# 第 2 章　Web 服务 QoS 监控和预测技术综述

本章首先介绍运行时监控技术的基本思想，然后综述和分类现有的 Web 服务 QoS 监控方法，并分析现有方法存在的问题。接着介绍 Web 服务 QoS 预测的基本思想，最后对现有的 Web 服务预测方法进行系统的综述和分类，并对现有方法中存在的问题进行系统的阐述。

## 2.1　运行时监控技术

通常情况下，软件系统的运行时行为是依赖于运行环境的，而有关运行环境精确的描述是不存在的。早期的静态验证技术如模型检验[1]、定理证明[2]等对环境行为作出了假设；而在运行时，环境是不断变化的，这使得系统的行为很难预测，并且在运行前无法分析系统的实际行为。为了保证系统满足某些性质，需采用运行时监控技术来检测系统的实际行为是否与给定的规约一致。

### 2.1.1　运行时监控一般过程

运行时监控技术[3]用于分析系统运行时行为是否满足或背离给定的性质。当观察到一个背离时，监控器（monitor）不会影响或改变系统的执行，而是试图从观察到的背离中恢复。监控器由观察器（observer）和分析器（analyzer）组成。观察器是一个程序片段集合被插入目标系统中的适当位置，记录待监控系统的状态改变，并收集与性质相关的数据。分析器用于监控收集的数据是否满足给定性质。监控器检测错误而不会影响系统行为。

一般的监控过程如图 2-1 所示。首先从需求中抽取出待监控的性质，并用某种规约表示，即监控代码。当实现了一个观察器后，需确定初始化监控代码的监控点，利用工具将监控代码自动插入执行目标系统中。这时观察器收集与给定性质相关的数据，并将数据传递给一个分析器，由分析器检测收集的数据是否满足给定性质。如果分析结果显示运行时数据与待验证的性质相背离，监控器就会调用事件处理器（event handler）来诊断错误，提供诊断信息给用户，以辅助用户理解错误的原因，并帮助系统从错误中恢复，将系统直接引入到一个正确的状态，也可能仅以日志的形式记录错误信息。

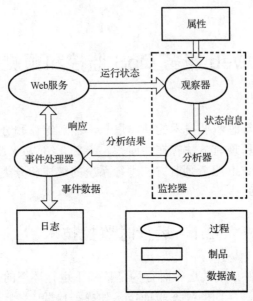

图 2-1　一般的监控过程

## 2.1.2　运行时监控与传统验证模型检验技术的比较

模型检验用于判定给定模型 $M$ 的所有计算是否满足给定的性质。在基于自动机理论的模型检验中,将性质转换为自动机来检测违背性质的所有运行。自动机与模型 $M$ 并行运行来检测 $M$ 是否存在违反了性质的运行。运行时生成监控器与模型检验生成自动机类似,但两者也有以下不同[4]。

(1)在模型检验中,检测给定系统的所有运行是否满足给定的性质,这对应于语言的包含问题;而运行时监控解决的是字问题,系统运行是系统状态的无限序列。字问题比语言包含问题具有更低的复杂度。

(2)从形式化的角度来看,运行是一个无限字或轨迹,系统的一个执行是一个运行的有限前缀。模型检验考虑的是无限轨迹,而运行时监控处理有限的执行,执行必须是有限的。

(3)在模型检验中,给定一个完全模型,允许考虑轨迹的任何位置,运行时监控是以增量的方式考虑有限执行的。

(4)从应用的观点来看,运行时监控未提供系统模型,需要处理实际系统所生成的可观察的执行,所以运行时监控技术是应用到黑盒系统中的。在模型检验中,在实际运行系统之前,需要构建待检测系统的一个适当模型,也就是说必须检测所有可能的执行。

(5)模型检验面临状态爆炸问题,通过生成系统的整个状态空间分析所有的系统执行，状态空间通常是很庞大的；而运行时监控考虑单个运行，不会产生任何内存问题，只需存储有限的运行轨迹。

## 2.2　Web 服务 QoS 监控技术研究现状

Web 服务在运行时表现出来的更多是非功能属性，即 QoS，故需要对 Web 服务 QoS 进行运行时监控。Web 服务 QoS 运行时监控方法分为两个方面：2.2.1 节介绍传统 Web 服务 QoS 相关监控技术，这些方法并没有考虑 QoS 的概率特性；2.2.2 节介绍概率监控方法，并分析存在的问题。

### 2.2.1　传统 Web 服务 QoS 相关监控技术

Zeng 等[5]根据企业定义的指标及相关的评估公式，采用模型驱动方法设计 QoS 观测模型，该模型能够系统地探测 QoS，但此方法仅考虑企业自定义的标准，并没有考虑到用户定义的可靠性标准。Radovanovic 等[6]提出在基于 TR-069 远程管理协议的云平台上监控不同用户设备的相关 QoS，该方法为用户提供了不同的能量分布模型以及按照特定 QoS 需求制定的物联网（Internet of Thing，IoT）网络。Coppolino 等[7]在其所提出的方法中集成了 QoSMONaaS（QoS Monitoring as a Service）及 SocIoS（Exploiting Social Networks for Building the Future Internet of Services）框架监控 SLA 文件中的相关 QoS 指标，但该方法的有效性还没得到有力证明。Michlmayr 等[8]提出同时监控客户端及服务器端的 QoS，以此结合二者优势以提供更好的 QoS，其中客户端监控是在特殊的时间间隔内发送请求并使用 QUATSCH 工具监控，服务器端监控是持续监测 QoS 属性值，但该方法性能开销很大。Raimondi 等[9]使用时间自动机（timed automata）在线监控服务提供者与用户之间的 SLA，并实现了利用 Eclipse 插件从相关 SLA 中自动获取生成对应 Web 服务在线监控器，但该方法尚未考虑如 SLA 需求可能会随时间或其他背景参数的变化而发生改变这类可调度的动态因子等。

总体而言，上述这些方法都未曾考虑过将 Web 服务 QoS 监控归纳为一般概率监控问题。

### 2.2.2　概率监控方法

1. 传统概率统计下的监控方法

Chan 等[10]在.NET 应用程序中监控 PCTL（Probabilistic Computation Tree Logic）属性，通过观察成功或不成功（取其中一类）的监控样本数量和整体监控样本数量的比例获得统计证据，进而与所预期的概率阈值进行对比得出相应监控决策结果，但该方法由于缺乏对结果的统计学分析，容易因预定义的概率不同于属性所对应的真实概率，导致实际误差较大。

2. 基于假设检验的监控方法

Sammapun 等[11]对概率扩展的 MEDL（Meta-Event Definition Language）与 MaC（Monitoring and Checking）框架进行了验证，其首先估计成功样本占总样本数的概率值，再依据假设检验判断系统在给定的置信水平下是否符合相应概率属性；Grunske 等[12,13]提出使用连续随机逻辑（Continuous Stochastic Logic，CSL）的子集 $CSL^{Mon}$ 的概率监控方法 ProMo，该方法使用 SPRT 在显著性水平 $\alpha$ 和 $1-\beta$ 下对 $CSL^{Mon}$ 公式正确与否进行了验证，但是该方法的假设需要在整个监控过程中保持监控概率不变，不支持持续监控。Zhang 等[14]提出了概率时间属性序列图（Probabilistic Timed Property Sequence Chart，PTPSC）[15]的概率扩展，结合时间化时序逻辑（Timed Büchi Automata，TBA）和 SPRT 自动生成对应概率监控器；Grunske[13]提出了基于假设检验测试的改进通用统计决策程序，该程序通过回退统计分析并复用以前的监控结果实现了连续概率监控，但 SPRT 在其系统的生命周期内，监控概率需要一直不变，而在现实生活中概率标准会随着用户的需要而改变，一旦概率标准改变则以前的监控结果都将无法复用，监控需要重新开始，同时当系统的实际概率分布于给定属性标准概率附近时，所得监控结果将大量落入 SPRT 的中立区，导致方法失效。

3. 引入贝叶斯理论的监控方法

为解决先前方法存在的连续监控等问题，Zhu 等[16]在传统贝叶斯理论的基础上提出了一种新的服务监控方法，对被监控的有关 Web 服务运行时 QoS 属性参数进行概率统计，并以此计算出相应的贝叶斯因子，再以假设检验的形式对监控决策进行判断。但先验分布的选择对这个方法的影响很大，而在未知状态下合理的先验分布概率在实际中很难选择。

Zhuang 等[17,18]针对之前的方法都未考虑在监控过程中实际存在的环境因素的影响，如服务器的地理位置、响应负载时间段等现状，提出了加权朴素贝叶斯监控方法，该方法通过 TF-IDF 算法衡量环境因素的影响，通过学习部分样本对监控结果分类构造加权朴素贝叶斯分类器。然而，此方法还存在一定的缺陷，分析如下：①考虑了环境因素的影响，使得监控更加贴合实际，但是此方法仅通过训练早期部分样本得到权值表，而该权值表在后期被无限调用，权值的计算缺乏动态性与实时性；②早期开始的历史冗余样本所携带的过期分类信息极易对现阶段的实时监控产生影响，致使监控决策结果不准确；③现有基于加权朴素贝叶斯的监控方法所采用的传统 TF-IDF 加权方法在 Web 服务监控中具有决策分类间分布偏差问题，该问题使得监控结果容易受数据样本的类间分布变动影响，从而导致服务监控出现监控延迟判断、二分类监控决策间噪声抖动等现象。

## 2.3　Web 服务 QoS 预测技术

预测是采用科学的方法和手段，通过分析对象的历史信息，研究对象本身所具有的规律，对事物的未来发展演变作出科学预判。

Web 服务 QoS 属性值的一般预测流程如图 2-2 所示。对 Web 服务 QoS 属性值的预测过程一般分为三部分。

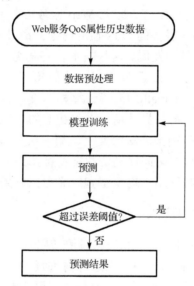

图 2-2　QoS 预测方法流程

（1）数据预处理。通常，收集到的原始数据存在数据缺失、噪声扰动等问题，使用这样的数据集训练的模型效果不佳，得到的预测结果精确度不高。另外，不同的预测模型对训练数据有不同的要求。例如，有些序列需要满足自相关性、符合正态分布、平稳性等条件，此步骤就是通过各种数据处理技术判断数据形态并进行处理，使数据满足预测模型的要求。

（2）根据历史数据训练预测模型。将处理后的数据分为训练集和测试集，使用训练集对预测模型进行训练，并对预测模型的各项参数进行微调，改进预测模型；之后判断模型的训练结果是否在误差范围内，若不达标，则重新训练模型，重复多次得到一个适合数据集特征的预测模型。

（3）预测 QoS 属性值。得到预测模型后，使用步骤（2）中的测试集对数据集进行预测，之后通过各种误差评价指标（MAE、RMSE 等）判断结果与真实值的误差，以此衡量预测模型的精确度。

## 2.4　Web 服务 QoS 预测技术研究现状

近年来，随着面向服务系统的蓬勃发展，越来越多的研究人员开始专注于 Web 服务 QoS 预测技术的研究，经过近十几年的研究，越来越多的模型被用于该预测领域中。在当今互联网时代，分布式技术（distributed technology）与云计算技术（cloud computing technology）正运用在各个软件系统的开发过程中，许多 Web 服务也通过上述两种技术将多个服务进行组合。因此 Web 服务可分为组合 Web 服务和单 Web 服务，本章主要解决单 Web 服务的 QoS 预测问题。经过多年的研究，单 Web 服务的 QoS 预测技术取得了长足的发展。这些技术各有其优缺点，概括起来主要分为三类：第一类是基于相似度的 Web 服务 QoS 预测方法，该类方法集中于使用协同过滤方法（collaborative filtering method）等计算相似度，并逐渐优化了相似度的计算方法，以此提高模型精度；第二类是基于人工智能的 Web 服务 QoS 预测方法，该类方法集中在神经网络和事例推理法研究上；第三类是基于时间序列的 Web 服务 QoS 预测，该类方法主要根据时间序列的数据特征，建立对应的差分自回归移动平均模型、自激励门限自回归移动平均模型和广义自回归条件异方差模型。

### 2.4.1　基于相似度的预测方法

Shao 等[19]最早提出使用协同过滤法来预测 Web 服务的 QoS。其核心思想是：假设用户想对没有使用过的 Web 服务在选择前进行 QoS 预测，可以根据其他已使用过该服务的用户的 QoS 进行预测。也就是说利用已经收集到的 QoS 观察值分析找出用户间的相似处，利用这些相似处预测未用到的 Web 服务。首先根据统计的历史 Web 服务的 QoS 值，采用协同过滤法求出任意两个服务使用者之间的相似度；然后根据所得到的相似度，使用值较大时对应的 QoS 值预测没有使用过的 Web 服务。这种方法的优点是算法简单，预测速度较快，适用于具有较多历史 QoS 记录的 Web 服务。但该预测方法的缺点是通过 Pearson 相关系数[20]计算两个用户之间的相似度，它在一般情况下仅用于量化数据之间的线性关系。由于 Web 服务的 QoS 在很多情况下呈现出非线性的关系，所以该系数不能很好地描述 QoS 属性值之间的相似性；另外，该方法仅考虑了用户之间的相似度，而没有考虑服务之间的相似度对预测精度的影响；根据该方法计算相似度的思想，它只能对功能单一、任务确定的 Web 服务的 QoS 进行预测。

为了提高预测精度，Shao 等[15]对上述方法进行了改进，在计算相似度时使用欧氏距离（Euclidean distance）[20]替换 Pearson 相关系数，同时在用户之间相似度的基础上，加入了服务之间的相似度，并以此预测目标服务的 QoS 值。通过对求解相似度方法的改进，预测模型在精度上有了一定提高，但是依然存在只能对功能单一、任务确定且环境因素不变的 Web 服务进行预测的问题。同时,该预测方法在计算相似度时,使用的是两个用户使用过的所有 Web 服务的 QoS,但是如果二者对于某些 Web 服务使用时的 QoS 体验不同,这些数据对预测来说是无效的,甚至在求解相似度时,会扩大误差。由实际情况也可知,任意两个用户之间不可能所有使用过的 Web 服务都相同,因此会在统计历史 QoS 值时产生很多缺失信息。

Zheng 等[21]设计了一种 WSRec 算法,即根据用户贡献机制进行 QoS 信息采集,并以此进行预测的混合协同过滤算法。与之前工作不同的是,在充分利用基于用户和基于项目的协同方法的优势的基础上,为了缓解数据稀疏性的问题,建立了一套高效且新颖的混合推荐方法,该预测方法为基于用户的相似度和基于项目的相似度设计了两种不同的信息权重,对某一方权值的偏移表明了对该类相似度的依赖增加。虽然该方法在一定程度上减小了数据信息缺失问题的影响,但依然没有摆脱模型使用范围有限的缺点。

在上述几个预测方法中,虽然文献[22]通过设置不同的权重在一定程度上减小了由于信息缺失而造成的影响,但并没有给出直接解决缺失信息的填补方法。Zhang 等[23]针对此类问题构造了一个基于 Web 服务使用信息的 QoS 预测方法,该方法以其他用户的 QoS 体验来预测 QoS。首先计算两两服务之间的相似度,并选出几组值最大的相似度所对应的服务,通过这几组服务的历史统计值构建信息矩阵。如果其中某一组服务的 QoS 信息存在缺失情况,则使用与该组服务相似的服务的 QoS 值进行补全。通过上述方法可以有效提高预测精度,但其依然存在使用范围有限的缺点。

考虑到在历史数据稀疏时,传统的协同过滤方法预测效果不理想的问题,马华等[24]提出了一种客户端上下文感知的 Web 服务 QoS 预测方法。传统协同过滤方法对新用户采用传统的用户平均法或项目平均法、概率统计法无法保证预测精度,新方法通过量化分析当前用户和历史用户的客户端上下文获取两者的相似度数据,应用模糊层次分析法来改进特征相似度以识别特征共同体,并以该相似度结果为指导,结合协同过滤技术,以特征加权合成方法来预测 QoS。

针对环境因素随时间变化的问题,申利民等[25]提出一种基于时序分析的 QoS 预测方法。该方法在不同用户与不同服务的协同过滤算法的基础上,充分考虑了时效性,计算 QoS 属性在不同时间片评价矩阵中的缺失项,以此构建 Web 服务 QoS 时间序列。同时基于重近轻远的原则,使用时间片步长来控制序列权重,并以此建立预测方法。

通过前面的分析发现,在基于相似度和协同过滤方法的 Web 服务 QoS 预测技术中,算法都具有使用简单且预测速度快的特点,预测精度也在逐渐提高,但依然避免不了只能用于单一功能、任务确定的 Web 服务 QoS 预测的缺点。

## 2.4.2　基于人工智能的预测方法

Huang 等[26]构建了一个基于免疫系统多信号机制的 Web 服务 QoS 实时预测算法。该算法从服务提供者的角度出发，实时预测 QoS，并根据结果动态调整服务承诺，以提高信誉。算法的缺点是仅站在服务提供者的角度建立基于免疫多信号机制来对 Web 服务的信誉度进行预测的评估机制，却没有从服务使用者的角度对 QoS 属性值进行预测。

同样出于对 QoS 属性值动态变化的考虑，Liu 等[27]提出了一种基于 BP 神经网络[26,27]的预测方法。该方法通过 BP 神经网络预测出 QoS 值，结合用户的 QoS 需求，选择适合的服务。但是 BP 神经网络存在如模型收敛慢、识别精度不稳定、易陷入局部极值和产生过度训练的缺点。

针对 BP 算法的缺点，Zhang 等[28]提出了一种使用 RBFNN 模型进行 Web 服务 QoS 短期预测的方案。该模型具有结构自适应性、学习快速性和网络设计简单等优点，能够有效地节省训练时间，提高精度。但该方法用于训练神经网络的数据缺乏在线更新机制，网络结构和参数只能人工根据结果手动调整，无法保证最佳预测结果，且随着提供服务的外部因素的变化，Web 服务的性能会随之改变，此时就有可能需要重新训练模型，在网络初始化阶段将花费较多时间。

Liu 等[29]基于事例推理（Case-based Reasoning，CBR）构建了一套对于 QoS 的动态预测方法。相比于传统预测方法使用算数平均值求解近似服务的 QoS 值，该方法能够更好地对动态性问题进行有效预测。通过构造完善的事例库，根据 QoS 数据集的数据特征，从已有事例库中找出与目标服务最接近的已有服务。利用这些相似的服务预测目标服务，并通过合理组织，在充分考虑众多影响因素的基础上，提高了事例检索速度。文献[29]的缺点是在组织历史 QoS 事例库时未考虑历史服务中 QoS 的时效性。另外，该方法为即时预测，不能对目标服务未来某一段时间内的 QoS 进行预测，也就是说不能及早发现服务非功能性问题以帮助进行服务选择等操作，同时该方法也没有给出完整的 QoS 事例库的学习机制。

通过分析发现，基于神经网络的 Web 服务 QoS 短期预测技术具有较高的预测精度，这是因为网络模型本身具有良好的自适应性，能够映射序列间复杂的非线性关系。而 Web 服务的 QoS 受环境因素等影响呈现高动态性和非线性等特征，因此神经网络可用在具有多种功能、环境因素和任务可变的 QoS 预测中。但相对于基于相似度的 QoS 预测方法，神经网络模型训练速度较慢，对模型参数和网络结构的选择具有不确定性，且没有建立有效的在线更新机制。基于事例推理的 QoS 预测技术和神经网络算法具有相同的优点，但该模型没有涉及历史服务 QoS 事例的时间效用，且该方法属于及时预测技术，不能预测 Web 服务在未来某一段时间的 QoS 值，仅能在任务有请求时立即预测。

### 2.4.3　基于时间序列的预测方法

华哲邦等[30]提出了一种基于时间序列分析的 Web 服务 QoS 预测方法，并且实现了 QoS 自动预测工具。该方法使用自回归移动平均（Autoregressive Moving Average，ARMA）模型和 ARIMA 模型对历史 QoS 值进行拟合与预测，并使用穷举法求解模型的参数。该方法可以使用多个 QoS 属性值构成向量进行预测，并得到多个属性的综合值，因此可以更全面地评估服务。缺点是使用的两个模型仅能对具有线性特征的时间序列进行有效预测，两种模型的区别仅在于时间序列是否平稳。而在现实的 Internet 环境下，Web 服务 QoS 往往具有高动态性和非线性，所以该方法不适用于对实际服务进行预测。

Amin 等[31]根据历史 Web 服务 QoS 观测值的可靠性分析发现这一属性具有波动性且随时间变化的特点，提出使用 ARIMA 模型和广义自回归条件异方差（Generalized AutoRegressive Conditional Heteroskedasticity，GARCH）模型结合来预测可靠性的方法。

随后，Amin 等[32]又根据历史 Web 服务 QoS 属性值具有高动态性和非线性的特点，提出一种根据数据特征，自动建立线性或非线性模型的 QoS 预测方法。该方法的优点是不需要人工干预，便可自动识别数据特征并建立最适合的预测模型。方法以 QoS 属性值中的响应时间为例，对结果进行分析表明模型预测精度较单纯的线性时间序列方法提高了 35.4%。

通过以上方法发现，在预测精度上，时间序列方法具有较大优势，可根据对序列的特征分析建立最适当的方法，但该预测方法仅适用于短期预测，随着预测时间延长，预测值误差会越来越大，一段时间后需要根据新的 QoS 历史值重新训练模型。

### 参 考 文 献

[ 1 ] Clarke E, Grumberg O, Peled D. Model Checking[M]. New York: MIT Press, 2000.

[ 2 ] 贲可荣，陈火旺. 自动定理证明：十年回顾[J]. 计算机科学，1993, 20(4): 19-23.

[ 3 ] Delgado N, Gates A Q, Roach S. A taxonomy and catalog of runtime software-fault monitoring tools[J]. IEEE Transactions on Software Engineering, 2005, 30(12): 859-872.

[ 4 ] Leucker M, Schallhart C. A brief account of runtime verification[J]. Journal of Logic & Algebraic Programming, 2009, 78(5): 293-303.

[ 5 ] Zeng L, Lei H, Chang H. Monitoring the QoS for web services[C]//International Conference on Service-Oriented Computing. Berlin: Springer, 2007: 132-144.

[ 6 ] Radovanovic S, Nemet N, Cetkovic M, et al. Cloud-based framework for QoS monitoring and

provisioning in consumer devices[C]//IEEE 3rd International Conference on Consumer Electronics Berlin. IEEE, 2014: 1-3.

[ 7 ] Coppolino L, D'Antonio S, Romano L, et al. Effective QoS monitoring in large scale social networks[J]. Intelligent Distributed Computing VII. Studies in Computational Intelligence, 2014(511): 249-259.

[ 8 ] Michlmayr A, Rosenberg F, Leitner P, et al. Comprehensive QoS monitoring of web services and event-based SLA violation detection[J]. Proceedings of the 4th International Workshop on Middleware for Service Oriented Computing, 2009: 1-6.

[ 9 ] Raimondi F, Skene J, Emmerich W. Efficient online monitoring of web-service SLAs[C]//ACM Sigsoft International Symposium on Foundations of Software Engineering. ACM, 2008: 170-180.

[10] Chan K, Poernomo I, Schmidt H, et al. A model-oriented framework for runtime monitoring of nonfunctional properties[J]. Lecture Notes in Computer Science, 2005: 38-52.

[11] Sammapun U, Lee I, Sokolsky O, et al. Statistical runtime checking of probabilistic properties[C]// Runtime Verification. Berlin Heidelberg: Springer-Verlag, 2007: 164-175.

[12] Grunske L, Zhang P. Monitoring probabilistic properties[C]//Joint Meeting of the European Software Engineering Conference and the ACM SIGSOFT Symposium on the Foundations of Software Engineering. DBLP, 2009:183-192.

[13] Grunske L. An effective sequential statistical test for probabilistic monitoring[J]. Information & Software Technology, 2011, 53(3): 190-199.

[14] Zhang P, Li W, Wan D, et al. Monitoring of probabilistic timed property sequence charts[J]. Software Practice & Experience, 2011, 41(7): 841-866.

[15] Shao L, Zhang J, Wei Y, et al. Web service QoS prediction[J]. Journal of Software, 2009, 20(8): 2062-2073.

[16] Zhu Y, Xu M, Zhang P, et al. Bayesian probabilistic monitor: A new and efficient probabilistic monitoring approach based on bayesian statistics[J]. International Conference on Quality Software, 2013: 45-54.

[17] 庄媛, 张鹏程, 李雯睿, 等. 一种环境因素敏感的 Web Service QoS 监控方法[J]. 软件学报, 2016, 27(8): 1978-1992.

[18] Zhang P, Zhuang Y, Leung H, et al. A novel QoS monitoring approach sensitive to environmental factors[C]//IEEE International Conference on Web Services. IEEE, 2015: 145-152.

[19] Shao L, Zhang J, Wei Y, et al. Personalized QoS prediction for web services via collaborative filtering[C]//IEEE International Conference on Web Services. IEEE, 2007: 439-446.

[20] 张尧庭. 我们应该选用什么样的相关性指标[J]. 统计研究, 2002, 9(4):41-44.

[21] Zheng Z, Ma H, Lyu M, et al. WSRec: A collaborative filtering based web service recommender system[C]//IEEE International Conference on Web Services. IEEE Computer Society, 2009:

437-444.

[22] 董旭, 魏振军. 一种加权欧氏距离聚类方法[J]. 信息工程大学学报, 2005, 6(1): 23-25.

[23] Zhang L, Zhang B, Na J, et al. An approach for web QoS prediction based on service using information[C]//International Conference on Service Sciences. IEEE, 2010: 324-328.

[24] 马华, 胡志刚. 客户端上下文感知的 Web Service QoS 预测方法[J]. 北京邮电大学学报, 2015(4): 89-94.

[25] 申利民, 陈真, 李峰. 基于时序分析的 Web Service QoS 协同预测[J]. 小型微型计算机系统, 2015(9): 1932-1938.

[26] Huang J, Hu Z. Multiple-signal prediction model for QoS of web services inspired by immune system[J]. Journal of Guangxi University: Natural Science Edition, 2009, 34(4): 535-539.

[27] Liu K, Wang H, Xu Z. A web service selection mechanism based on QoS prediction[J]. Computer Technology and Development, 2007, 17(8): 103-105.

[28] Zhang J, Song J. A short-term prediction for QoS of web service based on RBF neural networks [J]. Journal of Liaoning Technical University: Natural Science Edition, 2010, 29(5): 918-921.

[29] Liu Z Z, Wang Z J, Zhou X F, et al. Dynamic prediction method for web service QoS based on case-based reasoning[J]. Computer Science, 2011, 38(2): 119.

[30] 华哲邦, 李萌, 赵俊峰, 等. 基于时间序列分析的 Web QoS 预测方法[J]. 计算机科学与探索, 2013, 7(3): 218-226.

[31] Amin A, Colman A, Grunske L. An approach to forecasting QoS attributes of web services based on ARIMA and GARCH models[C]//International Conference on Web Services. IEEE, 2012: 74-81.

[32] Amin A, Grunske L, Colman A. An automated approach to forecasting QoS attributes based on linear and non-linear time series modeling[C]//Proceedings of the 27th IEEE/ACM International Conference on Automated Software Engineering. IEEE, 2012: 130-139.

# 第 3 章　基于贝叶斯统计的 Web 服务 QoS 监控方法

本章首先针对 QoS 属性监控特点，提出概率时态逻辑 $PLTL_3$ 来验证系统模型属性，并提出基于贝叶斯统计的运行时概率监控方法，该方法不需要监控概率标准为常量，且与传统 SPRT 相比，实际值与标准相近时，多数情况下能判断是否支持原假设，最后通过实验对该方法进行实验验证。

## 3.1　引　　言

在 SLA [1]中，Web 服务 QoS 属性，如可靠性、安全性、响应时间、丢包率等常使用模糊语言描述其概率需求，例如，"一年内服务不可用的概率小于 1%"，"可靠性大于 98%" 等。因此对 QoS 属性的运行时监控，需要采用运行时概率监控技术来进行验证。

目前存在的概率监控方法主要有两类：一种通过估算概率值[2,3]与预定的概率标准进行比较，缺乏统计分析论证；一种基于假设检验[4,5]，主要采用经典的 SPRT 方法，但该方法在实际概率值与属性需求概率值相近时容易失效，且整个监控过程中，监控概率标准必须为常量。本章提出的基于贝叶斯统计的概率监控方法能够解决以上问题。

## 3.2　概率时态逻辑 $PLTL_3$

目前研究者已经提出一些概率时态逻辑来表述概率特性，如 PCTL[6]、PFTL（Probabilistic Frequency Temporal Logic）[7]和 PTCTL（Probabilistic Timed CTL）[8,9]。这些概率时态逻辑用来作为概率模型检验的规约语言，用预定的概率来考察描述某一特定的时态属性是否以一定的概率发生。但是 Bauer 等[10]论证了分支时态逻辑不适合用来作为运行时监控的规约语言。因此，本章采用 $PLTL_3$ 公式来验证系统模型的属性。下面先定义 PLTL 的语法。

定义 3.1

$$\Phi ::= \text{true} \mid \text{atom} \mid \neg\Phi \mid \Phi \vee \Phi \mid \Phi \wedge \Phi \mid \Phi \rightarrow \Phi \mid X\Phi \mid G\Phi \mid \Phi U\Phi \mid S_{\Diamond p}(\Phi) \mid P^n_{\Diamond p}(\Phi) \mid F^{\leqslant t}\Phi$$

$$(3\text{-}1)$$

其中，$p \in [0, 1]$；$\lozenge \in \{<, \leqslant, \geqslant, >\}$；$t \in \mathbf{N} \cup \{\infty\}$；atom 表示原子命题；$\Phi$ 为 PLTL 状态公式；$\rightarrow$ 为 PLTL 路径公式，时态连接词 $X$（next）表示下一个状态，$X\Phi$ 表示沿着迹下一时间点上 $\Phi$ 为真；$G$（globally）表示所有的状态，$G\Phi$ 表示沿着迹，所有时间点上 $\Phi$ 都为真；$U$（until）表示直到；$S_{\lozenge p}(\Phi)$ 表示从给定的状态开始沿着迹，$\Phi$ 成立的概率应满足的概率约束 $\lozenge p$；$P_{\lozenge p}^n(\Phi)$ 表示从当前状态开始的所有状态都满足公式；$F^{\leqslant t}\Phi$ 表示沿着迹 $\Phi$ 将在约束 $t$ 内成立。

**定义 3.2**　一个迁移系统 $M=(S, \rightarrow, L)$，其中 $M$ 为迁移模型，$S$ 为状态集合，带有迁移关系 $\rightarrow$，使得每个 $s \in S$ 有某个 $s' \in S$，满足 $s \rightarrow s'$，$L$ 为标记函数，$\pi = s_1 \rightarrow s_2, \cdots, s_n$ 是 $M$ 的迹，其中 $s_i$ 表示迹的第 $i$ 个状态，PLTL 公式的满足关系如下：

$\pi, s_1 \models \text{true}$；

$\pi, s_1 \models \text{atom}$ 当且仅当 $\text{atom} \in L(s_1)$；

$\pi, s_1 \models \neg \Phi$ 当且仅当 $s_1 \not\models \Phi$；

$\pi, s_1 \models \Phi_1 \vee \Phi_2$ 当且仅当 $s_1 \models \Phi_1$ 或 $s_1 \models \Phi_2$；

$\pi, s_1 \models \Phi_1 \wedge \Phi_2$ 当且仅当 $s_1 \models \Phi_1$ 且 $s_1 \models \Phi_2$；

$\pi, s_1 \models \Phi_1 \rightarrow \Phi_2$ 当且仅当只要 $s_1 \models \Phi_1$，就有 $s_1 \models \Phi_2$；

$\pi, s_1 \models X\Phi$ 当且仅当 $s_2 \models \Phi$；

$\pi, s_1 \models G\Phi$ 当且仅当对于所有 $i \geqslant 1$，有 $s_i \models \Phi$；

$\pi, s_1 \models \Phi_1 \bigcup \Phi_2$ 当且仅当存在某个 $i \geqslant 1$，使得 $s_i \models \Phi_2$，并且对所有 $1 \leqslant j < i$，有 $s_j \models \Phi_1$；

$\pi, s_1 \models P_{\lozenge p}^n(\Phi)$ 当且仅当对于所有 $j = 1, 2, \cdots, n$，$P(s_j \models \Phi) \lozenge p$；

$\pi, s_1 \models S_{\lozenge p}(\Phi)$ 当且仅当 $P(\pi \models \Phi) \lozenge p$；

$\pi, s_j \models F^{\leqslant t}\Phi$ 当且仅当存在 $j \leqslant i \leqslant j+t$，使得 $s_i \models \Phi$。

理论上，我们可以观察到系统无限的迁移轨迹，但是实际上只能掌握有限的轨迹序列，因此仅使用两个值来验证运行时公式的真假值，将引起错误。例如，公式 $Gp$ 成立当且仅当所有的状态下，$p$ 都要成立，然而在不断运行的系统中，一旦检测到 $\neg p$，公式值将为假，也就是说尽管当前 $p$ 一直成立，也不能确立 $Gp$ 成立，因为下一个观测状态下，$p$ 可能不成立。PLTL 并不适合直接用在运行时监控中，为了解决这个问题，将 PLTL 衍生为 PLTL$_3$，在 PLTL$_3$ 中，分别采用符号 "$\perp$"、"$\top$" 和 "？" 来表示 PLTL$_3$ 公式的计算值为真、假和不确定。

假设 $u = s_1, s_2, \cdots, s_m$，$u$ 是 $\pi$ 的有限前缀，在 $u$ 上验证 PLTL$_3$ 公式 $\varphi$，标记为 $[u \models \varphi]_{p3}$，其值如下。

**定义 3.3**

$$[u \models \varphi]_{p3} = \begin{cases} \bot, & \forall \sigma \in \sum{}^{\pi}, \ u\sigma \mid \neq \varphi \\ \top, & \forall \sigma \in \sum{}^{\pi}, \ u\sigma \models \varphi \\ ?, & \text{其他} \end{cases} \tag{3-2}$$

从以上语法产生的公式分为两类。

（1）非概率公式。包含两类公式：普通的命题公式，在执行序列的任一节点验证其真假；带约束 $t$ 的公式，需要相关的子公式在约束 $t$ 内成立，例如，"医生将在一天内来查房"可以用 PLTL$_3$ 公式表达为 $F^{\leqslant 1\text{day}}$DoctorsWardRound，如果医生在一天之内来查过房，则公式成立，否则为假。

（2）概率公式。此类型的公式需要验证迹中相关的非概率子公式成立的概率来判定是否为真。例如，判定 $S_{<p}(\Phi_1 \wedge \Phi_2)$ 公式的真假，需要判定迹中 $\Phi_1 \wedge \Phi_2$ 公式是否以小于 $p$ 的概率成立。例如，"血液中心规划，血库缺血与患者需输血，两者同时发生的概率要小于 0.001"，用 PLTL$_3$ 公式表达为 $S_{<0.001}$(BloodShort $\wedge$ PatiBloodTransfusion)。又如"当检测到失效发生时，系统会以 99%的概率保障在 2 分钟内完成系统恢复"，用 PLTL$_3$ 公式表达为 FailureDetected $\rightarrow S_{\geqslant 0.99}(F^{\leqslant 2\text{min}}$SelfHealing)。

## 3.3　贝叶斯统计监控

### 3.3.1　基本原理

在运行时监控中，概率需求通过 PLTL$_3$ 表示为 $\Phi_1 \rightarrow S_{\Diamond p}(F^{\leqslant t}\Phi_2)$，其中 $\Diamond \in \{<, \leqslant, \geqslant, >\}$，$t \in \mathbf{N}$，$\Phi_1$ 和 $\Phi_2$ 表示运行状态。公式表示 $\Phi_1$ 发生后，$\Phi_2$ 将以 $\Diamond p$ 的概率在 $t$ 步或者 $t$ 时间单元内发生。假设 $d = \{x_1, x_2, \cdots, x_n\}$ 表示 $n$ 次独立同分布的监测的监控结果，单次监控结果以 $\theta$ 的概率满足规约，服从二项分布，以 $x_i$ 表示第 $i$ 次监测结果，$x_i$ 对应的概率质量函数为

$$p(x_i|\theta) = \theta^{x_i}(1-\theta)^{1-x_i} \tag{3-3}$$

其中，$\Phi_1$ 发生后，$\Phi_2$ 在 $t$ 步或者 $t$ 时间单元内发生，则 $x_i = 1$；否则 $x_i = 0$。

贝叶斯统计认为，任何一个未知量都可看作一个随机变量，可以用一个概率分布去描述未知量的未知状况。所以可以利用经验与历史数据形成先验分布来进行统计推断 $\theta$。但多数情况下，其分布是未知的，因此根据贝叶斯假设采用无信息先验，即 $\theta$ 在取值范围内能取任何值，且机会均等：

$$g(\theta) = \begin{cases} c, & \theta \in \Theta \\ 0, & \theta \notin \Theta \end{cases} \tag{3-4}$$

在运行时概率监控中，$\theta \in (0,1)$，$g(\theta)$ 是 $(0,1)$ 区间的均匀分布。

通过已有的样本 $d = \{x_1, x_2, \cdots, x_n\}$，样本 $x$ 和参数 $\theta$ 的联合分布为

$$p(d, \theta) = p(d \mid \theta) g(\theta) \tag{3-5}$$

相应地，后验分布 $p(\theta \mid d)$ 为

$$p(\theta \mid d) = \frac{p(d \mid \theta) g(\theta)}{\int_{\Theta} p(d \mid \theta) g(\theta) \mathrm{d}\theta} \tag{3-6}$$

$p(\theta \mid d)$ 反映在抽样 $d = \{x_1, x_2, \cdots, x_n\}$ 后对 $\theta$ 的认识，是对先验概率通过总体信息和样本信息进行调整的结果。

根据监控样本特性，引入二项分布的自然共轭先验分布，即贝塔分布，其概率密度函数为

$$\forall u \in (0,1), \qquad \mathrm{B}(u, a, b) = \frac{1}{\mathrm{Be}(a, b)} u^{a-1} (1 - u)^{b-1} \tag{3-7}$$

其中，$a > 0$；$b > 0$，

$$\mathrm{Be}(a, b) = \int_0^1 t^{a-1} (1 - t)^{b-1} \mathrm{d}t \tag{3-8}$$

通过不同的 $a$ 和 $b$，$\mathrm{B}(u, a, b)$ 可以拟合 $(0,1)$ 区间上的其他平滑单峰密度函数。

由式（3-7），贝塔分布函数为

$$\forall u \in (0,1), \quad F_{a,b}(u) = \int_0^u \mathrm{B}(t, a, b) \mathrm{d}t \tag{3-9}$$

相应地，后验分布 $p(\theta \mid d)$ 为

$$p(\theta \mid d) = \frac{\Gamma(a + b + n)}{\Gamma(a + x) \Gamma(b + n - x)} \theta^{a + x - 1} (1 - \theta)^{b + n - x - 1} \tag{3-10}$$

显然，$p(\theta \mid d)$ 服从 $\mathrm{B}(\theta, a + x, b + n - x)$，$p(\theta \mid d)$ 的期望 $E(\theta \mid d)$ 为

$$E(\theta \mid d) = \gamma \frac{x}{n} + (1 - \gamma) \frac{a}{a + b} \tag{3-11}$$

其中，$\gamma = \dfrac{n}{a + b + n}$。

$p(\theta \mid d)$ 的方差 $\mathrm{Var}(\theta \mid d)$ 为

$$\mathrm{Var}(\theta \mid d) = \frac{E(\theta \mid d)[1 - E(\theta \mid d)]}{a + b + n + 1} \tag{3-12}$$

当 $n$ 足够大的时候：

$$E(\theta \mid d) \approx \frac{x}{n} \tag{3-13}$$

$$\text{Var}(\theta|d) \approx \frac{1}{n}\frac{x}{n}\left(1 - \frac{x}{n}\right) \tag{3-14}$$

随着 $n$ 的增加，$\text{Var}(\theta|d)$ 逐渐减小，后验分布趋于集中，先验信息对于后验分布的影响将越来越小，后验分布趋于真实的概率分布。

假设检验要求原假设和备择假设必须互斥。根据可靠性标准 $\theta$，建立对立的原假设 $H_0$ 与备择假设 $H_1$：

$$H_0: p \geqslant \theta, \quad H_1: p < \theta$$

相应地，原假设的后验概率为

$$P(H_0|d) = \frac{P(d|H_0)P(H_0)}{P(d)} \tag{3-15}$$

备择假设的后验概率为

$$P(H_1|d) = \frac{P(d|H_1)P(H_1)}{P(d)} \tag{3-16}$$

其中，$P(d) = P(d|H_0)P(H_0) + P(d|H_1)P(H_1)$。

后验机会比为

$$\frac{P(H_0|d)}{P(H_1|d)} = \frac{P(d|H_0)}{P(d|H_1)}\frac{P(H_0)}{P(H_1)} \tag{3-17}$$

**定义 3.4** 原假设 $H_0$ 和备择假设 $H_1$ 的先验概率分别为 $P(H_0)$ 和 $P(H_1)$，后验概率分别为 $P(H_0|d)$ 和 $P(H_1|d)$，则称

$$B = \frac{P(H_0|d)}{P(H_1|d)}\bigg/\frac{P(H_0)}{P(H_1)} = \frac{P(d|H_0)}{P(d|H_1)} \tag{3-18}$$

为贝叶斯因子[11]。

贝叶斯因子是后验机会比与先验机会比的比值，反映了样本对原假设与备择假设的支持程度比值，给定阈值 $T > 1$，如果 $B$ 大于 $T$，则认为有足够的理由相信原假设成立；如果 $B < 1/T$，则支持备择假设成立。

化简贝叶斯因子：在样本 $d = \{x_1, x_2, \cdots, x_n\}$ 下，$B$ 表达为

$$B = \frac{\int_{\theta}^{0} p(x_1|t)\cdots p(x_n|t)\cdot g(t)\mathrm{d}t}{\int_{\theta}^{0} p(x_1|t)\cdots p(x_n|t)\cdot g(t)\mathrm{d}t} \tag{3-19}$$

依据式（3-19），贝叶斯因子可化简为

$$B = \frac{1}{F_{(x+a,\,n-x+b)}(\theta)} - 1 \tag{3-20}$$

利用式（3-20）调用库函数进行精确计算，避免积分，从而适应运行时监控的时间要求。

## 3.3.2　算法实现

为了实现连续监控，贝叶斯算法向前获取最新的监控样本，并且向后回溯直到有足够的样本支持原假设或者备择假设，算法如下。

**算法 3.1**　贝叶斯统计运行时监控（Bayesian Statistical Runtime Monitoring, BSRM）

输入：布尔数组 S, current，si∈{0, 1}，θ, Bac。

```
1: S.current=si                      //S.current 保存最新的监控样本
2: Bac=current
3: current=current+1
4: while BaDeci==U and Bac!=0 do  //未得出结论，则持续回退分析直到
                                      先前样本值都已经被分析过
5:    Bn=Bn+1
6: Bx=Bx+S.Bac
7: B=BayesFactor(θ, Bn, Bx)       //计算贝叶斯因子
8: BaDeci=BayesDecision(B)
9: dec(Bac)
10:end while
11: if BaDeci==U and Bac==0 then  //采用传统方法来分析监测样本
12: BaDeci=TrandiTestDeci(S.current)
13: end if
14: return BaDeci
```

算法 3.1 采用布尔型数组 $S$ 来保存最新的监控样本，指针 S.Bac 动态地回退指向以前的观察值。Bn、Bx 初始值设置为 0，BaDeci 设置为 $U$，表示结果不确定支持原假设还是备择假设。算法根据式（3-10）通过调用标准库函数来计算贝叶斯因子，计算出的结果调用算法 3.2 来检验是否满足原假设或者备择假设。

**算法 3.2**　贝叶斯决策（BayesDecision，B）

输入：Threshold T>1, B。

```
1: if B>T then                    //如果 B 大于阈值，接受原假设
2:    return H0
3:    else if B<1/T then          //如果 B 小于阈值 1/T，接受备择假设
4:    return H1
5: end if
6: return U                        //无法得出结论
```

　　BSRM 算法存在三个问题：①随着监控的运行，需要用来存储监控样本的布尔数组越来越长，将带来较大的空间开销，对于一些嵌入式系统，如手持设备，这将无法容忍；②当样本概率接近 $\theta$ 时，贝叶斯因子值出现波动，导致算法 3.2 无法得出结论支持原假设 $H_0$ 还是备择假设 $H_1$；③每次获取新监控样本后都需要回溯分析，造成多次重复调用标准库函数，增加时间开销。为解决上述三个问题，提出 iBSRM 算法，作出以下三个改进：①长度为 $m$ 的环形数组来存储最新的监控样本；②同步放大 $\theta$、$n$、$x$，使得原模型 $M$ 转变为 $M'$，在模型 $M$ 中，原假设 $p \geqslant \theta$，$M'$ 中原假设转变为 $p' \geqslant \theta'$，例如，在模型 $M$ 中，$\theta = 0.6$，观察到 100 个样本中有 62 个满足要求，使用同步放大后 $M'$ 中，$\theta' = 0.6^2$，对应的样本总数放大为 $100^2$，满足要求的样本总数放大为 $62^2$，如果特征参数满足 $M$ 的原假设，放大后的参数也一样满足 $M'$ 的原假设，使得两种模型具有等价性；③为了减少时间开销，重用以前的监控分析结果，算法 3.3 如下。

**算法 3.3　iBSRM**

输入：最大长度 m 的环形缓冲池 RB，si∈{0, 1}，θ∈(0, 1)，Bac，∀current≤m，preBaDeci，n，x。

```
1: B=BayesFactor(θi, ni, xi)
2: preBaDeci=BayesDecision(B)
3: RB.current=si
4: n=n+1
5: if si==1 then
6:   x=x+1
7: end if
8: iBn=ni
9: iBx=xi
10: B=BayesFactor(θi, iBn, iBx)        //计算贝叶斯因子
11: BaDeci=BayesDecision(B)
12: if preBaDeci==U then
13:   if BaDeci==U && RB.full()then    //先前样本未能得出结论，调
                                          用传统方法分析
14:     BaDeci=TrandiTestDeci(RB.current)
15:     Dec=mod(current, m)+1
16:   else if BaDeci==U then
17:       BaExpand(current, Dec)
18: end if
19: else if preBaDeci==H0 then
20:   if si==1 then
21:     if RB.Dec==1 then
22:       x=x-1
```

```
23:    end if
24:    Incr(Dec)
25:    n=n-1
26:  else if BaDeci==U then
27:   BaExpand(current, Dec)
28:   end if
29:  else if preBaDeci==H1 then
30:    if si==0 then
31:     if RB.Dec==1 then
32:     x=x-1
33:     end if
34:     Incr(Dec)
35:     n=n-1
36:    else if BaDeci==U then
37:    BaExpand(current, Dec)
38:    end if
39: end if
40: current=mod(current, m)+1
41: return BaDeci
```

在 iBSRM 算法中，iBn 和 iBx 分别表示放大了的样本总数和成功样本数。使用 preBaDeci 来存储上一次的分析结果，BaDeci 存储本次分析结果，如果 BaDeci 不等于 $U$，算法 iBSRM 仅更新决策点 RB.Dec。如果 BaDeci 等于 $U$，使用算法 3.4 BaExpand 从决策点向后回溯以判断是否满足原假设，如果 RB 中监控样本尽数考察后依然无法得出结果，则将采用传统方法来分析监测样本。

**算法 3.4　BaExpand**

输入：B, i, n, x, current, Dec。

```
1: while BaDeci==U do //未能得出结论将持续回溯
2:Decr(Dec)
3: n=n+1
4: if S.dec==1 then
5:x=x+1
6:end if
7: iBn=ni
8: iBx=xi
9: B=BayesFactor(θi, iBn, iBx)
10: BaDeci=BayesDecision(B)
11:if BaDeci==U and S.full() then
```

```
12: BaDeci=TrandiTestDeci(S.current)
13:Dec=mod(current,m)+1
14:break
15: end if
16: end while
17: preBaDeci=BaDeci
18: return BaDeci
```

## 3.4　实验及结果分析

为了验证基于贝叶斯统计监控方法的有效性，我们使用近两个月的时间观察了 4 个 Web 服务，在此期间，分别对每个 Web 服务在每日的 8:00～17:00，间隔 15min 发送一次服务请求，按照前面的描述计算 QoS 属性，采集到 2000 个数据样本，以检验 QoS 属性是否满足给定的概率属性要求，并与目前最有效的监控算法 iSPRT（Improved Sequential Probability Ratio Test）[7]进行比较，详细的实验建立及 QoS 数据信息可以通过以下链接下载得到：http://sourceforge.net/projects/qosmonitoring/files/?。

本节实验以响应时间为代表验证贝叶斯统计方法的有效性，对其他 QoS 属性的统计监控与其类似，所以不再重复说明实验。表 3-1 列出了 Web 服务、描述、URL、响应时间需求。例如，调用 Domestic Flight Schedule 服务，假设需要以大于 88% 的概率保证 3.8s 内能获取反馈，使用 PLTL$_3$ 公式描述为

$$InvokingService \rightarrow P_{\geq 0.88}(F^{\leq 3800}Response)$$

表 3-1　Web 服务及响应时间要求

| 服务名 | 描述 | URL | 响应时间/s | 概率约束/% |
|---|---|---|---|---|
| Domestic Flight Schedule | 提供航空飞机调度信息 | http://www.webxml.com.cn/webservices/DomesticAirline.asmx | ≤3.8 | 88 |
| TV List | 提供中国电视节目列表 | http://www.webxml.com.cn/webservices/ChinaTVprogramWebService.asmx | ≤5 | 90 |
| Captcha Code | 从所有图片中随机输出四个中国的图片 | http://www.webxml.com.cn/WebServices/ValidateCodeWe5bService.asmx | ≤3 | 80 |
| RMB Instant Quotation | 提供外汇和人民币之间的实时汇率 | http://www.webxml.com.cn/WebServices/ForexRmbRateWebService.asmx | ≤2 | 95 |

实验采用（0,1）区间的均匀分布作为先验概率分布，设置 $a=b=1$，贝叶斯因子与阈值的比较决定是否支持零假设，阈值的选择将直接影响结论的正确性。根据 Jeffreys 给出的 $T$ 的信任强度[11]，列表如表 3-2 所示。

表 3-2　贝叶斯因子的信任强度

| $T$ | 证据的力量 |
| --- | --- |
| <1:1 | 负面支持 $H_1$ |
| 1:1～3:1 | 几乎没有价值 |
| 3:1～10:1 | 重要材料 |
| 10:1～30:1 | 很强 |
| 30:1～100:1 | 非常强 |
| >100:1 | 决定性 |

参考均匀分布下的后验机会比标准，选取 $T = \max(\theta/(1-\theta),1000)$。

实验环境为：Intel®Core™i5-2410M CPU@2.30GHz，2.00GB RAM，Windows 7，MATLAB 7.11。

实验待考察的问题如下。

（1）能否有效实现连续的概率监控；

（2）所需的监控样本大小；

（3）算法所花费的时间；

（4）Ⅰ型错误（错误否定）和Ⅱ型错误（错误肯定）是否在可接受的范围内。

针对问题（1）：在实验中，对服务 Domestic Flight Schedule 的原始观测值系统地注入一定概率的违规值，即在索引 800～1200 以 0.15 的概率注入响应时间超过 3.8s 的一系列样本值。注入后结果如图 3-1 所示。

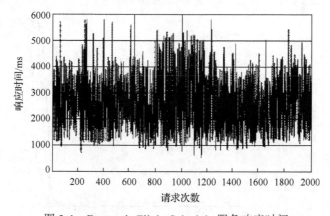

图 3-1　Domestic Flight Schedule 服务响应时间

从图 3-1 来看，Domestic Flight Schedule 服务响应随着时间不断波动，无法直观地判断该服务是否满足约束。因此用 BSRM、iSPRT 和 iBSRM 三个算法来进行验证并比较结果，结论如图 3-2 所示。图 3-2 中 -1 表示否定 $H_0$，1 表示接受 $H_0$，0 表示无法判定接受 $H_0$ 还是接受 $H_1$。在子区间 800～1200，可以清晰地看到相比于 BSRM 和 iSPRT，iBSRM 能较早地发现违规变动。而且从全图而言，许多情况下，BSRM 和 iSPRT 无法判定监控结果，而 iBSRM 却能验证是否符合原假设。

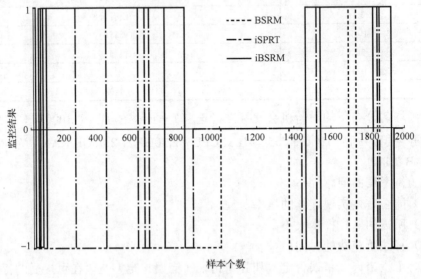

图 3-2　监控运行结果

为了充分验证贝叶斯方法的执行效果，我们还通过注入不同概率的违规值，比较了三种方法接受原假设的概率，结果如图 3-3 所示。

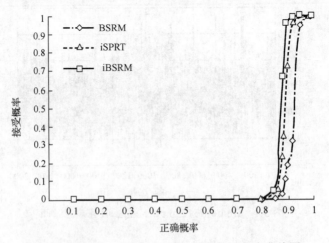

图 3-3　BSRM、iSPRT 和 iBSRM 的统计能力曲线图

从图 3-3 中可以看出 iSPRT 和 iBSRM 基本具有相同的统计能力,当实际概率 $p$ 接近 $\theta$ 时,iSPRT 和 iBSRM 接受 $H_0$ 的概率显著提高,BSRM 稍微滞后于 iSPRT 和 iBSRM,能力弱于二者。

针对问题(2):iSPRT 得出结论,所需的监控样本大小由实际概率值 $p$ 与属性需求概率值 $\theta$ 之间的差异决定,$p$ 与 $\theta$ 相近时,监控结果大量落入中立区,这意味着依据已有样本,iSPRT 不能有效地判断是否满足属性需求,因而需要更多的样本来参与验证。根据上述分析,需要考虑两种情况:①实际概率值 $p$ 处于区间 $(\theta-\delta$,$\theta+\delta)$ 外,结果如图 3-4(a)所示;②实际概率值 $p$ 处于区间 $(\theta-\delta$,$\theta+\delta)$ 中,结果如图 3-4(b)所示。图 3-4(a)中,三种方法都能有效地得出结论,接受或者拒绝 $H_0$,并且随着样本数量的增加,三种方法失效的概率都将接近于 0。图 3-4(b)中,BSRM 和 iSPRT 算法难以有效地判断是否接受 $H_0$,iBSRM 依然可以有效鉴定。因此,无论是情况①还是情况②,iBSRM 所需要的样本都少于其他两种算法。

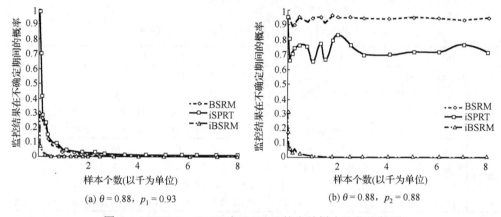

(a) $\theta=0.88$, $p_1=0.93$　　　　　　(b) $\theta=0.88$, $p_2=0.88$

图 3-4　BSRM、iSPRT 和 iBSRM 的失效样本比值比较图

针对问题(3):在区间 0.8~0.98,以 0.02 为间隔,针对不同的 $p$ 值模拟 3000 次监控运行,记录执行时间,求取平均值。结果如图 3-5 所示,由于 BSRM 和 iBSRM 需要多次调用标准库函数来计算贝叶斯因子,所需要的执行时间比 iSPRT 算法略高,当 $p$ 值接近 0.88 时需要调用库函数的次数增加,执行时间也相应增长。

针对问题(4):我们系统地注入预定义的失效概率 fr,对每个预定义的失效概率 fr 生成 20000 个样本,分别计算不同失效概率 fr 下三种方法监控结果的分布概率,实验中 Ⅰ 型错误概率 $\alpha$ 和 Ⅱ 型错误概率 $\beta$ 的边界值均为 0.03。结果如表 3-3 所示。

表 3-3 中行 Expected 表示理论上希望得到的结果,行 $H_0$ 表示监控结果支持原假设的概率,行 $H_1$ 表示监控结果支持备择假设的概率,IR 表示结果落在中立区,$U$ 表示结果未定。

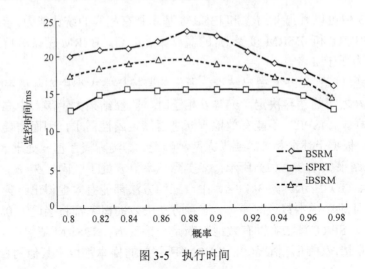

图 3-5　执行时间

表 3-3　不同失效概率下贝叶斯统计监控结果（$\theta = 0.88$）

| 算法 | fr/% | 6 | 7 | 8 | 9 | 10 | 11 | 12 | 13 | 14 | 15 | 16 | 17 | 18 |
|------|------|---|---|---|---|----|----|----|----|----|----|----|----|----|
| BSRM | Expected | $H_0$ | $H_0$ | $H_0$ | $H_0$ | $H_0$ | $H_0$ | $H_0$ | $H_1$ | $H_1$ | $H_1$ | $H_1$ | $H_1$ | $H_1$ |
|  | $H_0$/% | 99.02 | 97.77 | 76.44 | 52.31 | 12.70 | 6.02 | 0.19 | 0.11 | 0 | 0 | 0 | 0 | 0 |
|  | $H_1$/% | 0 | 0 | 0 | 0 | 0 | 0 | 1.84 | 7.80 | 14.74 | 39.18 | 56.98 | 82.92 | 95.16 |
|  | $U$/% | 0.98 | 2.23 | 23.56 | 47.69 | 87.30 | 93.98 | 97.97 | 92.09 | 85.26 | 60.82 | 43.02 | 17.08 | 4.84 |
| iSPRT | Expected | $H_0$ | $H_0$ | $H_0$ | $H_0$ | $H_0$ | IR | IR | IR | $H_1$ | $H_1$ | $H_1$ | $H_1$ | $H_1$ |
|  | $H_0$/% | 99.20 | 98.85 | 94.73 | 89.87 | 52.04 | 32.01 | 14.07 | 2.40 | 0.11 | 0 | 0 | 0 | 0 |
|  | $H_1$/% | 0 | 0 | 0 | 0 | 0.03 | 2.80 | 10.06 | 37.87 | 55.08 | 78.29 | 90.94 | 97.90 | 99.13 |
|  | IR/% | 0.8 | 1.15 | 5.27 | 10.13 | 47.93 | 67.08 | 75.87 | 59.73 | 44.81 | 21.71 | 9.06 | 2.10 | 0.87 |
| iBSRM | Expected | $H_0$ | $H_0$ | $H_0$ | $H_0$ | $H_0$ | $H_0$ | $H_0$ | $H_1$ | $H_1$ | $H_1$ | $H_1$ | $H_1$ | $H_1$ |
|  | $H_0$/% | 100 | 99.98 | 99.93 | 99.38 | 92.97 | 78.16 | 48.55 | 17.16 | 4.47 | 2.34 | 0 | 0 | 0 |
|  | $H_1$/% | 0 | 0 | 0 | 0.30 | 5.42 | 18.33 | 46.67 | 79.14 | 93.67 | 96.89 | 99.97 | 99.98 | 100 |
|  | $U$/% | 0 | 0.02 | 0.07 | 0.32 | 1.61 | 3.51 | 4.78 | 3.70 | 1.86 | 0.67 | 0.03 | 0.02 | 0 |

当 fr 小于等于 5%时，三种方法都接受原假设 $H_0$，当 fr 大于等于 19%时，三种方法都拒绝备择假设 $H_1$，对于 BSRM，当 fr=12%时，Ⅰ型错误概率达到最大（1.84%），小于 $\alpha$ =3%。当 fr=13%时，Ⅱ型错误概率达到最大（0.11%），小于 $\beta$ =3%。对于 iSPRT，当 fr=10%时，Ⅰ型错误概率达到最大（0.03%），小于 $\alpha$ =3%。当 fr=14%时，Ⅱ型错误概率达到最大（0.11%），小于 $\beta$ =3%。对于 iBSRM，在 fr=10%~12%范围内，Ⅰ型错误概率大于 3%，但是其支持原假设的概率远高于其他两种，即监控结果正确的概率更高，当 fr=13%~14%时，Ⅱ型错误概率大于 3%，但是结果显示支持备择假设的概率远高于其他两种，即监控结果正确的概率更高。增大阈值，iBSRM 的Ⅰ型错误概率和Ⅱ型错误概率将降低。

# 3.5　本章小结

本章介绍了基于贝叶斯统计假设检验的概率特性监控方法。通过仿真实验，显示了贝叶斯统计方法比序贯概率比方法更为有效。在贝叶斯统计中，当样本量增大时，后验均值主要决定于样本均值，后验方差越来越小，先验信息对后验分布的影响将越来越小。如果尽量选取合适的先验分布，将有可能大大减少样本数量，合理的先验分布选择将使贝叶斯统计更稳健。

## 参 考 文 献

[ 1 ] Ludwig H, Keller A, Dan A, et al. Web service level agreement (WSLA) language specification[J]. Documentation for Web Services Toolkit, version 3.2.1. International Business Machines Corporation, 2003:815-824.

[ 2 ] Chan K, Poernomo I, Schmidt H, et al. A model-oriented framework for runtime monitoring of nonfunctional properties[J]. Lectute Notes in Computer Science, 2005: 38-52.

[ 3 ] Sammapun U, Lee I, Sokolsky O, et al. Statistical runtime checking of probabilistic properties[C]// International Workshop on Runtime Verification. Berlin: Springer, 2007: 164-175.

[ 4 ] Grunske L. An effective sequential statistical test for probabilistic monitoring[J]. Information & Software Technology, 2011, 53(3): 190-199.

[ 5 ] Zhang P, Li W, Wan D, et al. Monitoring of probabilistic timed property sequence charts[J]. Software Practice & Experience, 2011, 41(7): 841-866.

[ 6 ] Hansson H, Jonsson B. A logic for reasoning about time and reability[J]. Formal Aspects of Computing, 1994, 6(5):512-535.

[ 7 ] Tomita T, Hagihara S, Yonezaki N. A probabilistic temporal logic with frequency operators and its model checking[J]. Electronic Proceedings in Theoretical Computer Science, 2011: 73.

[ 8 ] Baier C, Clarke E M, Hartonas-Garmhausen V, et al. Symbolic model checking for probabilistic processes[C]//International Colloquium on Automata, Languages and Programming, Berlin: Springer, 1997: 430-440.

[ 9 ] Kwiatkowska M Z, Norman G, Parker D, et al. Performance analysis of probabilistic timed automata using digital clocks[J]. Formal Methods in System Design, 2006, 29(1): 33-78.

[10] Bauer A, Leucker M, Schallhart C. Runtime verification for LTL and TLTL[J]. ACM Transactions on Software Engineering and Methodology, 2011, 20(4): 14.

[11] Jeffreys H. Theory of Probability[M]. 3rd ed. Oxford: Oxford University, 1961.

# 第4章　环境因素敏感的Web服务QoS监控方法 wBSRM

有效监控 QoS 是对 Web 服务实现质量控制的必要过程。现有监控方法都未考虑环境因素的影响，会导致监控结果与实际结果有悖。针对这一问题，本章提出了一种基于加权朴素贝叶斯算法的 QoS 监控方法（wBSRM），通过 TF-IDF 算法对部分样本进行学习来构建加权朴素贝叶斯分类器。在网络开源数据以及随机数据集上的实验结果表明：该方法能够更好地监控 QoS，效率显著优于现有方法。

## 4.1　引　　言

近年来，无论是企业内部还是企业外部，面向服务的体系结构得到越来越广泛的应用[1]。面向服务设计框架作为一种应用最为广泛的软件设计方法，对软件质量的精确度要求越来越高，面向服务的体系结构将应用程序的不同服务通过良好的接口联系起来，优点不言而喻，缺点是单个软件的失效可能会影响上下文调用的软件。因此，为了保证应用程序的顺利运行，方便设计者选择组成程序的服务，要求设计的服务能够达到一定的 QoS 需求，如可靠性、可用性、安全性等[2]。这些 QoS 需求在动态的网络运行环境中应达到一定概率阈值，可用概率质量属性来描述，在运行时通过监控 Web 服务是否满足该概率阈值评价服务的 QoS[3,4]。因此 QoS 监控是确保软件能够及时发现失效的必不可少的步骤，持续监控有利于在面向服务系统中，迅速有效地寻找更优的 Web 服务，提高服务质量[4]。

大部分 QoS 需求可由概率质量属性来表示[2]，如服务可靠性需求可描述为"该服务 1 年内平均无故障运行的概率为 95%"，响应时间需求可描述为"对该服务发出调用请求后，在 8s 内响应的概率为 80%"。所以当前的 QoS 监控方法借助于针对概率质量属性的监控方法，其中运用得比较广泛的是 Grunske 和 Zhang 提出的 ProMo 方法[5,6]。该方法的思想基于假设检验理论 SPRT[7]，先对总体的特征作出某种假设，然后通过抽样研究的统计推理，推断出接受或拒绝该假设。其基于小概率反证法思想，即小概率事件（$P<0.01$ 或 $P<0.05$）在一次试验中基本上不会发生，先提出假设（检验假设 $H_0$），再用适当的统计方法确定假设成立的可能性大小，如果可能性小，则认为假设不成立；如果可能性大，则认为假设成立。虽然经典假设检验是目前 QoS 监控中使用较为广泛的统计学方法，但仍存在不能避免的缺陷。首先，对于固定水

平检验，需要先给定显著性水平 $\alpha$，计算原假设的拒绝域，但是 $\alpha$ 究竟取何值比较精确并未给出具体的标准，而根据不同的显著性水平有时会得到相反的结论。其次，通过 $\alpha$ 给定的拒绝域来检验有时并不见效，有研究发现：一个以 $\alpha = 10^{10}$ 拒绝 $H_0$ 的经典结论，当 $n$ 充分大的时候，此 $H_0$ 的后验概率逐渐趋近于 1，该结论称为"Lindley 悖论"[8]。因此，当样本容量不断增大时，假设检验基本失效。而贝叶斯算法则比较直截了当，直接计算出原假设 $H_0$ 和备择假设 $H_1$ 的后验概率 $\alpha_0$ 和 $\alpha_1$，并计算后验概率比来判断检测结果。但是现存的贝叶斯算法没有解决贝叶斯算法本身的缺陷，即贝叶斯的独立假设并不适合所有情况，因为在 QoS 监控中，运行环境和上下文的波动使软件的运行环境产生非常大的不确定性[9]，每个样本的采集都具有各自的"身份证"，即样本的监控时间、客户端位置、样本服务器的属性等，这些因素决定了样本对整体决策的影响[10]，此时朴素贝叶斯算法所带来的误差在 QoS 监控中可能会导致实际情况与监控结果不符。使用加权朴素贝叶斯算法并根据环境影响因素计算权值可以科学地减小误差，因此结合环境因素影响的监控技术更贴近实际，可看作保证 Web QoS 的基础[11,12]。

环境因素的影响已经在 QoS 预测[9]、动态 QoS 组合[11]、QoS 度量[12]和 QoS 选择[13]等方法中考虑过。但是，现有的 QoS 监控方法还没有考虑到环境因素。针对这一问题，本章提出一种基于加权朴素贝叶斯[14]的 QoS 监控方法（wBSRM）。该方法首次提出通过训练的方法量化环境因素的影响，并受网页关键字搜索的启发，创新地运用了在搜索领域应用广泛的 TF-IDF 算法实现环境因素影响的量化，通过加权贝叶斯思想将环境因素的影响与 QoS 监控结合起来，并通过一系列实验证明了该方法紧密结合实际情况，科学地减小了误差。该方法分为训练和监控两个阶段：训练时，将样本满足 QoS 属性标准设为 $c_0$ 类，不满足 QoS 属性标准设为 $c_1$ 类，通过学习对部分样本进行计算，得到加权朴素贝叶斯分类器；监控时，对每个样本调用朴素贝叶斯分类器，得到样本满足 QoS 属性标准的 $c_0$ 类以及不满足 QoS 属性标准的 $c_1$ 类的后验概率之比，对比值进行分析可得样本集是否满足 QoS 属性或者不能判断，其中权值的计算引入了 TF-IDF 算法[15]。该算法的加入使 wBSRM 可以考虑环境因素的影响，对部分样本调用 TF-IDF 算法，将得到不同环境因素对分类的权值表。在监控时，根据样本所提供的环境因素信息调用权值表，作为该样本调用加权朴素贝叶斯分类器时所加的权值，减小监控误差，提高监控速度。

## 4.2　预 备 知 识

### 4.2.1　加权朴素贝叶斯分类器

分类是数据挖掘中一个重要的问题，分类算法的核心是构造分类器，现已有众多分类方法，朴素贝叶斯因其计算高效、精确度高，并具有坚实的理论基础而得到广泛的应用。朴素贝叶斯的思想基础[14]是：对于给出的待分类样本集，求解在此样本集出现的条件下各个类别出现的概率，其中最大概率的类别被认为此分类样本集的类别。令 $C = \{c_0, c_1\}$ 是预定义的类别集，$\boldsymbol{X} = \{x_1, x_2, x_3, x_4, \cdots, x_n\}$ 是样本向量，根据贝叶斯公式：

$$P(c_i|\boldsymbol{X}) = \frac{P(c_i)P(\boldsymbol{X}|c_i)}{P(\boldsymbol{X})} \tag{4-1}$$

为了简化 $P(\boldsymbol{X}|c_i)$ 的估计，朴素贝叶斯假定：当 $\boldsymbol{X}$ 属于类 $c_i$ 时，$\boldsymbol{X}$ 中的元素 $x_k$ 的取值和 $x_l$ 的取值是相互独立的，这样对于给定的类 $c_i$ 的条件概率就可以分解为

$$P(\boldsymbol{X}|c_i) = \prod_{k=1}^{n} P(x_k|c_i) \tag{4-2}$$

将式（4-2）代入式（4-1）中，得到

$$P(c_i|\boldsymbol{X}) = \frac{P(c_i)\prod_{k=1}^{n}P(x_k|c_i)}{P(\boldsymbol{X})} \tag{4-3}$$

实际上，由于 $P(\boldsymbol{X})$ 对于所有的类 $c_i$ 都是一样的，所以式（4-3）中分子的最大值的类别就是 $\boldsymbol{X}$ 的分类结果。由于分类过程是基于朴素贝叶斯假设来进行的，所以这种方法称为朴素贝叶斯分类方法：

$$C(\boldsymbol{X}) = \arg\max_{c_i \in C}\{P(c_i)P(\boldsymbol{X}|c_i)\} \tag{4-4}$$

朴素贝叶斯理论认为所有的样本数据对分类的重要性是一致的，然而事实却并非如此，因此，可以根据不同的样本数据的分类重要性赋予样本不同的权值，得到加权朴素贝叶斯公式：

$$C(\boldsymbol{X}) = \arg\max_{c_i \in C}\{P(c_i)P^{w_i}(\boldsymbol{X}|c_i)\} \tag{4-5}$$

整个方法分为准备阶段和分类阶段。

准备阶段：对样本数据进行训练，得到先验条件概率 $P(x_k|c_i)$ 和实际概率 $P(c_i)$ 以及样本权值。

分类阶段：计算后验概率，返回使后验概率最大的类和样本。

### 4.2.2　二项分布的经验贝叶斯估计

在成败型检验中，很多参数估计问题都可归结为二项分布的参数估计，在 QoS 监控中，样本满足 QoS 属性与不满足 QoS 属性标准，可看作成败型检验[16]。设事件 $A$ 为样本满足 QoS 属性需求，事件 $A$ 出现的概率为 $\theta$（$0 \le \theta \le 1$），那么在 $n$ 次独立试验中，$A$ 出现了 $x$ 次（$x = 0, 1, 2, \cdots, n$）的概率为

$$P\left(x|\theta\right)=\binom{n}{x}\theta^{x}(1-\theta)^{n-x} \tag{4-6}$$

贝叶斯方法把 $\theta$ 作为随机变量，赋予它一个先验分布 $c(\theta)$，结合实现样本，应用贝叶斯公式来对 $\theta$ 进行估计，本章使用的方法是经验贝叶斯（Empirical Bayes，EB）估计，这种方法把经典统计方法和贝叶斯方法结合起来对 $\theta$ 进行估计。由于无先验信息，我们将 $\theta$ 看作在（$0,\lambda$）上的均匀分布函数，设 $\theta$ 的先验分布为

$$c\left(\theta\right)=\begin{cases}\dfrac{1}{\lambda}, & 0<\lambda<1 \\ 0, & \text{其他}\end{cases} \tag{4-7}$$

那么 $x$ 的边缘分布为

$$P_{G}\left(x\right)=\int c(\theta)P\left(x|\theta\right)\mathrm{d}\theta=\int_{0}^{\lambda}\frac{1}{\lambda}\binom{n}{x}\theta^{x}\left(1-\theta\right)^{n-x}\mathrm{d}\theta \tag{4-8}$$

$$E\left(x\right)=\int xP_{G}\left(x\right)\mathrm{d}x=\int_{0}^{\lambda}\frac{n\theta}{\lambda}\mathrm{d}\theta=\frac{n}{2}\lambda \tag{4-9}$$

如果有经验样本 $x_1,x_2,x_3,x_4,\cdots,x_n$，可令 $E\left(x\right)=\dfrac{1}{n}\sum_{i=1}^{n}x_i=\overline{x}$，则 $\dfrac{n}{2}\lambda=\overline{x}$，由于 $0\leqslant\theta\leqslant1$，所以 $\lambda\leqslant1$，可取

$$\lambda=\min\left\{1,\frac{2\overline{x}}{n}\right\} \tag{4-10}$$

$\lambda$ 确定后，在平方损失下来求 $\theta$ 的贝叶斯估计 $\hat{\theta}$。根据贝叶斯公式，由式（4-6）和式（4-7）得 $\theta$ 的后验概率密度为

$$h(\theta|x)=P\left(x|\theta\right)c(\theta)/\int c(\theta)P\left(x|\theta\right)\mathrm{d}\theta \tag{4-11}$$

其核为 $\theta^{x}(1-\theta)^{n-x}$，故

$$\hat{\theta}=E\left(\theta|x\right)=\int_{0}^{\lambda}\theta h(\theta|x)\mathrm{d}\theta=\int_{0}^{\lambda}\theta^{x+1}(1-\theta)^{n-x}\mathrm{d}\theta\Big/\int_{0}^{\lambda}\theta^{x}(1-\theta)^{n-x}\mathrm{d}\theta \tag{4-12}$$

由于 $x$ 是正整数，根据式（4-12）易算积分，且易证明该式中 $\hat{\theta}$ 是关于 $\lambda$ 的递增函数，这说明：在现实样本相同的情况下，$\lambda$ 越大，得到的 $\hat{\theta}$ 也越大，而 $\lambda$ 与经验样本均值成正比，所以经验样本的均值越大，$\hat{\theta}$ 越大，即在 EB 估计中，$\hat{\theta}$ 不仅与现实样本 $x$ 有关，还与先验信息有关。

### 4.2.3　TF-IDF 算法

TF-IDF[15]是一种用于资讯检索与资讯探勘的加权技术，是度量网页和查询的相关性的关键技术。TF 表示查询的词在单个网页中出现的词频，词频越高就代表查询

和该网页的相关度越高，IDF 表示查询的词在所有网页中出现的词频，该值越高表示查询越难以得到结果，一些学者发现，IDF 的概念就是一个特定条件下关键词的概率分布交叉熵。总的来说，一个词预测主题的能力越强，权重越大，反之，权重越小。

这个理论也可用在加权监控中，度量不同的影响因子权值组合对 Web 服务成功或者失败的影响比较困难，因为监控本身就是一个概率统计的问题，无法将某一单个样本看作标量，这个相关度很难求得。实际上，只要关心影响因子组合对样本集的分类影响即可，通过训练一系列样本集，可以得到每个样本的加入对整个样本集分类的影响，所以借鉴检索的加权技术方法（TF-IDF），定义如下。

**定义 4.1**（影响因子权值）　对分类的影响随着它在类中出现的频率增大而增大，随着它在总的样本集中出现的概率的增大而减小。

设定 $w_R$ 代表影响因子组合 $R$ 对分类的权值，那么它的值可以由式（4-13）求得

$$w_R = \text{TF} \times \text{IDF}(R) = (n_{c_i}^R / N_{c_i}) \lg\left(\frac{N}{n_R}\right) \tag{4-13}$$

其中，$n_{c_i}^R$ 表示影响因子组合 $R$ 中属于类别 $c_i$ 的数量；$N_{c_i}$ 表示类别 $c_i$ 的个数；$N$ 表示样本的整体数；$n_R$ 表示影响因子组合为 $R$ 的样本数。

## 4.3　一种考虑环境因素影响的 Web 服务 QoS 监控方法

### 4.3.1　方法概述

图 4-1 为结合 TF-IDF 算法和 wBSRM 方法的总体结构图。在图中可以清晰地看到，用户使用服务的环境各有不同，例如，用户使用台式机或手提电脑、使用无线网络或有线网络、所请求服务的服务器在地球的哪个位置、请求服务的时间段可能有不同的负载变化，经验证这些不同环境都会对服务的质量有一定的影响。概率监控过程将监控结果看成（0,1）分布的，将每个样本对监控结果的影响看作相同的，即如果响应时间要求小于 0.3s，那么样本的响应时间是 0.5s 和 0.7s 的监控结果都是0，准确性很差，响应时间 0.7s 的样本的监控结果虽然是 0，但是其对服务失效的影响更加严重。举一个例子，如果点击鼠标之后，Web 服务 5s 还没有反应，用户很可能直接关闭服务，这对服务来说已经是失效了的，但是运用原有的监控系统是不能监控出失效的，因此本章提出一种加权朴素贝叶斯监控方法。

对图 4-1 主要模块功能解释如下。

监控数据收集：去掉具有缺失数据的样本，对样本进行充分的离散化，合理的离散化能够减少误差，在使用较少样本时得到比较合理的先验信息，提高监控精确度。

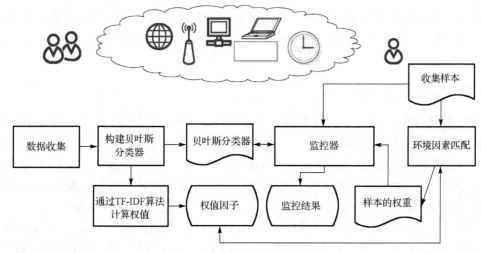

图 4-1 wBSRM 总体结构图

构建贝叶斯分类器：通过对二项分布的经验估计可得伯努利分布的概率，用来构造朴素贝叶斯分类器。

通过 TF-IDF 计算权值：TF-IDF 算法用来构造加权朴素贝叶斯分类器，首先通过朴素贝叶斯算法对 Web 服务进行监控，然后运用 TF-IDF 算法计算影响因子权值。

环境因素匹配：提取样本的环境因素，在权值库中进行匹配，得到样本的权值。

监控器：通过样本的 0-1 值和权值，调用朴素贝叶斯分类器，得到监控结果存储于数据库中。

由于朴素贝叶斯的独立假设的缺陷，样本的 0-1 序列中相同的样本值对监控的影响是一样的，都没有考虑样本的权值，本章采用更精准的分类方法，即加权朴素贝叶斯方法。在监控中，环境因素是影响 QoS 的重要因素，也是可以量化样本权值的信息，为了更清晰地解释环境因素，将其分为三类。

用户的角度：用户所在地、使用服务时间、采用的网络、设备参数以及配置文件等。

服务器角度：服务器所在位置、计算机复杂度、系统的资源（CPU、RAM、硬盘和 I/O）等。

环境的角度：服务器的负载、网络性能等。

现有方法如 K-means 在估算环境因素对 QoS 的影响时，分别求出各类因素的影响，再根据多层聚类的方式得出 QoS 值[9]。类似地，也可以使用聚类的方式得到影响因子的权值，然而计算得到的单个因素的影响因子的值始终有一定的误差，只能够无限接近实际值。为了减小误差，我们把这些影响因素的集合定义为影响因子组合。通过建立数量庞大的数据库，得到较为精准的影响因子权值表，对于不同服务，录入对其影响较大的因子。其中服务器的负载受各个时间段的影响，如节假日和休息时间会使网络负载过大，所以可以通过合理分割时间段来求各时间段的影响因子对服务的影响。监控的过程记录数据，可以根据不同服务的需求定期对权值表进行修改。

### 4.3.2　核心算法

定义样本满足 QoS 属性标准为 $c_0$ 类，不满足 QoS 属性标准为 $c_1$ 类，对部分样本进行训练，得到加权朴素贝叶斯分类器，所加权值由样本所在的环境因素决定，通过 TF-IDF 算法得到不同环境对该样本影响分类的重要性，将这一重要性设置为该样本的权值。监控时，对样本集调用加权朴素贝叶斯分类器，得出样本满足 QoS 属性、不满足 QoS 属性、样本不能判断监控结果三种情况。具体方法如下。

令 $C = \{c_0, c_1\}$ 为预定义的类别集，满足 QoS 属性为 $c_0$ 类，不满足 QoS 属性为 $c_1$ 类；$X = \{x_1, x_2, x_3, x_4, \cdots, x_n\}$ 是样本向量，$x_k \in (0,1)$，$x_k = 1$ 表示该样本满足 QoS 属性，$x_k = 0$ 表示该样本不满足 QoS 属性。例如，QoS 标准为服务响应时间小于 0.3s 的概率大于 85%，$x_k = 1$ 表示本次监控的样本响应时间小于 0.3s，$x_k = 0$ 表示响应时间大于 0.3s，样本 $X$ 属于类别 $c_i$ 的概率可以由后验概率 $P(c_i|X)$ 表示，贝叶斯分类器确定样本集的类别的依据通过估计后验概率 $P(c_i|X)$ 来实现，朴素贝叶斯分类器将后验概率 $P(c_i|X)$ 较大的类别作为样本所分到的类别。然而 $P(c_i|X)$ 很难直接求得，必须从训练数据中进行估计，通常直接估计比较难，本章使用贝叶斯公式，即式（4-3）进行计算。

式（4-3）中，$P(c_i)$ 是样本中某样本的加入使样本集的点估计可靠度属于类 $c_i$ 的概率，对于类别 $c_i$ 的概率通常取样本集的最大似然估计作为估计值，由式（4-14）表达：

$$P(c_i) = \frac{m_i}{|X|} \tag{4-14}$$

其中，$m_i$ 表示样本中使样本集点估计可靠度属于类 $c_i$ 的个数；$|X|$ 是样本集中的样本数。

若 $P(X|c_i)$ 已知，就可以方便地得到一个最优的分类结果，但是并不知道确切的分布，$P(X|c_i)$ 的估计比较困难，因为 $X$ 是一个 $n$ 维向量，而 $n$ 的取值数量级很大，为了简化 $P(X|c_i)$ 的估计，假设当 $X$ 属于类 $c_i$ 时，$X$ 中的元素 $x_k$ 与 $x_l$ 的取值是相互独立的，这样，样本 $X$ 对于给定类 $c_i$ 的条件概率就可以分解为

$$P(X|c_i) = \prod_{k=1}^{n} P(x_k|c_i) \tag{4-15}$$

由于样本的先验概率 $P(x_k|c_i)$ 未知，先验概率又是得到最优分类的必要信息，

且由于不知道样本的确切分布，这种方法不能直接运用，伯努利模型经常用在朴素贝叶斯方法的实现中，在 QoS 属性监控中，将样本集看作一个二值向量，$X=\{x_1, x_2, x_3, x_4, \cdots, x_n\}$，$x_k \in \{0,1\}$，$k \in \{0,1,\cdots,n\}$，$x_k = 1$，表示样本满足 QoS 属性，反之表示样本不满足 QoS 属性，符合伯努利分布。此外，贝塔分布可作为贝叶斯分布的共轭先验分布函数，取适当的值可以令贝塔函数无限接近伯努利分布[16]，因此将伯努利分布作为 $P(x_k|c_i)$ 的分布。令 $\theta_i$ 表示 $P(x_k = 1|c_i)$，表示满足 QoS 属性并属于类 $c_i$ 的样本概率，则样本 $x_k$ 的先验条件概率为

$$P(x_k | c_i) = \theta_i^{x_k} (1-\theta_i)^{1-x_k} = \left(\frac{\theta_i}{1-\theta_i}\right)^{x_k} (1-\theta_i) \tag{4-16}$$

二项独立模型假定对于给定的类 $c_i$，样本是否满足 QoS 属性是相互独立的，所以样本 $X$ 可以看作 $n$ 重独立的伯努利实验，对于给定的类 $c_i$，样本集的先验概率计算可得

$$P(X|c_i) = \prod_{k=1}^{n} \left(\frac{\theta_i}{1-\theta_i}\right)^{x_k} (1-\theta_i) = \arg\left\{\sum_{k=1}^{n} \lg(1-\theta_i) + \sum_{k=1}^{n} x_k \lg\left(\frac{\theta_i}{1-\theta_i}\right)\right\} \tag{4-17}$$

由式（4-16）和式（4-17）可以看出，尽管模型中考虑了样本满足 QoS 属性和不满足 QoS 属性的情况，但对分类起作用的还是 $x_k = 1$ 的样本，即二项独立模型是通过样本集 $X$ 中出现满足 QoS 属性的样本来判断它的类别的。然而 $\theta$ 未知，因此采用经验贝叶斯估计[17]，在训练阶段，将训练样本集均匀划分为若干阶段，每一个阶段都对样本的成功率进行一次测试，每次测试 $n$ 个样本，成功的样本数分别为 $y_1, y_2, y_3, y_4, \cdots, y_m$，$y$，其中 $y_1, y_2, y_3, y_4, \cdots, y_m$ 作为经验样本，$y$ 作为现实样本，应用式（4-12）可以得到最后阶段的成功率 $\hat{\theta}$。其中，成功的样本数的意义并不是响应时间小于 0.3s，对 $P(X|c_0)$ 而言是指阶段样本属于 $c_0$ 的样本子集中出现的响应时间小于 0.3s 的概率，对 $P(X|c_1)$ 而言是指阶段样本属于 $c_1$ 的样本子集中出现的响应时间小于 0.3s 的概率，这样通过训练就可以得到用于二项分布中的 $\theta$ 值，$\theta \in (\theta_0, \theta_1)$，$\theta_0$ 为关于 $c_0$ 的二项分布估计值，$\theta_1$ 同理为 $c_1$ 的二项分布估计值。

$C(X)$ 表示朴素贝叶斯分类器，其值域表示监控结果的集合，$C(X) = \{c_0, c_1\}$，$c_0$ 表示样本集满足 QoS 属性，$c_1$ 表示样本集不满足 QoS 属性，$R$ 表示样本的影响因子组合，$w(R)$ 表示影响因子组合对分类结果影响的权值，$T$ 表示训练集，$S$ 表示测试集。训练集 $T$ 与测试集 $S$ 都可以看作从一个未知分布 $D$ 中独立同分布采样得到的。影响因子加权的朴素贝叶斯监控模型实现的任务是：根据训练集 $T$ 得到一个加权朴素贝叶斯分类器 $C(X)$，$C(X)$ 在测试集 $S$ 上进行 QoS 属性监控。

wBSRM 受贝叶斯分类算法的启发，在贝叶斯算法的基础上引入了权值，该权值通过 TF-IDF 算法计算得到，更适合实际的 Web 服务质量监控。取 $x_k$ 表示第 $k$ 个

样本的值，$y(x_k)$ 判断样本值是否满足 QoS 属性，若满足则 $y(x_k)$ 取值为 1，不满足则 $y(x_k)$ 取值为 0，对于每个测试示例 $x_k$，具有示例的属性 $R$，$w_{c_i}^R$ 表示影响因子组合 $R$ 对类别 $c_i$ 的权重，$c_0$ 表示接受假设一类，$c_1$ 表示拒绝假设一类，训练阶段通过训练样本得到先验概率 $\theta_i$ 和权值表 $w(R)$，得到先验概率函数 $P(X|c_i)$，进而可得贝叶斯分类器，$C(X) = \arg\max\limits_{c_i \in C}\left\{P(c_i)P^{w_i}(X|c_i)\right\}$，其中 $w_i$ 表示根据样本的环境因子查表 $w(R)$ 得到的对 $c_0$ 类和 $c_1$ 类的权值，代入公式，得到

$$C(X) = \arg\max_{c_i \in C}\left\{P(c_i) + \sum_{k=1}^n w_{c_i}^R \times \left[\lg(1-\theta_i) + \text{temp} \times \lg\left(\frac{\theta_i}{1-\theta_i}\right)\right]\right\} \qquad (4\text{-}18)$$

训练阶段，将训练样本 $T$ 均匀分成 $e$ 等份进行成败型检验，每份样本数量为 $d$，由式（4-10）得到 $\lambda$ 值，$\lambda$ 确定后调用式（4-12）得到每类的先验概率分布中的 $\theta_i$ 值，调用式（4-17）可得先验概率函数 $P(X|c_i)$，同时对训练样本应用 TF-IDF 算法，得到影响因子权值表，到此加权朴素贝叶斯分类器所需要的先验条件都得到了解答，即加权朴素贝叶斯分类器（式（4-18））可以在监控中得到调用。

监控阶段，读取测试集 $S$ 内的样本 $x_k^{R_i}$，$R_i$ 表示样本 $x_k$ 所具有的影响因子组合，调用影响因子权值表 $W_R\_c_0(x_k^{R_i})$）和 $W_R\_c_1(x_k^{R_i})$ 分别得到 $R_i$ 对两类后验概率的权值，调用朴素贝叶斯分类器得到两类的后验概率中的分子 $P\_c_0$ 以及 $P\_c_1$，由于后验概率分母一直可变，可得后验概率之比 $k$，判断 $k$ 值得到监控结果。

**算法 4.1　wBSRM**

训练阶段：

输入：$T$：训练数据；$R$：影响因子组合；

输出：$w_{c_i}^R$：影响因子组合的权值；$\theta_i$：先验概率；$C(X)$：朴素贝叶斯分类器。

　　//首先从训练数据中计算出先验概率 $\theta_i$

1: for　$x_R \in T$

2: $\theta_0 = E(\theta_0|x) = \int_0^\lambda \theta_0 h(\theta_0|x)\,\mathrm{d}\theta_0$

　　　$= \int_0^\lambda \theta_0^{x+1}(1-\theta_0)^{n-x}\mathrm{d}\theta_0 \Big/ \int_0^\lambda \theta_0^x(1-\theta_0)^{h-x}\mathrm{d}\theta_0$

　　$\theta_1 = E(\theta_1|x) = \int_0^\lambda \theta_1 h(\theta_1|x)\,\mathrm{d}\theta_1$

　　　$= \int_0^\lambda \theta_1^{x+1}(1-\theta_1)^{n-x}\mathrm{d}\theta_1 \Big/ \int_0^\lambda \theta_1^x(1-\theta_1)^{h-x}\mathrm{d}\theta_1$

　　//计算影响因子组合对不同假设的权值

3: 　for　$x_k^{R_i} \in T$

4: 　if(check($R_i$)==1) then $n_{R_i}$++

5: 　　　else creat $R_i$ and $n_{R_i}=1$

```
6:          if (standard( x_k^{R_i} )==1) then n_{c_0}^{R_i} ++, n_{c_0} ++
7:              else n_{c_1}^{R_i} ++ , n_{c_1} ++
```

$$8: \quad w_{c_0}^R = \sum_{k=1}^n y_{c_0 \&\& R}\left(x_k\right) \times 1.0 / \sum_{k=1}^n y_{c_0}\left(x_k\right) \times \text{Math.lg}\left(n/n_R\right)$$

$$w_{c_1}^R = \sum_{k=1}^n y_{c_1 \&\& R}\left(x_k\right) \times 1.0 / \sum_{k=1}^n y_{c_1}\left(x_k\right) \times \text{Math.lg}\left(n/n_R\right)$$

监控阶段：

输入：$S$：训练数据；$W_R$：影响因子组合权值表；$\theta_i$：先验概率；

输出：$C\left(\textbf{X}\right)$：监控结果。

//通过查找 $W_R$ 库得到每个样本的权值

```
1:   R_i =get( x_k^{R_i} )
2:   w_0 =computeW_0( x_k^{R_i} ), w_1 =computeW_1( x_k^{R_i} )
```

//调用朴素贝叶斯分类器

```
3:  for x_k^{R_i} ∈ S
4:    P_c_0 =computeAftPro_c_0( x_k^{R_i} ), P_c_1 =computeAftPro_c_1( x_k^{R_i} )
```

$$5: \quad k = \frac{P\_c_0}{P\_c_1}$$

//根据 $k$ 值得出监控结论

```
6: int m=decision (k)
7:   if m>1   返回接受假设结论
         else if m<-1   返回拒接假设结论
             else m=1   返回无法判断继续监控的结论
```

## 4.4　实验及结果分析

### 4.4.1　实验环境配置

本节通过实验来模拟监控环境并验证 wBSRM 的有效性，实验环境为一台宏基 Intel Pentium G2030 CPU/4GB RAM，采用 Java 语言实现本章所提出的方法，并在两种不同的数据集上进行实验，数据描述如表 4-1 所示。

表 4-1　不同数据集下的主要实验参数

| 参数 | QWS 数据集 | 随机数据集 | 备注 |
|---|---|---|---|
| 样本数量 | 2100 | 1600 | |
| 影响因子组合数 | 23 | 2 | 后者影响因子位置固定 |
| 错误率 | 未知 | >15% | |

　　数据集一采用香港中文大学发布的真实世界 Web 服务质量（Quality of Web Service，QWS）数据集① [18]，该数据集包括 339 个用户和 5825 个真实世界的服务，提供了响应时间和吞吐量的量化数据，数据含有服务器位置和用户位置，满足实验需求，真实的数据有助于观察环境因素对监控结果的影响，为设计数据集二的影响因子权值提供参考。

　　数据集二是按照一定约束随机生成的数据集，该数据集采用注入错误的方式，宏观控制监控的实际结果和环境因素的位置，对 wBSRM 进行有效性检测，在 1000～1200 个样本注入 15% 的响应时间大于 3s 的错误样本，在 iSPRT[19] 无法作出判断的样本处分别标记若干样本对两类权值不同的影响因子，从而测试环境因素对真实结果的影响。

　　对数据进行预处理，包括离散化和过滤数据，离散化体现在提取影响因子权值过程中采用随机提取的方式，训练影响因子权值使用 TF-IDF 算法，删去影响因子权值小于 0.001 的影响因子组合；过滤数据即过滤掉数据集中无效的数据，如响应时间为负值等。

## 4.4.2　实验结果与分析

　　本章主要针对动态 QoS 监控下，采集的监控样本具有非软件本身的一些影响因素的情况，这些因素会导致同一个样本对监控结果的影响不一致。与相关算法进行比较，定性地分析了本章方法 wBSRM 的优势，为了进一步验证 wBSRM 的有效性，本节将 wBSRM 与 iSPRT 方法[19] 和具有代表性的 iBSRM 方法[20] 进行定量的实验比较。由于现有监控方法没有考虑环境因素的影响，所以对数据集一采用实际数据具体分析的方式进行比较，对数据集二采用控制变量法定性分析三种方法的结果。

　　1. 证明环境因素对监控的影响

　　为了证明不同环境因素对 QoS 监控的影响，实验对用户 IP 地址、服务器地址和不同时间段的数据进行观察与分析，发现除了服务本身的因素，这些环境因素也会对监控数据产生影响。数据集通过将一天划分为 141 个时间段，分别在同一时间段使用 142 台不同分布的计算机测试 4532 个网络开源服务站点的响应时间，通过对数据的提取和分析，得到同时段不同用户对不同地点的同一个服务进行请求的响应时间，如图 4-2 所示，水平坐标面代表具有 50 台不同分布的计算机以及 80 个服务站点的对应点，纵坐标表示对应组合在同一时间段的响应时间。而同一服务地点和

---

① http://www.datatang.com/data/15939.

同一用户地点在不同时间段请求的响应时间如图 4-3 所示，横坐标表示时间段，纵坐标表示对同用户位置同服务位置不同时间段的响应时间。

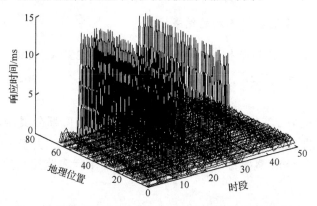

图 4-2　同时段不同用户位置不同服务位置的响应时间

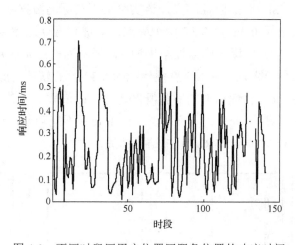

图 4-3　不同时段同用户位置同服务位置的响应时间

在同一时段，服务器所在位置的序列号在 10、14、30 时响应时间特别长，几乎达到 15s，而不同时段同用户位置同服务位置的响应时间的极值达到 0.7s。这种情况可能是服务器接近崩溃，用户所在地的网络负载过大，或者服务器和用户所在地通信出现问题，种种原因都可能导致 Web 服务失效。而 0-1 分布的原则使此时监控的样本仅仅为 0，无论是基于 SPRT 的算法还是基于传统朴素贝叶斯的方法都不能迅速地判断出失效，只能靠在该环境影响下 0 样本的数量增大来作出正确判断，这不仅增大了样本量还延迟了监控时间，更重要的是，如果动态监控不能在用户发现失效之前监控到错误，那很可能无法弥补，造成损失。为了更好地度量环境因子的权值，我们把这些影响 QoS 属性的因素的组合定义为影响因子组合，这些影响因子组合对监控结果的影响可能是真实结果不满足标准，而监控结果却满足标准。

2. wBSRM 和其他监控方法的结果比较

第一组实验采用真实数据集测试了本章模型 wBSRM 和基于传统贝叶斯的 iBSRM 方法以及基于传统假设检验的 SPRT 方法在不同 QoS 属性标准下的监控结果。

从数据集中提取 2000 个数据进行训练，得到朴素贝叶斯分类器以及影响因子权值表，提取剩下的 3000 个数据构建检验数据集，后验概率比大于 1 代表监控结果落在 $c_0$ 类，软件符合 QoS 概率标准；后验概率比小于 1 代表监控结果落在 $c_1$ 类，软件不符合 QoS 概率标准。

图 4-4 表示在 QoS 需求描述为 "响应时间小于 8s 的概率是 0.36 和 0.37" 时，wBSRM、iBSRM、iSPRT 的监控结果，该实验采用实际的数据集，因此 QoS 实际值较低，经过实验选择 0.36 和 0.37 两个标准，能够较直观地得到监控结果曲线，若监控结果满足 QoS 属性标准则监控结果为 1，否则为 -1，无法判断为 0，垂直线表示监控状态的改变。图 4-5 为 QoS 属性标准为 0.37 时的软件的服务质量满足 QoS 属性标准与不满足 QoS 属性标准的后验概率之比，比值大于 1 表示满足 QoS 属性标准，小于 1 表示不满足 QoS 属性标准，等于 1 表示不能判断，该图对应图 4-4 中 QoS 属性标准为 0.37 时的 wBSRM 监控结果曲线。

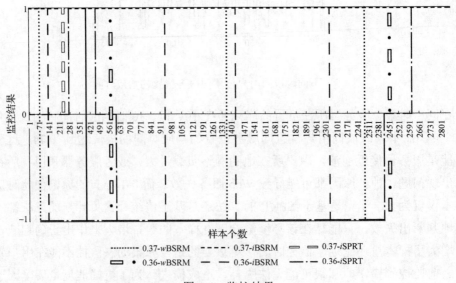

图 4-4　监控结果

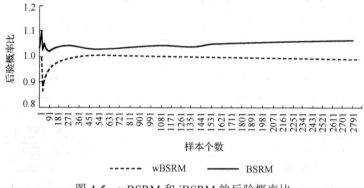

图 4-5　wBSRM 和 iBSRM 的后验概率比

从图 4-4 可以看出：wBSRM 与 iBSRM 在监控开始的时候结果一致，而 wBSRM 能够更快地检测到服务的失效，iSPRT 在开始时无法监控出结果，并且监控结果所用样本较 iBSRM 多，这是因为贝叶斯相对于传统的假设检验更适合于小样本的检测。当 QoS 属性为 0.36 时，wBSRM 在样本数 137 时检测到服务失效，而 iBSRM 在样本数 569 时检测到服务失效，且 wBSRM 在 iBSRM 判断出服务失效时，能够检测出服务可被接受。当 QoS 属性标准为 0.37 的时候，iBSRM 不能判断出服务出现错误，wBSRM 在样本数 72～192 时检测到失效。而 iSPRT 的监控结果基本与 iBSRM 结果一致，iBSRM 对服务质量的改变更加敏感。为了进一步证明影响因子权值对监控结果的影响，实验对 wBSRM 方法中两次决策改变之间的样本对不同权值的影响进行深入研究，结果如图 4-6 和图 4-7 以及表 4-2 所示，图 4-6 为样本对应的权值，$w_0$ 表示该样本对 $c_0$ 类的权值，$w_1$ 表示样本对 $c_1$ 类的权值；图 4-7 为样本在不同阶段的影响因子数量；表 4-2 表示图 4-7 对应的影响因子对两种分类的具体权值。监控初始时，后验概率比基本一致，但随着样本量的增加，wBSRM 考虑到环境因子的影响，在样本数为 1～101（监控结果一致），以及样本数在 111～351（wBSRM 检测到服务出现错误）时，如图 4-6（a）和图 4-6（b）所示，影响因子对服务时效类别的权值的样本具有较多的数量，在监控开始阶段，wBSRM 与 iBSRM 的监控结果基本一致，可见此时权值所占的比例并没有完全影响监控结果，需要一定的累计才能够影响监控的决策；可得权值与决策基本相符，虽然也有影响因子的权值大小与决策有悖，但是在图 4-6 中可以看到，与决策相符的影响因子组合的数量较多。例如，450～1300 的样本，监控结果为 1，然而这期间样本对服务时效类型权值更大的影响因子组合见表 4-2，Finland/Italy 服务成功类别的权值为 0.006112，对失败类别的权值为 0.0090210，然而在图 4-7 中可以看到，具有 Finland/Italy 影响因子组合的样本仅为 71，占该样本区间的样本总量约 0.076。

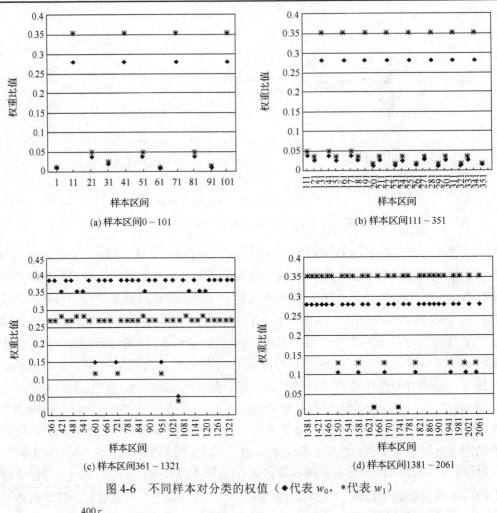

图 4-6　不同样本对分类的权值（◆代表 $w_0$，*代表 $w_1$）

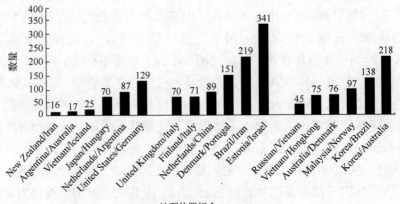

图 4-7　决策改变间的影响因子组合数量

表 4-2　影响因子对二分类的影响权值

| $w_s$ /us | New Zealand/ Iran | Argentina/ Australia | Vietnam/ Iceland | Japan/Hungary | Netherlands/ Argentina | United States/ Germany |
|---|---|---|---|---|---|---|
| $w_0$ | 0.014354 | 0.009826 | 0.028011 | 0.021273 | 0.039338 | 0.280364 |
| $w_1$ | 0.017844 | 0.012233 | 0.035926 | 0.027093 | 0.049761 | 0.354168 |
| $w_s$ /us | United Kingdom/ Italy | Finland/ Italy | Netherlands/ China | Denmark/ Portugal | Brazil/ Iran | Estonia/ Israel |
| $w_0$ | 0.149391 | 0.006112 | 0.049761 | 0.105012 | 0.354377 | 0.385129 |
| $w_1$ | 0.118108 | 0.0090210 | 0.039338 | 0.132547 | 0.286714 | 0.271963 |
| $w_s$ /us | Russian/ Vietnam | Vietnam/ Hongkong | Australia/ Denmark | Malaysia/ Norway | Korea/ Brazil | Korea/ Australia |
| $w_0$ | 0.020207 | 0.0038431 | 0.028061 | 0.015768 | 0.240394 | 0.105012 |
| $w_1$ | 0.019634 | 0.0047782 | 0.034939 | 0.019634 | 0.344168 | 0.357172 |

第二组实验采用一定约束生成的随机数据集进行测试。在第一组实验中，由于数据是真实值，数据的实际监控结果没有一个确切的答案，无论是 iSPRT 还是 iBSRM 都存在一些误差，将本章模型与本身存在误差的方法进行比较虽然能够在一定程度上证明方法的可行性，但是还不够完善。因此实验设计具有注入错误的数据集进一步证明 wBSRM 的可用性，并在数据集中加入环境因素，进一步证明 wBSRM 的合理性。具体数据集特征如下。

QoS 需求描述为"响应时间小于 3.8s 的概率大于 0.85"，在 900～1200 个样本中注入响应时间大于 3.8s 的错误样本数大于 15%，在 160 个样本处注入若干 0，使 iSPRT 第一次出现无法判断区间，将样本 60～180 区间的影响因子组合定为 United States/Germany，此时对 $c_1$ 类的权值为 0.354168，大于对 $c_0$ 类的权值 0.280364。在 450 个样本处注入若干 0，使 iSPRT 第二次出现无法判断区域，将样本 300～520 区间的影响因子组合定义为 Brazil/Iran，此时对 $c_0$ 类的权值大于 $c_1$ 类的权值。在样本 900～1200 处将影响因子组合再一次定义为 United States/Germany，其余样本的影响因子组合认为对两类权值一致为 1。

实验结果如图 4-8 所示，横坐标代表样本个数，纵坐标代表监控结果，在样本数为 150～240 时，iSPRT 和 iBSRM 第一次出现无法判断，wBSRM 在 186～244 样本内得到服务失效判断，此时可以推断是从样本数 60 开始注入的 United States/Germany 影响因素对监控结果的影响。在样本数为 470～520 时，iSPRT 和 iBSRM 又一次出现无法判断的情况，wBSRM 判断满足 QoS 属性标准，导致此判断有两种可能：一是实际上 wBSRM 无法判断的概率很小，因为后验概率比约等于 1 的概率就很小；二是影响因子组合对结果的影响。无论哪种可能，wBSRM 至少给出一个判断。事实上，在动态监控中，即使监控结果为无法判断，服务也不会被弃用，需要更多样本来判断也就意味着需要继续使用 Web 服务，所以此时 wBSRM 的监控结果为满足 QoS 属性，虽然与 iSPRT 和 iBSRM 不同，也不影响服务在实际中的使用。在样本数为 900～1200 时，wBSRM 在样本量为 960 时最早检测出服务出错，iBSRM 以样本量 986 次之，iSPRT 在样本量为 997 时最后检测出错误，在样本恢复满足 QoS 属性标准后，wBSRM 率先得到满足 QoS 属性标准的结论，本书作者分析原因在于 wBSRM 无法判断的概率是很小的，但这不影响服务在实际中的使用，但是由于在 900～1200 的样本数中影响因子组合对 $c_1$ 的权值更大，wBSRM 判断改变的速度较 iSPRT 和 iBSRM 判断改变的速度慢。

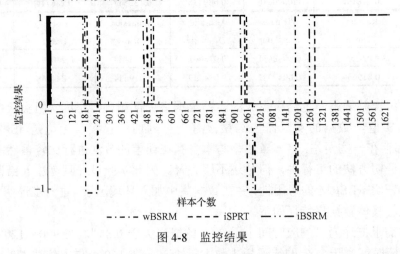

图 4-8　监控结果

3. 计算时间

　　计算时间（Computing Time, CT）指算法生成分类器所需的时间和监控的平均计算时间。该指标反映了算法的效率，由于训练分类器的算法运行时间是其他方法所没有的，训练的主要目的是计算所有影响因子组合的权值，表 4-3 给出了实验使用数据集训练的时间，分析表 4-3 可知，训练时间较短，可以接受，本实验会进一步和高效的 iSPRT 方法以及基于传统贝叶斯算法的 iBSRM 比较实际监控的平均时间。

表 4-3　不同 QoS 影响因素标准下计算全部影响因子对 $c_0$ 以及 $c_1$ 的权值所需时间

（单位：ms）

| 计算时间 | QoS 标准 | | | | | |
|---|---|---|---|---|---|---|
| | 0.37 | 0.38 | 0.39 | 0.40 | 0.41 | 0.42 |
| 计算对 $c_0$ 的权值 | 2.13 | 3.21 | 23.08 | 5.77 | 7.21 | 5.03 |
| 计算对 $c_1$ 的权值 | 4.18 | 2.55 | 3.15 | 18.13 | 1.84 | 2.28 |
| 总计算时间 | 6.31 | 5.76 | 26.23 | 23.90 | 9.05 | 7.31 |

计算时间的测量采取实际数据集中 QoS 属性小于 8s 的概率大于 0.37 这一标准进行测量，运行 2000 个数据记录其总体时间，取样本平均时间为计算时间。如图 4-9 所示，横坐标代表不同的 QoS 属性标准，纵坐标代表每个样本的平均计算时间，从图中可以看到 iSPRT 所需时间最多，wBSRM 所需的时间略高于 iBSRM，这是因为 wBSRM 需要调用影响因子组合权值库查找每个样本对分类的权值，但是由于本章中的实际影响因子组合数略小，并采取了哈希表的方式存储，所以 wBSRM 的计算时间高出 iBSRM 并不多。

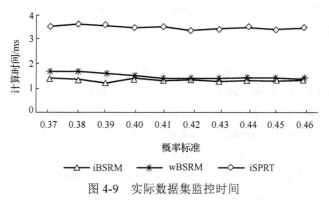

图 4-9　实际数据集监控时间

## 4.5　本章小结

现有监控方法没有考虑环境因素的影响，导致监控结果与事实相违背、出现误差、延误判断时间等问题。针对这一问题，本章给出了基于 TF-IDF 算法和加权朴素贝叶斯分类器算法的环境因素敏感的 Web 服务 QoS 方法 wBSRM。考虑监控的样本所属的不同环境对两类标准的权值，在真实数据集和模拟数据集上分别对比基于传统贝叶斯的 iBSRM 方法以及基于经典假设检验的 iSPRT 方法，实验表明 wBSRM 在性能没有明显降低的情况下效率明显优于其他两种方法。

在未来的工作中，将重点考虑以下几个问题：一是监控时影响因子权值表的修正，将通过进一步的数据分析和实验，得到合理的更新影响因子权值表的时机区间，使更新在消耗较少的资源情况下保证数据正确；二是对于监控样本与训练样本的环境因素不同时的加权方法，设想使用相似性算法将未知影响因子和已知影响因子进行匹配；三是根据影响因素定义不同的服务质量标准进行监控。以上几个方面皆可使 wBSRM 得到更加广泛的运用，使监控结果更加准确。

# 参 考 文 献

[ 1 ] Arsanjani A, Endrei M, Ang J, et al. Patterns: Service-oriented Architecture and Web Services[J]. Biztek, edu. pk, 2004.

[ 2 ] Grunske L. Specification patterns for probabilistic quality properties[C]//ACM/IEEE 30th International Conference on Software Engineering. IEEE, 2008: 31-40.

[ 3 ] Shao J, Deng F, Wang Q X. A model-based software system monitoring approach[J]. Journal of Computer Research and Development, 2010, 47(07): 1176-1183.

[ 4 ] Zeng L, Lei H, Chang H. Monitoring the QoS for Web services[C]//International Conference on Service-Oriented Computing. Berlin: Springer, 2007: 132-144.

[ 5 ] Grunske L, Zhang P. Monitoring probabilistic properties[C]//Joint Meeting of the European Software Engineering Conference and the ACM SIGSOFT Symposium on The Foundations of Software Engineering. DBLP, 2009: 183-192.

[ 6 ] Zhang P, Li W, Wan D, et al. Monitoring of probabilistic timed property sequence charts[J]. Software: Practice and Experience, 2011, 41(7): 841-866.

[ 7 ] Wald A. Sequential tests of statistical hypotheses[J]. The Annals of Mathematical Statistics, 1945, 16(2): 117-186.

[ 8 ] Breitung K. The Lindley paradox, information and generalized functions[C]//International Symposium on Uncertainty Modeling and Analysis. IEEE Computer Society, 1995: 720-723.

[ 9 ] Silic M, Delac G, Srbljic S. Prediction of atomic web services reliability based on k-means clustering[C]//Joint Meeting on Foundations of Software Engineering. ACM, 2013: 70-80.

[10] Hossain M S. QoS in web service-based collaborative multimedia environment[C]//International Conference on Advanced Communication Technology. IEEE, 2014: 881-884.

[11] Mabrouk N B, Beauche S, Kuznetsova E, et al. QoS-aware service composition in dynamic service oriented environments[C]//ACM/IFIP/USENIX International Conference on Middleware. Berlin: Springer-verlag, 2009: 123-142.

[12] Ma Y, Wang S G, Sun Q B, et al. Web service quality metric algorithm employing objective and subjective weight[J]. Journal of Software, 2014, 25(11): 2473-2485.

[13] Xin M, Jiang T, Zhang R. A QoS constraints location-based services selection model and algorithm under mobile internet environment[C]//International Conference on Service Sciences. IEEE, 2015: 124-129.

[14] Box G E P, Tiao G C. Bayesian Inference in Statistical Analysis[M]. New York: John Wiley & Sons, 2011.

[15] Aizawa A. An information-theoretic perspective of tf-idf measures[J]. Information Processing & Management, 2003, 39(1): 45-65.

[16] Jeffreys H. The Theory of Probability[M]. Oxford: Oxford University Press, 1998.

[17] Feder M, Weinstein E. Parameter estimation of superimposed signals using the EM algorithm[J]. IEEE Transactions on Acoustics, Speech and Signal Processing, 1988, 36(4): 477-489.

[18] Zheng Z B, Zhang Y L, Lyu M R. Distributed QoS evaluation for real-world web services[C]// IEEE International Conference on Web Services. IEEE Computer Society, 2010: 83-90.

[19] Grunske L. An effective sequential statistical test for probabilistic monitoring[J]. Information and Software Technology, 2011, 53(3): 190-199.

[20] Zhu Y, Xu M, Zhang P, et al. Bayesian probabilistic monitor: A new and efficient probabilistic monitoring approach based on bayesian statistics[C]//International Conference on Quality Software. IEEE Computer Society, 2013: 45-54.

# 第 5 章　结合信息增益和滑动窗口的 Web 服务 QoS 监控方法

本章提出一种时效感知的动态 Web 服务 QoS 监控方法。在传统加权监控方法中融入了滑动窗口机制和信息增益原理，简称 IgS-wBSRM。该方法以一定的初始训练样本进行环境因素权值初始化，利用信息熵及信息增益计算样本数据单元出现前后各影响因子组合的信息增益，结合 TF-IDF 算法对早期初始化权值进行动态更新，修正传统算法对监控分类的类间分布偏差问题和参数未更新问题。在模拟数据集和开源数据集上的实验结果表明：利用滑动窗口机制可以有效摒弃历史数据的过期信息，更加准确地监控 Web 服务的 QoS，总体监控效果明显优于现有方法。

## 5.1　引　　言

随着云计算、大数据等新技术对传统 Web 服务的推动，企业之间甚至个人对服务的需求正逐步转变为服务间的交互。在复杂多变的环境中，Web 服务的运行环境及其质量也无时无刻不发生着改变，为了能让服务适应动态异构的环境，亟待解决的便是在实时变化的环境中对 Web 服务 QoS 进行准确而灵敏的监控[1-3]。

QoS 是 Web 服务的一组非功能属性的集合，是衡量第三方服务好坏的重要指标，每个 QoS 属性表示 Web 服务某一方面的质量信息，如响应时间、吞吐量、可靠性等[4]。由于每个质量属性都有相应的属性值，如何在不确定的网络环境和服务本身的弹性下动态而灵敏地监控 Web 服务是否失效，即转变为如何在不确定环境下利用 QoS 属性数据进行实时而有效的监控问题。

大多数 QoS 属性标准可以用概率质量属性（probabilistic quality properties）的方式来表达[5]，如响应时间可描述为"某服务对客户请求的响应时间小于 10s 的概率为 50%"，可用性可描述为"某服务 24 小时内离线的概率应小于 0.02"等。这使得传统上对 QoS 属性数据的分析转变为在不确定环境下基于概率或统计的手段对现有属性数据进行统计分析与计算，即近年来兴起的概率监控（probabilistic monitor）方法[6]。

目前，研究人员已经提出了不少概率监控方法，典型的包括基于估值计算[7]、基于经典假设检验 SPRT[6,8,9]和基于贝叶斯[10-12]的方法。现有对 QoS 属性进行的概率监控方法作为一个十分重要的保证措施，仍不完善。大部分方法[7-10]未考虑在复杂多变环境下的实时监控问题，第 4 章提出的考虑了环境因素影响的研究方法[11,12]并未对监控的时效性和监控分类带来的类间分布不均衡问题进行深入研究。为解决这些问题，本章提出了一种新颖的时效感知监控方法，该方法结合滑动窗口机制和信息增益原理来实现 Web 服务 QoS 的动态加权监控，简称为 IgS-wBSRM。该方法着重考虑对环境的影响因素进行时效性加权，同时消除监控分类间影响因子分布不均衡带来的监控失准问题，以使监控能够适应动态的运行环境和数据环境，让监控更具有实时动态性与准确性。

本章的主要贡献包括如下三个方面。

（1）从监控时效性出发，构建了细粒度的动态监控算法。引入滑动窗口机制，同时基于该机制与信息增益的结合，设计了在新旧窗口下不同的监控样本数据集下，基于信息增益的改进动态权值更新算法。使得运行时监控始终能够兼顾最新的样本数据块，对运行监控参数实时地进行动态更新。

（2）将融入滑动窗口机制进而结合信息增益改进的加权算法运用于 Web 服务 QoS 监控中，解决了现有相关研究中利用传统 TF-IDF 算法进行加权所产生的类间分布偏差问题。

（3）基于给定标准下的模拟数据集和开源数据集精心设计了相关实验，并与现有 QoS 监控方法进行比较，实验结果验证了方法的有效性和优越性。

## 5.2　预　备　知　识

本章用到的预备知识包括加权朴素贝叶斯分类器、信息熵与信息增益理论、TF-IDF 算法等，有关加权朴素贝叶斯分类器和 TF-IDF 算法详细描述见 4.2.1 节和 4.2.3 节。下面仅介绍信息熵和改进的 TF-IDF 算法。

### 5.2.1　信息熵与信息增益

熵反映的是任何一种能量在空间中分布的均匀程度[13]。该能量分布得越均匀，则熵值就越大。信息熵的含义是：对于某个词，如果计算该词的信息熵在随机事件发生之前，则信息熵值表示的是该词对结果不确定性的度量；相反，如果计算其信息熵值在随机事件发生之后，则该信息熵值表示的是从该词中得到的信息量。

对于给定的概率分布 $P=(p_1,p_2,\cdots,p_n)$，则该分布所携带的信息量就称为 $P$ 的熵 $H(P)$，公式如下：

$$H(P) = -\left(p_1\log_2 p_1 + p_2\log_2 p_2 + \cdots + p_n\log_2 p_n\right) = -\sum_{k=1}^{n} p_k\log_2 p_k \qquad (5\text{-}1)$$

信息增益[13]定义为影响因子组合数据单元在监控前后的信息熵之差。

信息增益的计算公式如下：

$$IG(s) = H(C) - H(C \mid s)$$
$$= -\sum_{c_j \in C} p(c_i)\lg(p(c_j)) + p(s)\sum_{c_j \in C} p(c_j \mid s)\lg(p(c_j \mid s))$$
$$+ p(\overline{s})\sum_{c_j \in C} p(c_j \mid \overline{s})\lg(p(c_j \mid \overline{s})) \tag{5-2}$$

其中，$C$ 表示监控结果分类的集合，有 $C=\{c_0, c_1\}$；$H(C)$ 表示在没有出现某个具体的影响因子组合数据单元 $s$ 之前监控样本属于某个类别的概率空间的熵，即对样本分类结果的不确定程度；$H(C|s)$ 为影响因子组合数据单元 $s$ 出现之后样本属于某个类别的概率空间的熵，即影响因子组合数据单元 $s$ 对分类结果的不确定程度。具体影响因子组合数据单元 $s$ 出现前后对样本影响分类的不确定程度之差就是信息增益，它蕴含的是影响因子组合对分类所能提供的重要性的大小，其中 $p(s)$ 表示 $s$ 数据单元出现在 $C$ 类别中的概率，$p(\overline{s})$ 表示 $s$ 出现在样本数据中但不出现在 $C$ 类别中的概率。根据熵的计算公式计算 $H(C)$ 和 $H(C|s)$。

信息增益值越大则该影响因子组合数据单元 $s$ 对样本分类的影响程度越大，应该赋予较高的权重。反之则该影响因子组合数据单元 $s$ 对样本分类的影响程度较小，监控时应该赋予较低的权重。

信息增益分类的基本思想：某个特征项的信息增益越大，贡献越大，对分类就越重要。

## 5.2.2　结合信息增益的改进 TF-IDF 加权

在综合考虑了词条的词频（Term Frequency，TF）和反文档频率（Inverse Document Frequency，IDF）[14]后，我们发现传统的 TF-IDF 算法仅将文档集作为整体来考虑，对于 IDF 值的计算并未考虑到特征项在类间分布情况下存在的不均衡偏差问题。传统 TF-IDF 算法的主要思想是：如果一个词条在特定的文档中出现的频率越高，说明它在区分该文档内容属性方面的能力越强；如果一个词条在不同文档中出现的次数越多，说明该词条区分文档内容的能力越弱。在早期的利用 TF-IDF 算法进行影响因子加权的 Web 服务质量监控中，公式如下：

$$W_{R_i} = TF \times IDF(R_i) = (n_{c_j}^{R} / n_{c_j}) \times \lg\left(\frac{n}{n_{R_i}}\right) \tag{5-3}$$

其中，$W_R$ 表示环境因子组合 $R_i$ 对分类的权值；$n_{c_j}^{R}$ 表示影响因子组合 $R_i$ 中属于类别 $c_j$ 的数量；$n_{c_j}$ 表示类别 $c_j$ 的个数；$n$ 表示样本的整体数；$n_{R_i}$ 表示影响因子组合为 $R_i$ 的样本数。

影响因子组合的信息增益是其在类间分类能力的表示，且信息增益值与其分类能力成正比，即信息增益值的大小反映了影响因子组合对分类的影响强弱。TF-IDF 计算的是影响因子组合的信息量，信息增益计算的是新加入样本的环境因子组合带来的信息量，进行归一化处理后二者属同一数量级，现定义权值更新公式如下：

$$w_{R_i\text{-new}} = w_{R_i} \times \text{IG}(R_i) \tag{5-4}$$

其中，$\text{IG}(R_i)$ 表示影响因子组合 $R_i$ 的信息增益，具体定义见 5.2.1 节。

## 5.3　一种时效感知的动态加权 Web 服务 QoS 监控方法 IgS-wBSRM

### 5.3.1　IgS-wBSRM 方法引入与概述

利用 TF-IDF 算法进行权值计算在信息检索领域甚至数据挖掘领域中都有着极其重要的意义与作用。早期的相关研究[11,12]曾利用该算法在监控初始化期以有限的数据样本对监控服务所涉及的环境影响因子进行权值计算，而后期所有的监控都依据该早期的初始化权值表进行相应计算，算法明显呈现出两大弊端。

（1）传统的 TF-IDF 算法将分类数据文档集当作一个完整实体来考虑，其中 IDF 的计算并没有考虑到环境影响因子在类间的分布情况，如表 5-1 所示。

表 5-1　影响因子组合在不同分类文档中的频数表（频次）

| 影响因子组合 | 类别 | | | |
| --- | --- | --- | --- | --- |
| | $c_0$ | | $c_1$ | |
| | $D_{c_0\_old}$ | $D_{c_0\_new}$ | $D_{c_1\_old}$ | $D_{c_1\_new}$ |
| <China,China> | 8 | 4 | 0 | 0 |
| <Poland,Turkey> | 0 | 6 | 6 | 0 |

其中，影响因子组合以类似<China,China>的形式给出，分别代表客户端地理位置与服务器端地理位置；$D_{c_0\_old}$ 表示旧时间片窗口范围内 $c_0$ 类分类数据文档，$D_{c_0\_new}$ 表示新时间片窗口范围内 $c_0$ 类分类数据文档，同理依次有 $D_{c_1\_old}$、$D_{c_1\_new}$。

由表 5-1 可见，<China,China>环境影响因子组合在 $c_0$ 类别中的两个分类数据文档集中大量出现，而在其他类别基本未出现，那么这种环境影响因子的分类能力显然是很强的，故应赋予其较高权值，但同时可以看到<Poland,Turkey>环境影响因子组合也同时出现在了两个分类数据文档中，其中 $c_0$ 类数据文档集中出现 6 次，$c_1$ 类数据文档集中出现 6 次，且在两个分类数据文档中均匀分布，显然这类环境影响因子组合携带识别两种类别的分类信息很少，应赋予较低权值，现在对上述数据依照现有的监控加权研究中使用的传统 TF-IDF 算法进行加权，结果如表 5-2 所示。

表 5-2　影响因子组合在不同分类文档中的权值表

| 影响因子组合 | 类别 | | | |
| --- | --- | --- | --- | --- |
| | $c_0$ | | $c_1$ | |
| | $D_{c_0\_old}$ | $D_{c_0\_new}$ | $D_{c_1\_old}$ | $D_{c_1\_new}$ |
| <China,China> | 0.0894 | 0.0603 | 0 | 0 |
| <Poland,Turkey> | 0 | 0.0904 | 0.0885 | 0 |

由表 5-2 可以看到，影响因子组合<Poland,Turkey>反而获得了更高的权重，甚至超过了明显对 $c_0$ 类有着很好分类能力的<China,China>影响因子组合。这是一个明显错误的结果，也是传统 TF-IDF 加权的类间分布偏差的体现。

（2）仅利用传统的 TF-IDF 加权方法，对早期部分样本数据进行一次初始化权值训练而后期无限期使用，这显然与复杂多变的 Web 服务环境有悖。这样的方法不具备灵活性与动态性，很容易将历史积累的错误信息带到当前环境的计算中来。基于概率统计的服务监控，若监控在从开始统计起始一直不断加入动态样本的情况下仍然将初始统计的成功率加入统计，即使此时对 QoS 标准进行判断仍然满足，此时的服务也可能已经失效很久，而这正是由于历史冗余数据的基数大，统计信息不易改变的特性造成的。现有监控将已经过期的样本也加入统计计算，服务在发布后短期内一定是正常运行的，在后期未加强维护的情况下，可能会出现服务失效，而如果从开始就对 Web 服务 QoS 的概率质量属性标准进行成功率统计，并且一直加入监控的判断中，这样明显会导致监控结果错误。

IgS-wBSRM 方法结合信息增益与滑动窗口机制来改进加权模式，使之成为一种时效感知的动态加权 Web 服务 QoS 监控方法，方法整体结构如图 5-1 所示。

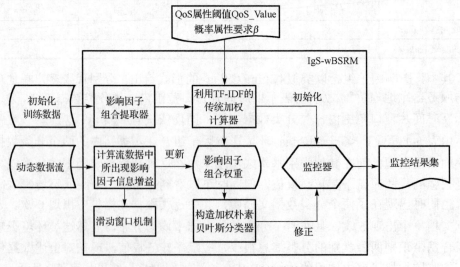

图 5-1　IgS-wBSRM 系统结构图

主要模块功能介绍如下。

（1）初始化训练数据和动态数据流：利用早期部分历史 QoS 数据样本（initial training data）进行初始化权值表训练，监控器运行时则根据运行时的动态 QoS 数据流（dynamic data flow）进行异步权值更新。

（2）影响因子组合提取器：对数据集进行影响因子组合"分词"得到各个独立的影响因子组合并进行频数统计。

（3）计算流数据中所出现影响因子信息增益：结合滑动窗口机制，通过信息增益改进传统 TF-IDF 算法来对各影响因子组合进行实时动态的权值更新。

（4）监控器：利用传统方法进行加权的初始化权值等参数来初始化监控器，利用以融入滑动窗口机制的基于信息增益动态加权方法更新过的各影响因子权值等参数来修正监控器。

IgS-wBSRM 方法融入滑动窗口机制进而结合信息增益很好地解决了前面所提出的问题。以前面列举问题时所提出的例子为例，当采用 IgS-wBSRM 模型进行监控后可以看到结果发生了显著且与预期一致的变化，具体权值见表 5-3。

表 5-3　影响因子组合在不同分类文档中的权值表

| 影响因子组合 | 类别 | | | |
| --- | --- | --- | --- | --- |
| | $c_0$ | | $c_1$ | |
| | $D_{c_0\_old}$ | $D_{c_0\_new}$ | $D_{c_1\_old}$ | $D_{c_1\_new}$ |
| \<China,China\> | 0.0048 | 0.0072 | 0 | 0 |
| \<Poland,Turkey\> | 0 | 0 | 0 | 0 |

从表 5-3 中可以看到，原本未携带识别两种类别的分类信息的\<Poland,Turkey\>环境影响因子组合于此时的权值表中 $c_0$ 与 $c_1$ 两类中的权值均被置零，而\<China, China\>影响因子组合的权值则如其预期侧重分布在 $c_0$ 类中，由此可以看出，融入滑动窗口机制进而结合信息增益所改进的加权算法能够有效地避免类间分布偏差现象，可以很好地避免赋予那些在监控分类间分布均匀但实则并无携带识别与决策分类能力的影响因子组合以较高的权值。

## 5.3.2　IgS-wBSRM 方法实现

方法定义 QoS 属性标准 $\beta$，QoS 属性值要求 QoS_Value，以及滑动窗口的大小 $m$。样本分为训练样本和监控样本，首先通过远程过程调用获取早期的训练样本，定义影响因子组合，通过带有环境因素的样本获取影响因子组合（主要是用户的位置及服务位置的组合），并统计各类影响因子组合的样本满足 QoS 属性值要求的样本数，通过统计计算满足 QoS 标准的次数，得到传统 TF-IDF 算法的参数，代入式（5-3）计算不同的环境影响因子组合对分类的权值，同时训练出样本的先验信息，监控时，加入新的样本，计算样本的信息增益，更新训练阶段得到的权值，并通过滑动窗口大小保证样本的时效性，更新分类器的各项参数，以后验概率最大的类作为最终样本集的分类结果。详细过程如下。

设 $C = \{c_0, c_1\}$ 是监控分类的结果集，$c_0$ 表示满足 QoS 属性标准，$c_1$ 表示不满足 QoS 属性标准，例如，QoS 属性标准为 "Web 服务响应时间小于 10s 的概率大于 50%"，令 $X = \{x_1, x_2, x_3, \cdots, x_n\}$ 为样本向量，数据预处理时，将满足样本属性值要求的样本值赋值为 1，将不满足样本属性值要求的样本赋值为 0，即 $0 < x_k < 1$，其中 $k \in \{1, 2, \cdots, n\}$，每加入一个样本都对 QoS 标准进行检验，并记录满足 QoS 标准的次数，记录下每个样本是否满足 QoS 属性值要求以及在此样本处的成败检验，即是否满足此时的概率属性要求。当样本数量达到滑动窗口的大小时，加入一个新的样本的同时，去掉最早期的一个样本，同时根据丢弃的样本调整满足 QoS 属性值要求的样本数以及通过概率属性标准要求的次数，同时调整分类器中样本的条件概率，从而实现滑动窗口策略，保证监控样本是现阶段近期未过期的有效样本。此处滑动窗口大小的选择需要满足一定标准，确保样本量足够大到近似正态分布，具体来讲，滑动窗口大小的选择取决于选定的置信水平。

根据加权朴素贝叶斯的决策函数公式，首先要求得 $p(c_j)$ 和 $p(x_i | c_j)$，$p(c_j)$ 为某一类别的先验概率，其计算公式如下：

$$p(c_j) = \frac{n_{c_j}}{n} \tag{5-5}$$

其中，$n_{c_j}$ 表示 QoS 标准检验可靠度属于类 $c_j$ 的个数；$n$ 则表示样本集中总的样本的个数。

$p(x_i | c_j)$ 表示在 $c_j$ 类中，出现样本 $x_i$ 的概率。其计算公式如下：

$$p(x_i | c_j) = \frac{n_{c_j}^{x_i}}{n_{c_j}} \tag{5-6}$$

其中，$n_{c_j}^{x_i}$ 表示 $c_j$ 类中 $x_i$ 出现的次数；$n_{c_j}$ 表示 $c_j$ 类中的样本总数，通过训练样本可以得到 $n_{c_j}^{R_i}$、$n_{c_j}$、$n$ 和 $n_{R_i}$，通过 TF-IDF 算法可以计算环境影响因子组合对样本集分类的权值。但是此时的权值通过部分样本训练得到，离线单调，如果后面加入的数据的环境影响因子未在训练集中存在过，这样加权值会准备不够充分，可能会导致监控结果的错误。

本章利用信息增益值与影响因子组合数据单元在类间分布的密集程度呈正比的关系，根据实时传入的具体影响因子组合数据单元的信息熵增益来优化 TF-IDF 算法，从而对经早期数据样本训练得到的影响因子组合权值表进行更新与修正，获得实时动态的、更加精准的影响因子组合权值，使监控结果更准确。

根据信息增益的公式得到实际监控时实时传入的具体影响因子组合数据单元的信息增益计算公式如下：

$$IG(R_i) = -\sum_{c_i \in C}\left(\frac{n_{c_i}}{n}\right) \times \lg\left(\frac{n_{c_i}}{n}\right) + \frac{n_{R_i}}{n} \times \sum_{c_i \in C}\frac{n_{c_i}^{R_i}}{n_{c_i}} \times \lg\left(\frac{n_{c_i}^{R_i}}{n_{c_i}}\right)$$
$$+ \frac{n - n_{R_i}}{n} \times \sum_{c_i \in C}\frac{n_{c_i} - n_{c_i}^{R_i}}{n - n_{R_i}} \times \lg\left(\frac{n_{c_i} - n_{c_i}^{R_i}}{n - n_{R_i}}\right) \tag{5-7}$$

影响因子组合数据单元的信息增益是环境因子在分类间的分布信息和其分类能力的描述，且信息增益值与其分类能力成正比。影响因子的分类能力与其在类间的分布的均匀程度成反比，即影响因子分布越不均匀，其携带的分类信息越多，分类能力越强，通过信息增益计算的信息增益值也越大。因此信息增益值的大小反映了影响因子在类间的分类强弱，通过信息增益因子对传统的 TF-IDF 算法进行改进，实现权值的动态修正。基于信息增益的环境因子构造的权值的更新公式如下：

$$w_{R_i} = TF \times IDF(R_i) + IG(R_i) = \left(n_{c_j}^{R_i} / n_{c_j}\right) \times \lg\left(\frac{n}{n_{R_i}}\right) + IG(R_i) \tag{5-8}$$

最后调用加权朴素贝叶斯分类器得到监控结果。

IgS-wBSRM 相关实现算法描述如下。算法 5.1 是对 IgS-wBSRM 方法的总体描述，分为初始化参数训练阶段与监控阶段。训练阶段在利用 QoS 概率质量属性标准 $\beta$ 和 QoS 属性值阈值 QoS_Value 对初始化训练样本进行分类统计后根据统计信息进行影响因子权值表、先验概率等参数的初始化；监控阶段则根据滑动窗口动态调整监控范围内的样本数据，并根据实时数据对权值表进行动态更新，利用更新后的权值进行决策分类。算法 5.2 与算法 5.3 是对整体算法中的两个分部功能的实现，算法 5.2 对应实时窗口下的各分类中当前影响因子组合所占比例，算法 5.3 对应朴素贝叶斯分类器后验概率的计算。

**算法 5.1　IgS-wBSRM 算法**

训练阶段：

输入：训练样本 $T = \{x_1, x_2, x_3, \cdots, x_n\}$；QoS 概率质量属性标准 $\beta$；QoS 属性值阈值 QoS_Value；

输出：影响因子组合权值 $w_{c_j}^{R_i}$；先验概率 pro_$c_j$。

```
1: Create weightedTable            //定义影响因子组合权值表
2: While( x_k^{R_i} ∈ T )
3: n++;                            //统计样本数量
```

4: `if(weightedTable.contains(`$R_i$`))` $n_{R_i}$`++`

           //判断权值表中是否含有影响因子组合 $R_i$

5: `else weightedTable.add(`$R_i$`)and` $n_{R_i}$`==1`

6: `if(standardDecision(`$x_k^{R_i}$`)==`$c_0$`)` $n_{c_0++}^{R_i}$`,` $n_{c_0++}$

7: `else` $n_{c_1++}^{R_i}$`,` $n_{c_1++}$

8: $w_{c_0}^{R_i} = n_{c_0}^{R_i} * 1.0/n_{c_0} * lg(n/nR_i)$ //计算影响因子组合对不同分类的权值

9: $w_{c_1}^{R_i} = n_{c_1}^{R_i} * 1.0/n_{c_1} * lg(n/nR_i)$

10: `pro_`$c_0 = n_{c_0}/(n_{c_0} + n_{c_1})$         //计算先验概率

11: `pro_`$c_1 = n_{c_1}/(n_{c_0} + n_{c_1})$

12: `Initial weightTable`        //利用所得统计信息结合传统 TF-IDF 算法

监控阶段:

输入: 监控样本 $S = \{x_1, x_2, x_3, \cdots, x_n\}$; 影响因子组合权值表 $w_{c_j}^{R_i}$; 先验概率 pro_$c_j$; 滑动窗口大小 $m$; QoS 属性值阈值 QoS_Value; QoS 概率质量属性标准 $\beta$;

输出: 监控结果 $C(X)$; 后验概率指标 $K$; 更新后的影响因子组合权值表 $w_{c_j}^{R_i}$。

1: $n=0$

2: `while(`$x_k^{R_i} \in s$`)`

3: $w_{c_j}^{R_i}$`=getWeight(`$x_k^{R_i}$`)`      //查找影响因子组合权值表 $w_{c_j}^{R_i}$ 得到权值

4: $n$`++`           //统计样本数量

5: `if(standardDecision(`$x_k^{R_i}$`)==`$c_0$`)` $n_{c_0++}^{R_i}$`,` $n_{c_0++}$

6: `else` $n_{c_1++}^{R_i}$`,` $n_{c_1++}$

7: $IG_{R_i}$`=computeIG(`$R_i$`)`       //根据信息增益公式计算加入样本的信息增益值

8: $w_0$`=update`$w_{ic_0}(w_k^{R_i})$`,` $w_1$`=update`$w_{ic_0}(x_k^{R_i})$

          //基于改进的权值更新算法对 $c_0$、$c_1$ 类权值更新

9: $P(x_i/c_0) = n_{c_0}^{x_i}/n_{c_0}$`,` $P(x_i/c_1) = n_{c_1}^{x_i}/n_{c_1}$     //计算似然概率;

10: `If(`$n>m$`)` //达到滑动窗口的大小时加入新样本的同时,丢弃早期的样本

11: `If(`$x_{n-m}^{R_i}$`<=QoS_Value)successQoS--`

          //重新统计满足 QoS 属性值要求的样本数

12: `standardDecision(`$x_k^{R_i}$`)`

13: `AftPro_`$c_0$`=computeAftPro_`$c_0$`(`$x_k^{R_i}$`)`

    `AfterPro_`$c_1$`=computeAftPro_`$c_1$`(`$x_k^{R_i}$`)`     //计算后验概率

14: $k$`=aftPro_`$c_0$`/aftPro_`$c_1$        //根据 $k$ 值得出监控结果

15: `if(`$k>1$`)`接受原假设, 即服务处于正常状态

16: `else if(`$k<1$`)`拒绝原假设, 即服务失效

17: `else(`$k=1$`)`落入中立区, 无法判断服务失效与否

**算法 5.2**　standardDecision( $x_k^{R_i}$ )算法

输入：监控样本 $S = \{x_1, x_2, x_3, \cdots, x_n\}$；QoS 概率质量属性标准 $\beta$；滑动窗口大小 $m$；QoS 属性值阈值 QoS_Value；

输出：分类结果 $C(X)$。

```
1: if( x_k^{R_i} <=QoS_Value)              //判断样本是否满足 QoS 属性值要求
2:     successQoS++
3: c=successQoS*1.0/n
4: if( c>=β)  n_{c_0}^{x_i} ++
5: else  n_{c_1}^{x_i} ++
```

**算法 5.3**　computeAftPro_$c_j$( $x_k^{R_i}$ )

输入：监控样本 $S = \{x_1, x_2, x_3, \cdots, x_n\}$；滑动窗口大小 $m$；满足 QoS 属性值要求的样本数 successQoS；影响因子组合权值表 $w_{c_j}^{R_i}$；

输出：后验概率。

```
1: double pro_c_j=computePro_c_j( x_k^{R_i} )
2: double RPrePro c_j
   = w_{c_j}^{R_i} *lg(pow(plc0,temp)* pow(1-plc0,1-temp))
3: recordPrePro c_j add(RPrePro c_j)
                          //记录每个样本所划分的条件概率至窗口队列中
4: if(n>m) prePro_c_j=prePro_c_j+RPrePro c_j
                  _recordPrePro c_j.get(n-m-1)
5: else prePro_c_j=prePro_c_j+RPrePro c_j
6: double afterPro c_j=lg(pro_c_j)+prePro_c_j
7: return afterPro c_j
```

## 5.4　实验及结果分析

为了验证本章提出的 IgS-wBSRM 方法的合理性与有效性，实验将分别在给定标准下的自定义模拟数据集和来自香港中文大学发布的真实世界 QWS 数据集[15,16]下将本章方法与文献[11]和文献[12]中提出的 wBSRM 方法和文献[10]中提出的 iBSRM 方法进行比较分析。由于 QWS 真实数据集没有确定的错误率和服务质量属性标准，第 1 组实验中首先采用给定标准下的自定义模拟数据集进行实验，对本章方法进行合理性验证；第 2 组实验利用 QWS 真实数据集进行真实数据集下的实验以验证本章方法的有效性与实用性。

### 5.4.1　实验数据集及环境配置

实验基于 Eclipse 开发平台，使用 Java 编程语言设计并实现所提出的方法。所涉及的两种不同的实验数据集相关参数见表 5-4，对应相关实验环境参数见表 5-5。

表 5-4　实验数据集相关参数

| 相关参数 | 自定义模拟数据集 | QWS 真实数据集 |
| --- | --- | --- |
| 客户端地理位置 | 2 个固定客户端位置 | 339 个客户端地理位置的部分 |
| 服务器端地理位置 | 2 个固定服务器端位置 | 5825 个服务器端地理位置的部分 |
| 数据集规模 | 5000 个响应时间 QoS 值 | 原生数据集中 6000 个响应时间 QoS 值 |

表 5-5　实验环境参数表

| 配置项 | 实验环境参数 |
| --- | --- |
| RAM | DDR4 12GB |
| 硬盘 | 5400r/min HD |
| CPU | Intel Core i5-3337U 1.8GHz |
| OS | Windows 10 |
| JDK/JRE | 1.7.0_79（Java 7） |

### 5.4.2　自定义模拟数据集下的实验分析与验证

在模拟实验中定义 QoS 需求为"响应时间小于 10s 的概率不低于 50%"，并采用按一定约束随机生成的 5000 个模拟响应时间 QoS 数据中的前 3500 个，本实验中涉及影响因子组合<United States, Colombia>和<United States, China>，其中两个影响因子组合所对应的初始权值与此后的真实数据集下的实验分析一致，皆通过真实数据集 QWS 中相同数据段的 1000 个真实数据样本训练获得，于 1200～1700 处注入大于 50%的响应时间 QoS 参数值大于 10s 的错误样本，将样本 1000～1800 区间的影响因子组合定义为<United States, Colombia>，对应有对 $c_0$ 类的权重为 0.00692984，对 $c_1$ 类权重为 0.00203105。再于 2000～2500 处注入响应时间 QoS 参数值大于 10s 的错误样本大于 50%，将样本 1900～2700 区间的影响因子组合定义为<United States, China>，对应有对 $c_0$ 类的权重为 0.00951666，对 $c_1$ 类权重为 0.08415464。

首先进行采用不同静态滑动窗口（static sliding window）大小对 IgS-wBSRM 的分类效果分析的实验，除实验过程中对部分窗口大小以单独形式进行的实验外，总体上以 50 为步长，从 50 窗口大小开始依次（即 50、100、150、200 等）遍历进行实验，整理实验结果如图 5-2 所示。

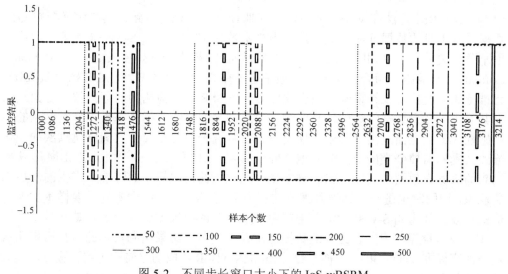

图 5-2　不同步长窗口大小下的 IgS-wBSRM

图 5-2 中纵坐标表示监控结果的分类（1 代表接受原假设，即此时被监控 Web 服务处于正常状态；−1 代表拒绝原假设，即此时被监控 Web 服务出现异常、服务失效），横坐标表示监控数据样本数量，与横坐标平行的线代表监控决策的改变。

由图 5-2 可以看出，当滑动窗口越小时方法监控分类的灵敏度越高，窗口越大时监控分类结果的判定不变，但会出现相应的判断延迟，窗口越大，其延迟越高；同时也可以看到，当窗口越小时，监控受近期特殊数据的影响程度越大，如当窗口逐渐缩小甚至缩减为 1 时，此时的分类完全受当前唯一的特殊数据影响而进行。

观察图 5-2 还可发现，在前一部分窗口大小（50、100、150 等）下的监控决策结果于 1700～2000 处发生了改变，这正是小窗口下灵敏度高的体现，而在窗口逐渐增大时，该数据段中在之前窗口大小下的监控决策改变消失，这是其延迟性的增大所导致的，所以取最佳窗口大小范围于"上述数据段中监控决策有无改变"的突变窗口大小附近（即 200～250 大小的窗口）。而在接下来的实验中，考虑到模拟实验数据集由人为自定义，其数据的稳定性远高于真实数据集中的数据，故本章中将选取 200 步长大小的窗口进行对应真实数据集下的实验，同时选取 250 步长大小的窗口进行接下来的模拟数据集实验。

模拟实验中将 IgS-wBSRM 与现有基于加权朴素贝叶斯算法的分类方法 wBSRM 以及基于传统贝叶斯的监控方法 iBSRM 进行分析与比较，其中 QoS 需求标准的定义保持不变。

如图 5-3 所示，对于相同的模拟数据集，IgS-wBSRM、wBSRM 和 iBSRM 在监控开始时都表现出了一致的判断，分类结果于 1 类，即 Web 服务质量满足 QoS 属性标准，服务属于正常状态，在少数数据样本过后 iBSRM 出现了服务失效的判断，而 IgS-wBSRM 方法和 wBSRM 方法则在监控结果上保持一致，这与定义模拟 QoS 数据样本集时的数据好坏定义一致。当样本数为 1392 时，IgS-wBSRM 第一次监控出了服务失效，可以判断，这是由于样本从 1200 样本处开始注入的<United States, Colombia>影响因子组合所携带的失效信息所带来的决策改变，而 wBSRM 和 iBSRM 皆维持原有监控决策结果未发生变化。对于 wBSRM 未检测到服务失效一方面是因为其受历史冗余数据的失效信息影响，对新到来的活跃数据所携带的分类信息的不敏感性，另一方面是由于其未考虑动态的影响因子组合在二分类间出现频次的变化导致其受到监控分类的类间分布偏差性的影响。在样本数 2163 附近 wBSRM 方法检测到的服务失效则是其在 2000 样本处开始注入的错误样本的影响下产生的滞后判断现象，这同时也是对上述误判理论的有力证明。对于 1700 样本处错误样本注入完成的一段区间内 IgS-wBSRM 并未产生二次分类的决策改变，原因则是此时中部区间 300 个本身存在一定容错率的数据样本并未使监控结果达到实际的后验概率比值决策改变标准，直到 3013 个样本数据处，IgS-wBSRM 成功监控检测到了服务从失效状态迁回正常状态，与模拟 QoS 数据样本的总体预期结果一致。表 5-6 对应表示的是在 IgS-wBSRM 方法下所构建的监控器在运行监控过程中选取的其中一次动态更新对二分类影响因子组合权值的影响，表中列举了环境影响因子组合< United States, China>、<United States, Colombia>一次更新前后的权值变化，从表 5-6 中可以看出，此次更新对应于在目前的窗口范围调整以前离线不变的初始权值到了完全另一种新状态，这便是 IgS-wBSRM 在完整监控过程中对监控决策相关状态的调整。

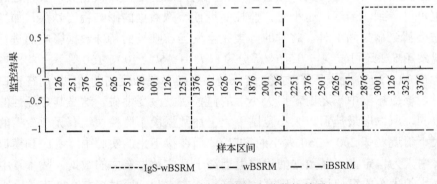

图 5-3　不同方法间的模拟实验监控结果

表 5-6　运行监控过程中的一次动态更新

| 用户位置/服务器位置 | <United States, China> | <United States, Colombia> |
| --- | --- | --- |
| $W_{c_0\_old}$ | 0.00951665 | 0.00692984 |
| $W_{c_1\_old}$ | 0.08415464 | 0.00203105 |
| $W_{c_0\_IgS\text{-}wBSRM}$ | $5.08\times10^{-8}$ | 0 |
| $W_{c_1\_IgS\text{-}wBSRM}$ | $4.19\times10^{-8}$ | 0 |

　　上述实验结果有效地证明了 IgS-wBSRM 方法的合理性与优越性，在融入滑动窗口机制下引入信息增益相结合改进的 IgS-wBSRM 方法切实考虑了二分类决策的类间分布关系的影响以及历史冗余数据对实时动态环境下的监控判断的负面影响，减少了传统基于概率统计的监控所存在的部分误判。

　　实验还使用与前面相同的模拟数据集，将滑动窗口机制改进于原 wBSRM、iBSRM 方法中并与 IgS-wBSRM 进行对比分析，取最佳窗口范围附近的两种不同规格大小的窗口：200、250，分别进行实验对比。实验监控结果如图 5-4、图 5-5 所示，可发现，不同步长窗口下的另外两种算法的灵敏性都有很大幅度的提升，当然，这些结果都是在模拟数据集下所产生的，具有一定的局限性，但这也仅是对其他基于概率统计的现有监控方法引入滑动窗口机制以作探究，而真实情况下的数据将比模拟数据更具实际意义、更为复杂，但实验结果仍从一些方面说明了有效利用实时数据相较一直使用历史冗余数据更为有效、准确。

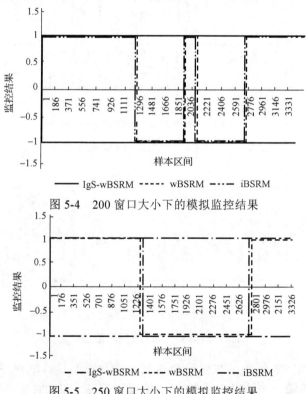

图 5-4　200 窗口大小下的模拟监控结果

图 5-5　250 窗口大小下的模拟监控结果

## 5.4.3　真实数据集下的实验分析

　　在上述模拟实验对本章方法合理性的验证基础上，下面将通过 QWS 真实数据集来验证本章方法的有效性与实用性。

从原始 QWS 真实数据集中提取 6000 个样本，取前 1000 个 QWS 样本数据作为初始化训练样本集，以此来训练得出一个初始权值表与加权分类监控器，取之后的 5000 个数据作为监控数据集，根据之前的实验，IgS-wBSRM 方法的滑动窗口大小设定为 200。

图 5-6 描述的是 IgS-wBSRM、wBSRM、iBSRM 在 QWS 真实数据集下的监控结果，同样，纵坐标表示监控结果的分类（1 代表接受原假设，即此时被监控 Web 服务处于正常状态；–1 代表拒绝原假设，即此时被监控 Web 服务出现异常、服务失效），横坐标表示监控数据样本数量。其 QoS 标准为"响应时间小于 10s 的概率不低于 50%"。图 5-7 为 1488～1713 样本数据段的监控结果，更为细致地展现三种监控方法在此数据段中的分类监控结果的变化。

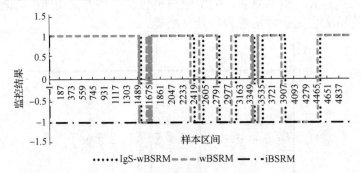

图 5-6　QWS 真实数据集下的监控结果

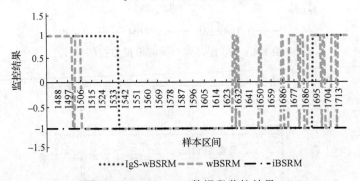

图 5-7　1488～1713 数据段监控结果

图 5-8 为监控样本集数据对应的 QoS 属性参数值满足标准与不满足标准两类的后验概率之间的比值，当其大于 1 时表示接受原假设，即此时被监控 Web 服务处于正常状态；–1 代表拒绝原假设，即此时被监控 Web 服务出现异常、服务失效，其变化是连续而非离散的值，故可更直观有效地分析三种方法监控结果的变化趋势。

从图 5-6 中可以看到，IgS-wBSRM 与 wBSRM 在整体的对监控正确性的断言上保持一致，若只考虑能否有效检测出服务失效，则 IgS-wBSRM 与 wBSRM 都能比

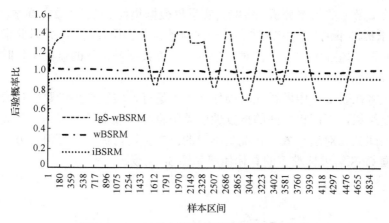

图 5-8　QWS 真实数据集下的后验概率比值

较准确有效地检测出处于错误数据节点处的服务失效，而 iBSRM 在此时的 QoS 标准（响应时间小于 10s，概率标准不低于 50%）的情况下出现了几乎全局相逆的错误判断。同时可以宏观地看到，wBSRM 在真实数据环境中某些数据节点不断地发生着变化，因其监控结果的改变频率过快致使产生了很多甚至于重叠的噪声波段。从图 5-7 中可以清楚地看到，在 1496、1502、1505 短短 10 个监控数据间 wBSRM竟跳跃了三次，同样，在 1628~1634 的 7 个监控数据间也是快速跳跃了三次，这样的监控分类结果显然是与事实相悖的。为了进一步探究这种差异影响的来源，也对 IgS-wBSRM 方法进行有效性与实用性的验证，对二次决策之间各方法满足标准与不满足标准的后验概率之间的比值作图 5-8。从图 5-8 可以看出，wBSRM 方法在监控过程中若前期数据使其决策结果游离于标准左右，若遇到部分影响类间分布的数据单元，则会受到这些少数数据单元的影响从而不断且频繁地更改其监控决策，同时从图中可以清楚地看见融入滑动窗口机制进而结合信息增益的动态加权算法 IgS-wBSRM 方法，因信息增益对权值不断进行实时动态的调整，使其监控的后验概率之比能在维持与标准适当距离的同时，在正确处有效地检测出服务的失效进行决策迅速跳转改变，很好地克服了这种缺陷，总体监控效果与模拟实验所验证的合理性保持一致。

## 5.4.4　时间效率分析

效率分析分为两部分：一是初始化权值训练效率分析；二是对不同算法在实时运行状态下的监控效率分析。对于第一部分的效率分析，由于 IgS-wBSRM 的权值初始化与 wBSRM 的权值训练方式相同，都采用传统的 TF-IDF 算法进行训练，故初始化权值训练阶段二者效率相同，按照文献[11]的报道，权值的训练时间在可接受范围内。

　　对于第二部分的效率分析,将取真实世界数据集前 3500 个数据样本,记录对不同 QoS 需求标准下的各监控方法完成一次全数据监控所需时间,并以此求得对应单位数据下的平均监控时间来进行对比分析。单位数据条件下的监控运行时间,可以有效地反映监控算法的运行效率。

　　本实验将在表 5-5 中所描述的硬件环境下运行,实验结果参数仅代表本实验环境下的特定结果,不同机器间的配置性能差距将会导致实验结果的绝对数值有所偏差,但方法间的相对运行效率状况是不变的。在上述前提下,可得各方法监控运行时间在不同 QoS 需求标准下的具体情况如图 5-9 所示。

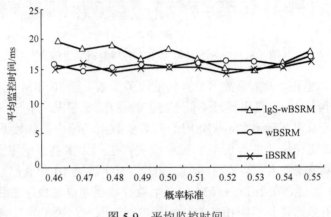

图 5-9　平均监控时间

　　从图 5-9 中可以看出,整体上 IgS-wBSRM 监控方法在运行时平均监控时间略高于 wBSRM 和 iBSRM 方法,这是因为 IgS-wBSRM 方法在监控的同时还会对现有权值表进行动态更新,由于实验采用了滑动窗口机制,这使得方法在数据的更新统计方面一定程度地减少了样本量,缩短了部分时间,故总体来说时间复杂度并未增加太多,整体监控效果仍在理想范围内。

## 5.5　本 章 小 结

　　现有的 Web 服务 QoS 概率监控方法大多对动态环境下的实时监控缺乏考虑,少数考虑了多变环境因素影响的研究方法却未对监控的时效准确性和监控分类的类间分布偏差等问题进行考虑,这些会导致服务监控出现监控延迟判断、二分类监控决策间噪声抖动等现象,本章给出了一种融入滑动窗口机制进而结合信息增益实现动态加权的 Web 服务监控方法 IgS-wBSRM。该方法考虑到现有方法未对历史冗余数据进行处理从而导致实时数据面对历史数据基数大而不易改变决策的现状,在构造监控器时仅以初期数据进行权值等参数训练,而后期无限期使用导致的参数过期无效性以及在利用传统 TF-IDF 算法对影响因子加权时未曾考虑过类间分布不均现象等，并在自定义模拟数据集与真实数据集上分别与基于加权朴素贝叶斯的 wBSRM 以及基于传统贝叶斯的 iBSRM 方法进行对比实验。实验结果表明，IgS-wBSRM 在监控稳定性和准确性两个方面都优于其他两种方法。

　　未来的工作，将进一步深入探究滑动窗口大小对监控方法的影响，具体研究是否存在每个固定环境下的理想窗口大小，在此基础上可以考虑一种自适应的动态监控窗口，并通过进一步的实验验证与数据分析达到所预期的效果。此外，由于当 QoS 需求标准达到一个极高的要求值时，无论 IgS-wBSRM 或其他方法都无法十分准确地满足监控需求。例如，"某服务对于用户的请求访问响应时间在 0.1s 内的概率应该大于 99.99%"，这是一个极大的概率值，通过目前现有的监控手段很难监控出结果，值得将来进一步探索，使得方法能够对更为极限的 QoS 需求标准作出准确有效的监控。最后，本书也计划将 IgS-wBSRM 应用到服务组合、服务动态选择等领域中[17]，以提升相应领域方法的稳定性和准确性。

## 参 考 文 献

[ 1 ] Dan G, Tierney B, Jackson K, et al. Dynamic monitoring of high-performance distributed applications[C]//IEEE International Symposium on High Performance Distributed Computing. IEEE Computer, 2002: 163-170.

[ 2 ] Menascé D A. QoS issues in web services[J]. IEEE Internet Computing, 2002, 6(6): 72-75.

[ 3 ] Baresi L, Guinea S. Towards dynamic monitoring of WS-BPEL processes[C]//International Conference on Service-Oriented Computing. Berlin: Springer, 2005: 269-282.

[ 4 ] Ran S. A model for Web services discovery with QoS[J]. Acm SIGecom Exchanges, 2003, 4(1): 1-10.

[ 5 ] Grunske L. Specification patterns for probabilistic quality properties[C]//ACM/IEEE the 30th International Conference on Software Engineering. IEEE, 2008: 31-40.

[ 6 ] Grunske L, Zhang P. Monitoring probabilistic properties[C]//Joint Meeting of the European Software Engineering Conference and the ACM SIGSOFT International Symposium on Foundations of Software Engineering. DBLP, 2009: 183-192.

[ 7 ] Chan K, Poernomo I, Schmidt H, et al. A model-oriented framework for runtime monitoring of nonfunctional properties[J]. Lecture Notes in Computer Science, 2005: 38-52.

[ 8 ] Grunske L. An effective sequential statistical test for probabilistic monitoring[J]. Information & Software Technology, 2011, 53(3): 190-199.

[ 9 ] Zhang P, Li W, Wan D, et al. Monitoring of probabilistic timed property sequence charts[J]. Software Practice & Experience, 2011, 41(7): 841-866.

[10] Zhu Y, Xu M, Zhang P, et al. Bayesian probabilistic monitor: A new and efficient probabilistic

monitoring approach based on bayesian statistics[C]//International Conference on Quality Software. IEEE Computer Society, 2013: 45-54.

[11] Zhuang Y, Zhang P C, Li W R, et al. Web service QoS monitoring approach sensing to environmental factors[J]. Journal of Software, 2016, 27(8): 1978-1992.

[12] Zhang P, Zhuang Y, Leung H, et al. A novel QoS monitoring approach sensitive to environmental factors[C]//IEEE International Conference on Web Services. IEEE, 2015: 145-152.

[13] Kent J T. Information gain and a general measure of correlation[J]. Biometrika, 1983, 70(1): 163-173.

[14] Roelleke T, Wang J. TF-IDF uncovered: A study of theories and probabilities[C]//ACM SIGIR Conference on Research and Development in Information Retrieval. ACM, 2008: 435-442.

[15] Zheng Z B, ZhangY L, Lyu M R. Distributed QoS evaluation for real-world web services[C]//IEEE International Conference on Web Services. IEEE Computer Society, 2010: 83-90.

[16] Zhang Y L, Zheng Z B, Lyu M R. Exploring latent features for memory-based qos prediction in cloud computing[C]//Reliable Distributed Systems. IEEE, 2011: 1-10.

[17] Wang S G, Sun Q B, Yang F C. Web service dynamic selection by the decomposition of global QoS constraints[J]. Journal of Software, 2011, 22(7): 1426-1439.

# 第 6 章　一种基于信息融合的多元 QoS 监控方法

QoS 是衡量第三方服务质量的重要标准,针对现有的 QoS 监控方法几乎只考虑单个 QoS 指标,无法满足用户的满意度要求这一问题,本章提出一种基于信息融合的多元 QoS 监控方法。首先,建立多元 QoS 模型,由于不同的 QoS 指标的计量单位不一样,先对不同的 QoS 属性数据进行归一化处理,再使用信息融合方法将多个 QoS 属性样本融合为综合 QoS 数据样本。提取样本的特征因子,通过点互信息(Pointwise Mutual Information,PMI)计算特征因子的分类倾向,构造加权贝叶斯分类器。在网络开源数据集和模拟的数据集上的实验结果表明,该方法与现有方法相比监控效果显著提高。

## 6.1　引　　言

随着互联网+时代的到来,用户可以通过各种终端设备实时查询共享各类信息,也可通过不同渠道向互联网发布各种信息。互联网环境下 Web 服务的表现形态、运行方式、生产方式和使用方式正发生着巨大的变化。基于 Web 服务动态聚合、自动组合和弹性伸缩的分布式 Web 服务成为了如今的趋势。Web 服务技术在不断发展的同时,人们对服务的需求也不断增加,同时也带来了一定的困扰,复杂的互联网环境中, Web 服务出现了很多随机性,这使得 Web 服务的质量具有很大的不确定性。同时,随着 Web 服务提供者的增多,不同的企业可能会提供功能相同或相似的服务,使用户面对越来越多的功能相同或相似的服务,因而用户对服务的要求不会仅停留在功能性要求上,还会对服务的非功能属性提出要求。通常, Web 服务的非功能属性要求由一系列属性组成的 QoS 来衡量[1,2],常见的 QoS 属性包括响应时间(response-time)、吞吐量(throughput)和失败率(failure-rate)等。如何发现和选择满足用户需求的 Web 服务成为 Web 服务领域的热点问题。

提供具有 QoS 保证的 Web 服务成为人们的关注点[3,4],然而某些 Web 服务提供商为了吸引用户而提供虚假信息,他们所提供的功能或非功能特性与预先声明的可能不同。此外, QoS 并非一成不变的,尤其涉及与性能相关的指标(如响应时间、延迟等),这些指标可能受到运行时间段负载、IP 地址、客户端位置等外在环境因素的影响[5,6]。单个 Web 服务的失效可能会影响上下文调用的服务,对 Web 服务的依赖会带来系统的不确定性问题,这些变动或故障使系统难以提供稳定的服务，使服务无法满足 QoS 需求。Web 服务报告中指出：经历过在线服务失效的用户超过 88%[7]。服务的失效必然会降低服务的查找效率，应该通过 QoS 对服务进行区分。

为了从大量功能相同或相似的服务中选择最符合用户需求的服务，需要解决诸多问题，如 QoS 监控和管理等。由于大多数的 QoS 需求可以用概率质量属性表示[1]，近几年概率监控方法不断兴起。主要包括基于假设检验的 QoS 监控方法[8,9]和基于贝叶斯的概率监控方法[10-12]。Grunske 等[2]使用连续随机逻辑（Continuous Stochastic Logic，CSL）的子集 CSL$^{Mon}$ 概率监控方法 ProMo，该方法使用 SPRT，为了限制假阴性错误水平，在显著性水平 $\alpha$ 下进行假设检验测试，为了限制假阳性错误，需要加 $1-\beta$ 的权值，来验证所监控属性子集 CSL$^{Mon}$ 的正确性，再根据假设检验技术，得出结果。但是该方法不支持连续监控，而贝叶斯方法采用连续假设检验的思想，通过计算贝叶斯因子，比较两个预定义的假设，检查运行时的监控信息进行假设检验，实现了连续监控。以上方法均没有考虑环境因素对监控的影响，庄媛等[12]提出了一种环境因素敏感的 Web 服务 QoS 监控方法，使监控更加贴合实际，但是由于计算环境因素的权重值波动太大，监控结果抖动现象较为严重。此外，现有的监控方法几乎都只是监控单个 QoS 指标，实际上，在吞吐量较大的时刻响应时间可能很长，超出了用户的忍受范围，而如果仅监控吞吐量这一个 QoS 指标显然不能满足用户的需求。在服务组合、服务选择、服务推荐以及服务预测方法中都考虑过多元 QoS 并且有了很好的应用与证明，例如，Wu 等[13]提出了多元 QoS 感知的自动服务组合方法 MAT（Multi-QoS Aware Top-K ASC），很容易找到最优路径，结果显示 MAT 算法具有更好的性能；Li 等[14]提出了多元 QoS 约束的 Web 服务选择方法，该方法能够为用户找到更加令人满意的复合服务；Wang 等[15]提出了一个新的多用户 Web 服务选择问题框架，该框架首先根据不同用户的历史 QoS 体验预测丢失的多元 QoS 值，然后通过快速匹配方法选择多用户的全局最优解，综合实证研究证明了该方法的效用。然而，在 QoS 监控领域还没有考虑过多元 QoS 监控方法。因而本章提出了一种基于信息融合的多元 QoS 监控方法，使用 PMI 算法计算环境因子特征对监控分类的倾向，解决了监控结果抖动问题，同时通过融合多个 QoS 属性信息，一次可以监控多个 QoS 属性，能够更好地监控服务供应商和客户间签订的 SLA[16]。

## 6.2  基于信息融合的多元 QoS 监控方法

本章提出的基于信息融合的多元 QoS 监控方法 MP-BSRM（Multiple Properties-Bayes Statistical Runtime Monitoring）的总体结构图，如图 6-1 所示。主要包括三个功能模块。

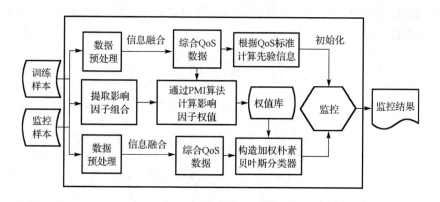

图 6-1　MP-BSRM 总体结构图

（1）数据预处理。去除噪声数据，将 QoS 属性分类，并进行归一化处理，再通过信息融合方法融合多个 QoS 属性信息。

（2）计算特征因子分类倾向性。通过统计分析并使用 PMI 算法计算特征因子对两个监控分类的倾向性。

（3）构造分类器模型。使用 PMI 算法计算得到的分类倾向值作为加权朴素分类器的权重值，通过计算先验信息和贝叶斯分类器的各参数构造分类器。

## 6.2.1　数据预处理

将多元 QoS 模型定义为式（6-1）的形式，其中 $QoS_j$ 代表该描述模型第 $j$ 个维度的服务质量：

$$QoS = (QoS_1, QoS_2, \cdots, QoS_j, \cdots, QoS_n) \tag{6-1}$$

本章方法考虑以下几个 QoS 属性：响应时间、吞吐量、可靠性、可用性。本章把服务的这四个属性的 QoS 数据集组成一个 $n \times 4$ 的矩阵，如式（6-2）所示：

$$Q = \begin{bmatrix} Q_{11} & Q_{12} & Q_{13} & Q_{14} \\ Q_{21} & Q_{22} & Q_{23} & Q_{24} \\ \vdots & \vdots & \vdots & \vdots \\ Q_{n1} & Q_{n2} & Q_{n3} & Q_{n4} \end{bmatrix} \tag{6-2}$$

由于四个 QoS 属性的计量单位不同，本章采用归一化方法，将所有的 QoS 属性分成两类：第一类是具有负属性的 QoS 约束，即约束值越高，它所表示的服务质量越低，如响应时间；第二类是正属性约束，即约束值越高，它所表示的服务质量越高，如吞吐量、可靠性、可用性等。对于负属性约束采用式（6-3）进行归一化，对于正属性约束采用式（6-4）进行归一化。此方法可以将所有 QoS 指标的 QoS 值都映射到[0,1]区间内，从而统一计量单位，同时通过不同的归一化方法后，约束值都调整为越高越好：

$$V_{i,j} = \begin{cases} \dfrac{Q_j^{\max} - Q_{i,j}}{Q_j^{\max} - Q_j^{\min}}, & Q_j^{\max} - Q_j^{\min} \neq 0 \\ 1, & Q_j^{\max} - Q_j^{\min} = 0 \end{cases} \tag{6-3}$$

$$V_{i,j} = \begin{cases} \dfrac{Q_{i,j} - Q_j^{\min}}{Q_j^{\max} - Q_j^{\min}}, & Q_j^{\max} - Q_j^{\min} \neq 0 \\ 1, & Q_j^{\max} - Q_j^{\min} = 0 \end{cases} \tag{6-4}$$

经过归一化后，采用平均分配权值的方法对多个 QoS 属性信息进行融合，算法为

$$\text{Integrated QoS} = \sum_{j=1}^{4}(V_{i,j}W_j), \quad \sum_{j=1}^{4}W_j = 1 \tag{6-5}$$

## 6.2.2　计算特征因子分类倾向性

PMI 通常用来衡量两个事物之间的相关性[17,18]。PMI 基于以下假设：在某个特定类别中出现频率高，但在其他类别中出现频率比较低的词条与该类的点互信息比较大，公式如下：

$$\text{PMI}(x,y) = \lg\frac{p(x,y)}{p(x)p(y)} = \lg\frac{p(x\mid y)}{p(x)} = \lg\frac{p(y\mid x)}{p(y)} \tag{6-6}$$

举个例子来说，想衡量 like 这个词的极性（正向情感还是负向情感）。可以预先挑选一些正向情感的词，如 good，然后计算 like 与 good 的 PMI，即

$$\text{PMI}(\text{like,good}) = \lg\frac{p(\text{like,good})}{p(\text{like})p(\text{good})} \tag{6-7}$$

PMI（like,good）的值越大，表示 like 的正向情感倾向就越明显。

将 PMI 用于监控中，度量样本特征 $R_t$ 的分类倾向。PMI 倾向值作为特征 $R_t$ 对监控分类的权值。特征 $R_t$ 权值定义如下：在某个分类出现频率高，但在其他类别出现频率比较低的特征 $R_t$ 与该类的点互信息比较大。

由于本章方法是二分类问题，所以分别计算特征 $R_t$ 与两个分类：$c_0$ 类（满足 QoS 标准）及 $c_1$ 类（不满足 QoS 标准）的 PMI。公式如下：

$$\text{PMI}(R_t, c_i) = \lg\frac{p(R_t, c_i)}{p(R_t)p(c_i)} \tag{6-8}$$

其中，$p(R_t)$ 表示特征因子 $R_t$ 在整个样本集中出现的概率；$p(c_i)$ 表示整个样本集中类别 $c_i$ 出现的概率；$p(R_t,c_i)$ 表示携带特征因子 $R_t$ 的样本属于类别 $c_i$ 的概率；$\text{PMI}(R_t,c_i)$

表示携带特征因子 $R_t$ 的样本倾向于类 $c_i$ 的程度，也就是说，PMI($R_t, c_i$)值越大，携带特征因子 $R_t$ 的样本越倾向于 $c_i$ 类。

### 6.2.3　基于特征因子与分类的相关性的贝叶斯分类器模型

贝叶斯分类器[19,20]的分类原理是通过某样本集 $X = \{x_1, x_2, \cdots, x_n\}$ 的先验概率，利用贝叶斯公式计算出其后验概率，即该样本集属于某一类的概率，选择具有最大后验概率的类作为该样本集所属的类。本章方法中定义分类结果集为 $C = \{c_0, c_1\}$，$c_0$ 表示样本 $X$ 满足 QoS 标准，$c_1$ 表示样本 $X$ 不满足 QoS 标准。判断 $X$ 属于类别 $c_i$ 的概率可由贝叶斯公式计算：

$$p(c_i \mid X) = \frac{p(X \mid c_i) p(c_i)}{p(X)} \propto p(X \mid c_i) p(c_i) \tag{6-9}$$

朴素贝叶斯假设样本相互独立，$p(X \mid c_i)$ 可以转化为式（6-10）：

$$p(X \mid c_i) = \prod_{k=1}^{n} p(x_k \mid c_i) \tag{6-10}$$

同时二分类中样本集是一样的，式（6-9）中的 $P(X)$ 相同，朴素贝叶斯分类器可描述为

$$C(X) = \underset{c_i \in C}{\operatorname{argmax}} \prod_{k=1}^{n} p(x_k \mid c_i) p(c_i) \tag{6-11}$$

而实际上样本之间并非相互独立的，因此根据样本携带的特征因子计算其与分类之间的相关性，来判断特征因子的分类趋向，以帮助更加准确地分类。实际应用中，$p(x_k \mid c_i)$ 和 $p(c_i)$ 的数值比较小，对于运算精度和计算方法要求都比较高，基于运算方便考虑，采用如下贝叶斯决策判别式：

$$C(X) = \underset{c_i \in C}{\operatorname{argmax}} \, w_{R_t} \times \{ \sum_{k=1}^{n} \lg(1 + p(x_k \mid c_i)) + \lg(1 + p(c_i)) \} \tag{6-12}$$

其中，取 $\lg(1 + p(x_k \mid c_i))$ 考虑实际概率 $p(x_k \mid c_i)$ 的值小于 1，则 $\lg(p(x_k \mid c_i))$ 小于 0，权值 $w_{R_t}$ 代表特征因子对监控分类的倾向值，值越大越倾向于某个分类，而如果与小于 0 的数相乘，则会起到反作用，导致监控结果错误，且 log 函数在有限定义域中为单调函数，故将概率值加 1 再取对数值使得加权正确，且对分类的决策结果没有影响。

### 6.2.4　算法描述

**算法 6.1　MP-BSRM**

训练阶段：

输入：训练样本 $T$；QoS 概率质量属性标准 $\beta$；综合 QoS 属性值阈值 QoS_Value；

输出：特征因子 PMI 的值 $PMItable_{c_j}^{R_i}$。

```
1: Readdata(T)
2: getMaxAndMinValue()         //获取各个 QoS 属性中的最大值及最小值
3: getComprehensiveQoS()
4: Create PMIvalueTable
5: n++                         //统计样本数量
6: if(PMIvalueTable.contains(R_i))    n_{R_i}++
   else    PMIvalueTable.add(R_i) and n_{R_i}==1
7: if(StandardDecision(ComprehensiveValuex_k^{R_i})==c_0)    n_{c_0}^{R_i}++, n_{c_0}++
8: else    n_{c_1}^{R_i}++, n_{c_1}++
9: PMI_{c_j}^{R_i}=(n_{c_j}^{R_i}+1)*1.0/(n_{c_j}+2)/(n_{c_j}*1.0/n)
```

监控阶段：

输入：监控样本 $S$；特征因子 PMI 值；综合 QoS 属性值阈值 QoS_Value；QoS 概率质量属性标准 $\beta$；

输出：监控结果 $C(X)$。

```
1: n=0
2: getComprehensiveQoS()
3: PMI_{c_j}^{R_i}=getPMIvalue(ComprehensiveValuex_k^{R_i})
```
$$//查找当前样本的 PMI_{c_j}^{R_i} 值$$
```
4: n++                         //统计样本数量
5: if(StandardDecision(ComprehensiveValuex_k^{R_i})==c_0) n_{c_0}^{R_i}++;  n_{c_0}++
```
$$//QoS 标准判断$$
```
6: else    n_{c_1}^{R_i}++, n_{c_1}++
7: p(x_i/c_j)=n_{c_j}^{x_i}/n_{c_j}     //计算似然概率
8: aftProc_j=computeaftProc_j(ComprehensiveValuex_k^{R_i})
```
$$//计算后验概率$$
$$C(X)=argmax(PMI_{c_j}^{R_i}*aftProc_j)     //得到监控结果$$

# 6.3  实验及结果分析

## 6.3.1  实验设置

实验基于 Eclipse 开发平台，使用 Java 编程语言设计并实现本章提出的方法，模拟实验的环境参数见表 6-1。实验采用两组不同的数据集：数据集一采用给定标准下的自定义模拟数据集；数据集二采用香港中文大学发布的真实世界 QWS 数据集，数据集中包含 150 个文件，每个文件中包含一个服务使用者调用 100 个服务的

QoS 数据样本。样本数据的详细信息如表 6-2 所示。实验提取特征因子组合客户 IP
地址（ClientIP）及 Web 服务 ID（WSID），数据集中包含响应时间属性数据，吞吐
量可以通过数据大小以及响应时间计算得到，公式如下：

$$吞吐量=数据大小/响应时间×1000(bit/s) \tag{6-13}$$

表 6-1　实验环境配置

| 配置项 | 实验环境参数 |
| --- | --- |
| RAM | 4.00GB |
| CPU | Intel®Core™i3-2120 CPU @ 3.30GHz 3.30GHz |

表 6-2　QWS 数据集详细信息

| ClientIP | WSID | 响应时间/ms | 数据大小 | HTTP 代码 | HTTP 消息 |
| --- | --- | --- | --- | --- | --- |
| 35.9.27.26 | 8451 | 2736 | 582 | 200 | OK |
| 35.9.27.26 | 8460 | 804 | 14419 | 200 | OK |
| 35.9.27.26 | 8953 | 20176 | 2624 | −1 | java.net.SocketTimeout Exception: connect timed out |

可靠性（reliability）和可用性（availability）可以通过 HTTP 代码和 HTTP 消息
数据的信息统计计算得到，将 HTTP 代码为 200 和 HTTP 消息为 OK 标记为服务可
靠且可用，根据可靠性及可用性的定义计算出可靠性和可用性的值。可靠性及可用
性定义如下：可靠性，一段时间内 Web 服务成功执行次数的比例；可用性，Web 服
务在测试时间内正常使用的可能性。

图 6-2(a)～图 6-2(d)分别为 IP 地址与 WSID 特征组合为<12.108.127.136,13977>
的响应时间、吞吐量、可靠性及可用性数据；图 6-3（a）～图 6-3（d）分别为 IP
地址与 WSID 特征组合为<128.83.122.179,10324>的响应时间、吞吐量、可靠性及可
用性数据。结合图 6-2（a）、图 6-2（b）与图 6-3（a）、图 6-3（b）可以看出除了少
数几点样本，两幅图中的响应时间及吞吐量几乎在一条基线上。图 6-2（a）中的
响应时间均保持在 5200 左右，而图 6-3（a）中的响应时间均保持在 4500 左右，
图 6-2（b）中的吞吐量数据均在 128 左右，而图 6-3（b）中的吞吐量在 1600 附近。
图 6-2 和图 6-3 的可靠性均为 0.92～1，图 6-2（d）的可用性数据除了开始几个样本
由于统计样本较少，变化稍大，后面的样本逐渐趋于平稳，图 6-3（d）的可用性数
据相差在 0.0003 之内，几乎可以忽略。综合来看，样本特征 IP 地址与 WSID 组合
可以代表携带这两个特征的样本。

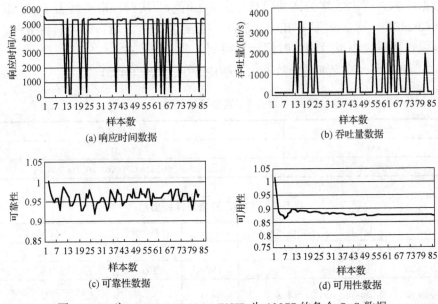

图 6-2　IP 为 12.108.127.136，WSID 为 13977 的各个 QoS 数据

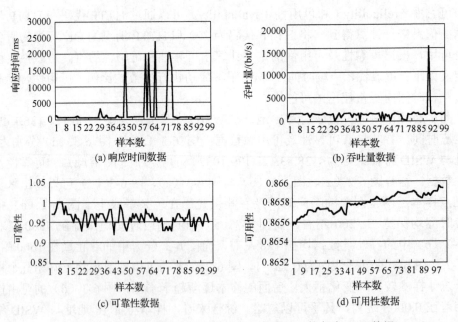

图 6-3　IP 为 128.83.122.179，WSID 为 10324 的各个 QoS 数据

## 6.3.2 实验结果分析

由于真实数据集没有固定的标准，为了验证本章提出方法的有效性，第一组实验采用一定的约束随机生成数据集，并采用注入错误的方式验证本章监控方法的有效性，将实验结果与文献[11]提出的 wBSRM 方法以及文献[8]提出的 iSPRT 方法相比较。因为归一化后的综合 QoS 值在[0,1]区间，且 wBSRM 和 iSPRT 方法均为单元 QoS 监控方法。实验中定义综合 QoS 需求为"综合 QoS 值大于 0.8 的概率不低于 80%"，而单元监控中则将 QoS 需求定义为"响应时间（或吞吐量或可靠性或可用性）值大于 0.8 的概率为 80%"，注意此处的 0.8 均为这些 QoS 数据在归一化之后的阈值。实验分别在样本数为 1200～1600 处注入不满足给定约束的响应时间和可靠性数据样本，而在 3300～3700 个样本处注入不满足给定约束的吞吐量和可用性数据样本。监控结果如图 6-4 所示。横坐标代表样本数，纵坐标代表监控结果，其中 1 表示 Web 服务处于正常运行状态，−1 代表 Web 服务处于失效状态，0 表示未得出监控结论。

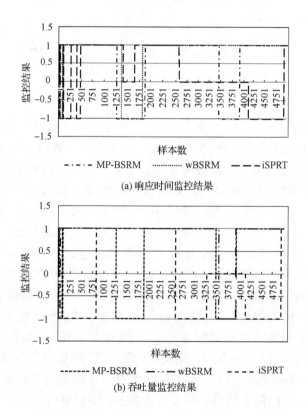

(a) 响应时间监控结果

(b) 吞吐量监控结果

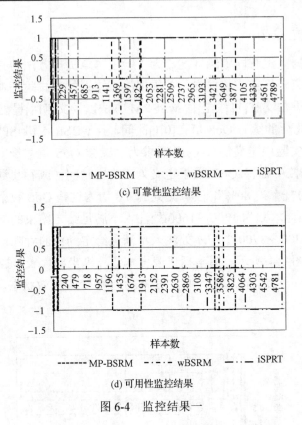

(c) 可靠性监控结果

(d) 可用性监控结果

图 6-4　监控结果一

从图 6-4 可以看出，使用 iSPRT 方法监控的结果抖动现象较为严重，且多数情况下监控结果与 wBSRM 和 MP-BSRM 相反，还有很多监控结果为 0 也就是结论落入中立区，无论是服务提供者还是服务使用者都不想看到没有结论的监控结果。因此 iSPRT 的监控结果较 wBSRM 和 MP-BSRM 而言比较差。而对于 wBSRM 和 MP-BSRM 来说，在监控的开始，MP-BSRM 与 wBSRM 都会出现监控结果抖动现象，这是因为样本数太少，而贝叶斯方法是通过大量的样本统计才能得出决策结论的。随着样本数量的增加，监控结果逐渐趋于稳定。在样本数接近 1309 时，MP-BSRM 首先监控到服务失效，而 wBSRM 通过监控响应时间和可靠性也能随后监控到服务失效，这是因为 MP-BSRM 在监控时融入的是 4 个 QoS 属性数据的信息，而响应时间和吞吐量同时未达到约束的标准会大大降低综合 QoS 值，因此 MP-BSRM 方法可以首先监控到服务失效。而在服务恢复正常运行时，MP-BSRM 较 wBSRM 单元监控的方法有些滞后，这是因为在使用 PMI 计算这段样本的倾向类别时不满足响应时间标准与不满足可靠性标准的样本的差集数据所起的作用，使用 MP-BSRM 方法，这段融入错误的样本对 $c_1$ 类的倾向值更高一点。同样，在融入错误的 3300~3700 个样本处，和其他方法相比，MP-BSRM 也是使用了较少的样本数就检测到服务失效。综合图 6-4（a）~图 6-4（d），可以看出 MP-BSRM 可以使用较少的样本数检测到服务失效，同时由于 MP-BSRM 融合了多个 QoS 属性的信息，通过 MP-BSRM 可以监控的信息更加全面，虽然 wBSRM 在单个监控各个 QoS 属性时也能监控到服务失效，但是 wBSRM 需要运行 4 次才能监控到。

　　第二组实验采用的是 QWS 真实数据集。为了验证本章方法的有效性，根据控制变量原则，实验将文献[11]提出的 wBSRM 方法和文献[8]提出的 iSPRT 方法均通过本章提出的信息融合方法将多个不同 QoS 属性数据融合为统一的综合 QoS 数据后，再进行运行时监控比较，观察归一化后的综合 QoS 数据，实验将综合 QoS 阈值设置为 0.5，综合 QoS 标准设置为 0.8。实验结果如图 6-5 所示，从图中可以看出监控开始没多久，iSPRT 就作出错误的判断，一直落入服务失效区域。而接下来在 520 个样本处，仅 MP-BSRM 方法监控出服务失效。在 1385 个样本处和 3461 个样本处 MP-BSRM 均在 wBSRM 方法之前监控出服务失效。这是 MP-BSRM 巧妙使用 PMI 算法带来的效果，wBSRM 方法中采用 TF-IDF 算法也有一定的预测分类的能力，但是不够准确。TF-IDF 算法的核心就在于它考虑到了逆词频，用于监控中也就是总的类别数与携带某特征因子组合的样本所分的类别数的比值的对数。而本书分类器是一个二分类问题，且在真实数据集下几乎所有的特征因子样本都会有达到 QoS 标准的样本与未达到 QoS 标准的样本，所有逆词频的值均相同，因此算法仅通过特征因子在某分类中的频次来计算权重，大大降低了算法预测的准确性，本章使用 PMI 算法更加准确、高效。TF-IDF 算法与 PMI 算法计算的特征因子权值如表 6-3 所示，从表 6-3 中可以看出，TF-IDF 算法计算得到的权值很不稳定，这也是监控结果中 wBSRM 方法监控不稳定的原因。

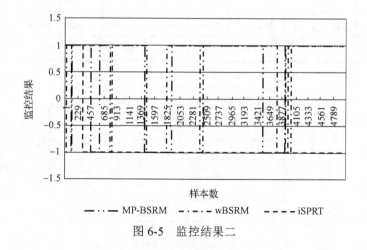

图 6-5　监控结果二

表 6-3　PMI 与 TF-IDF 算法权值比较

| 特征因子<IP,WSID> | PMI | | TF-IDF | |
|---|---|---|---|---|
| | $w_{c_0}$ | $w_{c_1}$ | $w_{c_0}$ | $w_{c_1}$ |
| <12.108.127.136 ,2637> | $1.157434 \times 10^{-4}$ | $5.850434 \times 10^{-5}$ | $1.012138 \times 10^{-4}$ | 0 |
| < 130.136.254.21, 9217> | $1.133321 \times 10^{-4}$ | $5.850434 \times 10^{-5}$ | $9.9105206 \times 10^{-5}$ | $7.344246 \times 10^{-6}$ |
| <140.119.164.84 ,18817> | $1.181548 \times 10^{-4}$ | $7.020521 \times 10^{-4}$ | $1.033224 \times 10^{-4}$ | $8.813096 \times 10^{-5}$ |
| <155.225.2.71, 12117> | $1.060982 \times 10^{-4}$ | $1.755130 \times 10^{-4}$ | $9.277934 \times 10^{-5}$ | 0 |

## 6.3.3　时间效率分析

　　时间效率分析主要分为两个阶段：训练阶段和监控阶段，分别每运行 20 次计算一次平均训练时间和平均监控时间，总共计算 10 次，也就是运行 200 次。从表 6-4 可以明显看出本章使用的方法的训练时间小于 wBSRM 方法。从图 6-6 中可以看出，iSPRT 方法的监控时间比 wBSRM 和 MP-BSRM 长一点。MP-BSRM 的平均监控时间略高于 wBSRM 监控单个 QoS 的时间，这是因为监控阶段需要对多个 QoS 属性值进行融合。wBSRM 方法监控时需要监控 4 次才能监控出单个 QoS 属性是否满足 QoS 标准，MP-BSRM 只需要运行一次就可以同时对 4 个 QoS 属性标准进行监控，因此，这个时间差是可以接受的。以监控结果来看，MP-BSRM 可以监控多个属性，实际时间与 wBSRM 监控单个 QoS 指标相比并不算高。

表 6-4　训练阶段时间效率比较

| 训练时间/ms | 1 | 2 | 3 | 4 | 5 | 6 | 7 | 8 | 9 | 10 |
|---|---|---|---|---|---|---|---|---|---|---|
| MP-BSRM | 31.59 | 38.25 | 37.14 | 43.31 | 35.05 | 42.99 | 37.96 | 33.05 | 4.68 | 30.75 |
| wBSRM | 57.34 | 59.44 | 46.08 | 73.21 | 62.73 | 49.90 | 47.83 | 73.92 | 73.37 | 48.88 |

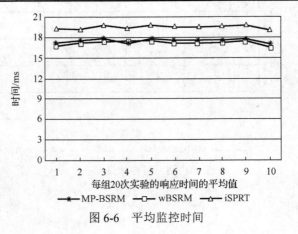

图 6-6　平均监控时间

# 6.4　本　章　小　结

本章在前人研究成果的基础上，融合多个 QoS 属性信息并使用 PMI 计算特征因子对监控分类的倾向从而更加高效地监控 Web 服务的 QoS。

在未来的工作中，将重点在以下两个方面进行优化：①信息融合时权重的分配，用户一定有自己偏好要求的 QoS 属性，而不是所有的 QoS 属性要求一致，选择恰当的权重分配方法可以使监控结果更加准确；②考虑结合上下文样本之间的关联性，优化贝叶斯分类器模型。

## 参 考 文 献

[ 1 ] Grunske L. Specification patterns for probabilistic quality properties[C]//ACM/IEEE, International Conference on Software Engineering. IEEE, 2009: 31-40.

[ 2 ] Grunske L, Zhang P. Monitoring probabilistic properties[C]//Joint Meeting of the European Software Engineering Conference and the ACM SIGSOFT International Symposium on Foundations of Software Engineering. DBLP, 2009: 183-192.

[ 3 ] Zeng L, Benatallah B, Dumas M, et al. Web engineering: Quality driven web service composition[C]//World Wide Web Conference Series, 2003: 411-421.

[ 4 ] Xiao P, Wan H. Study on QoS control for web system based on dynamic monitoring and parameters regulating[C]//International Conference on Advanced Computer Theory and Engineering. IEEE Computer Society, 2008: 413-416.

[ 5 ] Mabrouk N B, Beauche S, Kuznetsova E, et al. QoS-aware service composition in dynamic service oriented environments[C]//ACM/IFIP/USENIX International Conference on Middleware. Berlin: Springer, 2009: 123-142.

[ 6 ] Zou G B, Lu Q, Chen Y, et al. QoS-aware dynamic composition of web services using numerical temporal planning[J]. IEEE Transactions on Services Computing. , 2014, 7(1): 18-31.

[ 7 ] Bachlechner D, Lausen H, Siorpaes K, et al. Web service discovery-a reality check[C]//European Semantic Web Conference, 2006: 113-118.

[ 8 ] Grunske L. An effective sequential statistical test for probabilistic monitoring[J]. Information & Software Technology, 2011, 53(3): 190-199.

[ 9 ] Sammapun U, Lee I, Sokolsky O, et al. Statistical runtime checking of probabilistic properties[C]// International Workshop on Runtime Verification. Berlin: Springer, 2007: 164-175.

[10] Zhu Y, Xu M, Zhang P, et al. Bayesian probabilistic monitor: A new and efficient probabilistic

monitoring approach based on bayesian statistics[C]//International Conference on Quality Software. IEEE Computer Society, 2013: 45-54.

[11] Zhang P, Zhuang Y, Leung H, et al. A novel QoS monitoring approach sensitive to environmental factors[C]//IEEE International Conference on Web Services. IEEE, 2015: 145-152.

[12] 庄媛, 张鹏程, 李雯睿, 等. 一种环境因素敏感的 Web Service QoS 监控方法[J]. 软件学报, 2016, 27(8): 1978-1992.

[13] Wu X, Tian W, Xi Q, et al. Multi-QoS aware automatic service composition[J]. Wuhan University Journal of Natural Sciences, 2014, 19(4): 307-314.

[14] Li L, Wei J, Huang T. High performance approach for multi-QoS constrained web services selection[C]//International Conference on Service-Oriented Computing. Berlin: Springer, 2007: 283-294.

[15] Wang S, Hsu C H, Liang Z, et al. Multi-user web service selection based on multi-QoS prediction[J]. Information Systems Frontiers, 2014, 16(1): 143-152.

[16] Michlmayr A, Rosenberg F, Leitner P, et al. Comprehensive QoS monitoring of web services and event-based SLA violation detection[J]. Proceedings of the 4th International Workshop on Middleware for Service Oriented Computing, 2009: 1-6.

[17] 高磊, 戴新宇, 黄书剑, 等. 基于特征选择和点互信息剪枝的产品属性提取方法[J]. 模式识别与人工智能, 2015, 28(2): 187-192.

[18] Wu L, Wang D, Guo C, et al. User profiling by combining topic modeling and pointwise mutual information (TM-PMI)[C]. International Conference on Multimedia Modeling. Berlin: Springer, 2016: 152-161.

[19] Lewis D D. Naive (Bayes) at forty: The independence assumption in information retrieval[J]. Lecture Notes in Computer Science, 1998, 1398: 4-15.

[20] Jiang L, Li C, Wang S, et al. Deep feature weighting for naive Bayes and its application to text classification[J]. Engineering Applications of Artificial Intelligence, 2016, 52(C): 26-39.

# 第7章 基于组合贝叶斯模型的 Web 服务 QoS 预测方法

目前的 QoS 预测方法未考虑 Web 服务高度的动态性，建立的预测模型仅在特定的适用场合和时段预测精度良好，不能持续保持优良的预测性能。本章提出贝叶斯组合预测模型对 QoS 进行预测，首先对时间序列特征进行识别，根据识别结果选取合适的基本预测模型，对已选取的模型进行训练，然后使用预测—权值调整—预测的循环结构进行预测。实验表明，不同特征的时间序列样本下，贝叶斯组合预测模型能保持较高的预测精度，趋近于最优的预测模型，可提供较为稳定良好的预测表现。

## 7.1 引　　言

通过大量观察实际 Web 服务的历史数据，发现 QoS 属性序列值之间存在某种相关性，其特征形态大致可归纳为四种：①平稳模式，Web 服务稳定，QoS 属性值变化不大，波动较小；②趋势模式，Web 服务 QoS 属性值呈现上升或下降的趋势；③周期模式，一定时间范围内，Web 服务质量周期波动，QoS 属性值呈现周期性变化；④随机模式，Web 服务运行不稳定，无规律，QoS 属性值呈现无序的变化形态。不同特征的历史数据需要不同的预测模型来进行预测，不同的预测方法有特殊的信息特征和适用场合。如果采用单一模型，可能会在某一时段有良好的预测精度，但难以在不同时刻持续保持绝对优良的预测性能，因此需要将预测方法组合起来，利用各种预测方法的长处，提高精度，扩大适用范围。

本章提出贝叶斯组合模型，根据 QoS 历史数据不同的特征形态组合不同的基本模型进行预测，并给出预测模型评估标准，对响应时间、吞吐量和可靠性进行了预测实验。

## 7.2 贝叶斯组合模型

假定 $X=(x_1, x_2, \cdots, x_t)$ 是某一 QoS 属性的时间序列集合，$x_i$ 表示第 $i$ 时期的属性值。预测的目标是根据已有的实际序列集合 $X$，预测 $t+1$ 时刻的属性值，即 $x_{t+1}$。

贝叶斯组合模型首先对 QoS 时间序列特征形态进行识别。

## 7.2.1　时间序列特征识别

采用自相关分析法识别时间序列特征[1]，时间序列的自相关系数计算公式如下：

$$r_k = \frac{\sum_{i=1}^{n-k}(x_i - \overline{x})(x_{i+k} - x_n)}{\sum_{i=1}^{n}(x_i - \overline{x})^2} \qquad (7-1)$$

其中，$\overline{x} = \dfrac{1}{n}\sum_{i=1}^{n} x_i$；$r_k$ 表示 $i$ 期属性值 $x_i$ 与 $i+k$ 期属性值 $x_{i+k}$ 的相关程度。通常，计算 $\dfrac{n}{4}$ 个自相关系数即可，即 $k = 1, 2, \cdots, \left[\dfrac{n}{4}\right]$。

在平稳模式中，第一个相关系数 $r_1$ 与零有显著性差异，比较大，$r_2$ 比 $r_1$ 小，$r_3$ 比 $r_2$ 小，其他自相关系数与零无显著性差异。

在趋势模式中，$r_1$ 最大，$r_2, r_3, \cdots$ 逐渐递减，但与平稳模式不同，存在相当数量的自相关系数与零有显著性差异。

在周期模式中，$r_k$ 以一个固定的周期出现高峰，如时间序列周期为 3，那么它的相关系数每隔 3 出现一个高峰，即 $r_3, r_6, r_9, r_{12}$ 等相当大，与零有显著性差异，且逐渐递减，而其余的相关系数接近零。

在随机模式中，$r_k$ 与零没有显著性差异，近似地等于零。

识别时间序列特征之后，选择不同的基本模型进行贝叶斯组合预测。基本模型将在 7.3 节进行介绍。

## 7.2.2　组合预测基本原理

贝叶斯组合模型通过综合各个基本预测模型当前时刻之前的预测表现确定各个基本预测模型在组合模型中的权重。

假定某一时间序列（$x_1, x_2, \cdots, x_n$）可由以下 $N$ 个基本时间序列预测模型中的任意模型 $x_t^n$ 来描述产生，即

$$x_t = x_t^n(x_{t-1}, x_{t-2}, \cdots, x_1) + \varepsilon_t^n \qquad (7-2)$$

其中，$x_t$ 为时间序列在时段 $t$ 的实际观测值；$x_t^n$ 为第 $n$ 个基本预测模型，$n=1,2,\cdots,N$；$\varepsilon_t^n$ 为第 $n$ 个基本预测模型的预测误差，$n=1,2,\cdots,N$。从理论而言，实际观测值在 $t$ 时刻，只可能与上述几种基本预测模型预测值中的某一个最为接近，假设与实际结果最接近的预测值相应的基本预测模型为 $n$（一般 $n$ 值事先无法确定），引入变量 $u$ 表示 $n$ 值的不确定性，则可定义条件概率 $p_t^n$ 为

$$p_t^n = P(u=n \mid x_t,\ x_{t-1}, \cdots,\ x_1) \tag{7-3}$$

其中，$p_t^n$ 为在已有的时间序列样本条件下，第 $n$ 个基本预测模型的预测值接近实际值的概率。由贝叶斯定理：

$$p_t^n = \frac{P(x_t,\ u=n \mid x_{t-1},\ x_{t-2},\ \cdots,\ x_1)}{\sum\limits_{m=1}^{N} P(x_t,\ u=m \mid x_{t-1},\ x_{t-2},\ \cdots,\ x_1)} \tag{7-4}$$

$$P(x_t,\ u=n \mid x_{t-1},\ x_{t-2}, \cdots,\ x_1) = P(x_t \mid x_{t-1},\ x_{t-2}, \cdots,\ x_1,\ u=n)\, p_{t-1}^n \tag{7-5}$$

$\varepsilon_t^n$ 服从均值为 0，方差为 $\sigma^n$ 的白噪声分布，由 $\varepsilon_t^n = x_t - x_t^n$，有

$$P(x_t \mid x_{t-1},\ x_{t-2},\ \cdots,\ x_1,\ u=n)$$
$$= P\left(\varepsilon_t^n = x_t - x_t^n \mid x_{t-1},\ x_{t-2},\ \cdots,\ x_1,\ u=n\right)$$
$$= \frac{1}{\sqrt{2\pi}\sigma^n} e^{-\left(\varepsilon_t^n / \sigma^n\right)^2} \tag{7-6}$$

可得

$$p_t^n = \frac{\dfrac{1}{\sqrt{2\pi}\sigma^n}\, p_{t-1}^n\, e^{-\left(\varepsilon_t^n / \sigma^n\right)^2}}{\sum\limits_{m=1}^{N} \dfrac{1}{\sqrt{2\pi}\sigma^m}\, p_{t-1}^m\, e^{-\left(\varepsilon_t^m / \sigma^m\right)^2}} \tag{7-7}$$

$p_t^n$ 为 $t+1$ 时刻第 $n$ 个基本预测模型在贝叶斯组合模型中的权值。根据式（7-7），如果第 $m$ 个基本预测模型产生较大的误差 $\varepsilon_t^n$，那么该基本预测模型在下一次组合模型预测中的权值就会降低，误差较小则会得到一定程度的提升。预测过程中，基本模型的权值不断地自适应调整，预测值与观测值最符合的模型在组合模型中获取最高的权值，成为下一时段的主要预测模型。

$t+1$ 时刻，组合模型预测的结果为

$$q_{t+1}' = \sum_{m=1}^{N} p_t^m q_{t+1}^m \tag{7-8}$$

其中，$q_{t+1}'$ 为 $t+1$ 时刻贝叶斯组合模型预测值；$p_t^m$ 为 $t+1$ 时刻第 $m$ 个基本预测模型在组合模型中的权值；$q_{t+1}^m$ 为 $t+1$ 时刻第 $m$ 个基本预测模型预测值。

## 7.3　基　本　模　型

一般而言，所有的预测模型，如支持向量机、事例推理、时间序列分析都可以应用到贝叶斯组合模型中作为基本模型进行组合预测。但考虑到协同过滤方法、事例推理方法，数据采集需涉及用户隐私，且事例集构建复杂，检索效率低，最为重

要的是 Web 服务是在动态开放的网络环境上运行，网络的负载变化、服务资源配置变动等都引起 Web 服务的动态变化，消费者历史经验、事例等具有时效性，并不一定就是近期采集到的数据样本，且本身并不能反映出这种变化，基于此类数据预测可能出现较大的误差。因此本章采用直接从历史数据本身预测 QoS 的预测方法，这类方法不需要对 QoS 数据产生的背景进行研究，仅根据历史数据形成的时间序列自身的时序性，进行自相关性分析。

随机型 QoS 属性波动性较大，其序列或是白噪声序列，无法建模预测，或是随机时间序列，常存在复杂的非线性相关，甚至呈现混沌特点，难以用某一函数关系或者单一数学模型简单拟合。基于小波分析的 ARMA 预测模型对时间序列进行小波分解，对概貌部分和细节部分分别重构，使 ARMA 预测输入更加平稳，然后分别使用 ARMA 模型进行预测，更适合预测非平稳时间序列。神经网络模型没有严格的前提及假设，不需要了解数据的内在特性、运行机制，模型选择不存在困难，适合对复杂非线性对象进行预测，经过小波分解重构后再进行预测，可以结合小波分析和神经网络优势，使模型具有良好的函数逼近能力和模式分类能力。而 ARIMA-GARCH[2] 模型已被用来预测极易波动的时间序列。因此本章拟采用基于小波分析的 ARMA（WARMA）预测模型、小波神经网络（Wavelet Neural Network，WNN）预测模型以及 ARIMA-GARCH 预测模型三种基本预测模型对 QoS 进行预测，来验证贝叶斯组合模型的有效性。

平稳型、趋势型、周期型 QoS 属性，通常表现出某种规律性，即可以采用某个函数或者方程拟合，ARIMA-GARCH 模型、WNN 模型、WARMA 模型建模时间消耗较大，考虑到预测不仅需要关注预测质量，还需要考虑执行时间。RBF 神经网络学习速度快，且能够逼近任意非线性函数；多元自回归模型原理简单，建模和预测花费时间短，且对线性模型有较好的预测效果；K-近邻预测模型计算简单，复杂度不高，对非线性序列预测效果良好。因此拟采用 RBF 神经网络、多元自回归模型、K-近邻模型作为基本预测模型进行贝叶斯组合，来验证贝叶斯组合模型的有效性。

## 7.3.1　基于小波分析的 ARMA 模型

传统时间序列预测方法都是在时间序列平稳的假设下，建立线性模型，然后采用外推的方法预测，但现实情况下时间序列常常是高度非平稳的，无法取得精确预测。基于小波分析的 ARMA 模型通过小波分析将原始信号分解成一组近似信号、$N$ 组细节信号，近似信号序列反映变化趋势，细节信号则反映时间序列受随机扰动的影响，对分解后的信号进行重构，然后对各个时间序列模型采用 ARMA 分别进行预测，最后合并预测值得到最终的预测结果。基于小波分析的 ARMA 模型结构框架如图 7-1 所示。

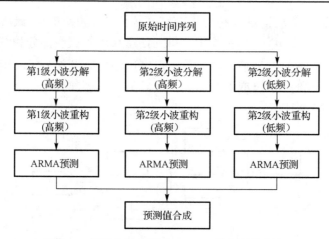

图 7-1　基于小波分析的 ARMA 模型结构框架

### 1. 小波分析

小波（wavelet）是一种长度有限、"小区域"的特殊波形，它具有突变的频率和振幅，均值为 0。小波分析不像傅里叶变换缺乏时间分辨能力，而是一种时频分析方法，具有多分辨分析的特点，在时频两域都有表征信号局部特征的能力。它通过小波变换分析信号局部特征，把信号分解成一系列小波基函数。小波分析具有良好的时频局部化特性、便于提取弱信号的特点，使其在时频分析和非平稳信号的处理中得到了大量的应用。

小波变换或者小波分解，实质上就是寻求平方可积函数空间 $L^2(R)$ 上的标准正交基，然后将信号在这组正交基上分解，以便进行分析与处理，最后还可以通过分解系数重建原来的信号。这组标准正交基由小波通过离散伸缩和平移得到。一般标准小波正交基由多分辨分析构造。多分辨分析是指满足下列条件的一串嵌套子空间逼近序列空间集合 $\{V_j\}$，$V_j$ 满足下述性质。

（1）一致单调性：$V_j \subset V_{j-1}$，$\forall j \in \mathbf{Z}$；

（2）渐近完全性：$\bigcap\limits_{j \in \mathbf{Z}} V_j = \{0\}$，$\bigcup\limits_{j \in \mathbf{Z}} V_j = L^2(R)$；

（3）伸缩规则性：$f(t) \in V_j \Leftrightarrow f(2^j t) \in V_0$，$\forall j \in \mathbf{Z}$；

（4）平移不变性：$f(t) \in V_0 \Leftrightarrow f(t-k) \in V_0$，$\forall k \in \mathbf{Z}$；

（5）Riesz 基存在性：$\exists \varphi(t) \in V_0$，使得对 $\forall j \in \mathbf{Z}$，$\{\varphi_{j,k}(t) = 2^{-\frac{j}{2}} \varphi(2^{-j} t - k),\ k \in \mathbf{Z}\}$ 构成 $V_j$ 的 Riesz 基。

采用多分辨率分析，对于任意函数 $f(t) \in V_0$，可以将它分解到 $V_1$ 空间与 $W_1$ 空间，分解成大尺度概貌空间部分 $V_1$ 与细节空间部分 $W_1$，对大尺度概貌空间部分 $V_1$ 进一步分解，将其投影到概貌空间部分 $V_2$ 与细节空间部分 $W_2$，如此重复，最终可将信号 $f(t)$ 分解到 $W_1$，$W_2$，$\cdots$，$W_j$，$V_j$ 空间中，得到任意尺度的概貌部分和细节部分。多分辨率分析就像一组信号过滤筛，首先最小尺度过滤出高频部分，再用稍大尺度的筛子过滤得到次高频部分，尺度逐渐加大，最后剩下低频部分。一个三层的小波空间分解示意图如图 7-2 所示。

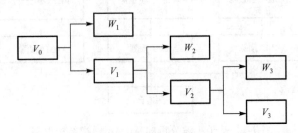

图 7-2　多分辨率分析

定义 $S_j(t)$ 为信号 $f(t)$ 在尺度空间 $V_j$ 的逼近部分，$D_j(t)$ 为信号 $f(t)$ 在小波空间 $W_j$ 的细节部分，则

$$S_j(t) = \sum_{k \in \mathbf{Z}} s_{j,\,k} \varphi_{j,\,k}(t) \tag{7-9}$$

$$D_j(t) = \sum_{k \in \mathbf{Z}} d_{j,\,k} \Phi_{j,\,k}(t) \tag{7-10}$$

其中，$s_{j,\,k} = \langle f,\ \varphi_{j,\,k} \rangle$；$d_{j,\,k} = \langle f,\ \Phi_{j,\,k} \rangle$；$s_{j,\,k}$、$d_{j,\,k}$ 分别表示信号逼近部分的系数和细节部分的系数。

由多分辨率分析，对待处理信号 $f(t)$ 进行逼近：

$$f(t) \approx D_1(t) + D_2(t) + \cdots + D_j(t) + S_j(t) \tag{7-11}$$

其中，$j$ 为分解层数。

因此利用小波变换可以对时间序列进行 $M$ 尺度分解，分解后得到一组低频尺度系数 $S_M(t)$ 和 $M$ 组高频尺度系数 $D_j(t)\,(j = 1, 2, 3, \cdots, M)$。非平稳时间序列可以分解为多个较为平稳的细节信号以及比原时间序列平滑得多的近似信号，分解尺度越大，高频尺度序列越平稳，周期性越好，线性特征越明显。低频尺度序列与原始序列具有大致相同的变化趋势，近似原始序列。

2. ARMA 模型

ARMA 模型全称为自回归移动平均模型，是由美国统计学家 Box 和英国统计学家 Jenkins 在 20 世纪 70 年代提出的时序分析模型[3]。

ARMA 模型[4]的基本思想为将预测对象形成的随时间变化的数据序列视为一个随机序列，尽管其单个序列值具有不确定性，但整个序列却有一定的规律性，这种规律性被识别后，可以用一定的数学模型来近似描述，继而利用时间序列的过去值和现在值来预测未来值。

ARMA 模型包括三种基本模型：自回归（Auto-Regressive，AR）模型、移动平均（Moving Average，MA）模型以及自回归移动平均（Auto-Regressive Moving Average，ARMA）模型。更为详尽的理论阐述请参考文献[4]～文献[6]。

3.　ARMA 建模流程

（1）判断序列是否是白噪声时间序列，是否是平稳序列。如果是白噪声序列，则表示序列不存在相关性，不必要再进行预测。如果是非平稳序列，则需要对数据差分，直到平稳。

（2）初步判断 $p$，$q$，识别时间序列模型。如果自相关系数（Autocorrelation Function，ACF）和偏自相关系数（Partial Autocorrelation Function，PACF）最初 $K$ 阶显著大于 2 倍标准差，而 $K$ 阶后大约 95%的系数小于 2 倍标准差，且非零系数迅速衰减为小值波动，则视为 $K$ 阶截尾；如果有超过 5%的系数大于 2 倍标准差，或者非零系数衰减比较缓慢或连续，通常视为拖尾。定阶原则见表 7-1。

表 7-1　ARMA 模型定阶原则

| 模型 | 自相关系数（ACF） | 偏自相关系数（PACF） |
|---|---|---|
| AR($p$) | 拖尾，指数衰减或振荡 | $p$ 步截尾 |
| MA($q$) | $q$ 步截尾 | 拖尾，指数衰减或振荡 |
| ARMA($p$, $q$) | 拖尾，指数衰减或振荡 | 拖尾，指数衰减或振荡 |

（3）根据 $p$，$q$，对小于 $p$，$q$ 的 ARMA 模型进行分析，剔除不满足平稳性和可逆性的模型，使用赤池信息量准则（Akaike Information Criterion，AIC）[7]和贝叶斯信息准则（Bayesian Information Criterion，BIC）选取较优模型：一般以取得 AIC 值最小的模型作为最优模型。

（4）进行参数估计，通常采用最小二乘法。对参数进行显著性检验，验证参数的统计意义。如果某个参数不显著则说明参数所对应的变量影响不明显，遵循模型简单原则，需要将此变量从拟合模型中删除。

（5）检验模型有效性。采用 LB（Ljung-Box）统计量进行假设检验，诊断残差序列是否为白噪声序列，如果不是白噪声序列则说明有残留相关信息未能被充分提取，需要重新拟合模型。

## 7.3.2　小波神经网络

小波神经网络包括两种结合方式：松散型和紧致型。松散型采用小波分析或小波包分析作为前置处理手段，即通过一组高通和低通滤波器，将信号分解为相互独立的高频部分和低频部分，作为向神经网络提供的输入向量，再确定采用的神经网络模型、模型隐层数和隐层单元数等。紧致型结合，又称为狭义上的小波神经网络，以 BP 神经网络拓扑结构为基础，采用小波函数作为激励函数，形成神经元，实现函数逼近，从而进行预测，其网络结构和作用原理与 Sigmoid 函数做激励函数的多层感知机基本相同。小波神经网络在函数逼近和模式分类方面具有良好表现。本章拟采用松散型。小波神经网络结构框架如图 7-3 所示。

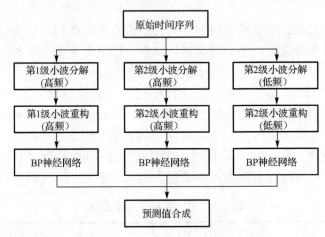

图 7-3　小波神经网络结构框架

### 1. BP 神经网络

BP 神经网络是一种利用误差逆传播算法训练的多层前馈神经网络（Multi-layer Feed-forward Neural Networks，MFNN）。其具有结构简单、非线性逼近能力良好的特点，这使得 BP 神经网络广泛用于模式识别、智能控制、数据挖掘、经济预测等领域。据统计，神经网络中 80%～90% 的模型都采用 BP 算法[8]，BP 神经网络一般采用最速下降法以反向传播的方式对网络的权值和阈值进行不断调整，以使网络的误差平方和达到最小。

### 2. BP 神经网络的结构

BP 神经网络拓扑结构由输入层（input layer）、隐含层（hide layer）和输出层（output layer）三部分组成。输入层作用是接收输入信号，并传递到隐含层；隐含层作用是信息变换，可包含单隐层或多隐层；输出层作用是向外界输出结果。一个节点即为一个神经元，仅在相邻层神经元间存在神经元间连接且不存在反馈连接，层内各个神经元之间不存在连接。

输入信号 $x_i$ 通过隐含层点进行非线性变换，产生输出信号 $y_k$。每个训练样本由输入向量 $\overline{X}$ 和期望得到的输出量 $y'$ 组成。计算网络的输出值 $y_k$ 与 $y'$ 之间的偏差，对节点间的连接权值以及阈值进行调整，使误差梯度下降。具体来讲，输入样本从输入层向隐含层方向正向传播，每一层的神经元只影响相邻的下一层神经元。经过层层传播，传向输出层。在输出层对输出值 $y_k$ 与 $y'$ 进行比较，如果 $y_k$ 不等于 $y'$，则转入反向传播。反向传播时，把误差信号按原路径反向回传，并对各个神经元之间的权系数进行修改，以使误差信号趋向最小。在多次反复学习训练后，确立与最小均方误差相对应的连接权值和节点阈值，停止训练。

3. BP 算法步骤

（1）初始化：在区间（−1, 1）内对各层的连接权值和阈值置一个较小的非零随机数，对学习速率、目标误差 $\varepsilon$、最大学习次数 $M$ 进行初始化。

（2）导入 $N$ 个学习样本 $X$ 及其相应的期望输出 $Y'$，对第 $i$ 个样本进行处理。

（3）依次对各层实际输出和误差进行计算。

（4）如果 $i<N$，转到第（2）步执行；如果 $i=N$，转到第（5）步。

（5）依次修改各层的权值或阈值。

（6）根据新的权值对输出和误差重新计算。

（7）判断误差是否满足要求，如果误差小于目标误差，或者达到最大学习次数，则训练结束，否则跳到第（2）步执行。

## 7.3.3　ARIMA-GARCH 模型

ARIMA-GARCH 模型在已建立 ARIMA（$p$, $q$）模型的基础上，对模型残差方差使用 GARCH（$r$, $s$）模型建模，ARIMA（$p$, $q$）模型与 GARCH（$r$, $s$）模型分别表示序列的均值和条件方差，从而使模型能更加精确地描述预测值的变动，使预测更加准确。ARIMA-GARCH 模型预测流程图见图 7-4。

经典的时间序列模型（如 AR 模型、ARMA 模型）基于假设模型为线性模型，时间序列方差不变，即要求残差是独立同分布的，但现实中，不同时段，方差往往不同，具有时变性。针对异方差的现象，Engle[9]于 1982 年通过分析时间序列，发现残差通常集群出现，取决于前期扰动项大小的值，针对这种现象，提出自回归条件异方差（Autoregressive Conditionally Heteroscedastic，ARCH）模型，ARCH 的主要思想是对于时刻 $t$，$\varepsilon_t$ 的条件方差 $\sigma_t^2$ 取决于时刻 $t-1$ 的残差平方的大小，即 $\varepsilon_{t-1}^2$。一个 ARCH($p$)过程可以写为

$$y_t = x_t \boldsymbol{\gamma} + \varepsilon_t \tag{7-12}$$

$$\sigma_t^2 = \text{Var}\ (\varepsilon_t \mid \Omega_{t-1}) = \alpha_0 + \alpha_1 \varepsilon_{t-1}^2 + \cdots + \alpha_p \varepsilon_{t-p}^2 \tag{7-13}$$

其中，$x_t$ 是 $1 \times (k+1)$ 维外生变量向量；$\boldsymbol{\gamma}$ 是 $(k+1) \times 1$ 维系数向量；$\Omega_{t-1}$ 表示 $t-1$ 时刻所有可得信息的集合；$\alpha_i$ 为待定系数；$\varepsilon_t$ 为 $t$ 时刻的残差。式（7-12）称为均值方程，式（7-13）称为 ARCH 方程。

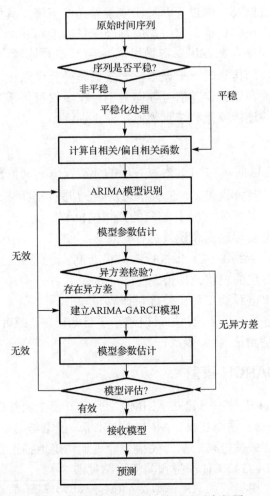

图 7-4　ARIMA-GARCH 模型预测流程图

$\varepsilon_t$ 方差依赖于很多之前时刻的变化量，这使得模型的建立需要估计较多的参数，滞后期数太长，难以建模。因此 1986 年，Bollerslev[10]在此基础上进行线性扩展，提出广义自回归条件异方差（Generally Autoregressive Conditionally Heteroscedastic，GARCH）模型。GARCH 模型采用过去的方差和过去方差的预测值来预测未来的方差，一般情况下用一个或者两个 $\sigma_t^2$ 滞后值代替多个 $\varepsilon_t^2$ 的滞后值。GARCH 模型可以表示为

$$y_t = x_t \gamma + \varepsilon_t \tag{7-14}$$

$$\sigma_t^2 = \alpha_0 + \sum_{i=1}^{q} \alpha_i \varepsilon_{t-i}^2 + \sum_{j=1}^{p} \beta_i \sigma_{t-j}^2 \tag{7-15}$$

其中，$x_t$ 是 $1\times(k+1)$ 维外生变量向量；$\gamma$ 是 $(k+1)\times 1$ 维系数向量；$p$ 是 GARCH 项的次数；$q$ 是 GARCH 项的次数；$\sigma_t^2$ 是条件方差；$\alpha_0 > 0$；$\alpha_i \geqslant 0$；$\beta_i \geqslant 0$。

### 7.3.4　K-近邻预测模型

K-近邻（KNN）算法由 Cover 和 Hart 于 1968 年提出，是一种非参数的分类算法，广泛用于分类、回归和模式识别中。

K-近邻思想：系统在训练集中找到一个待分类的样本实例的 $K$ 个最相邻的实例，使用这 $K$ 个最相邻的实例的类别作为候选类别，如果其中大多数实例属于某一个类别，则有理由相信该实例也属于这个类别。K-近邻模型用来预测时间序列时，假设序列值 $x_i$ 总是与前面 $m$ 个序列值 $\{x_{i-m}, x_{i-m+1}, \cdots, x_{i-1}\}$ 相关，实例用向量 $X_{i-m}$ 表示，$X_{i-m}$ 为 $\{x_{i-m}, x_{i-m+1}, \cdots, x_{i-1}; x_i\}$，对长度为 $n$ 的时间序列，则可以获得 $n-m$ 个样本实例，根据该样本实例集就可以采用 K-近邻算法查找 $K$ 个近邻，进而进行预测。

K-近邻预测算法步骤如下。

（1）将已知的 $n$ 个时间序列值，移动时间窗口，形成 $n-m$ 个样本实例 $\{X_i, 1 < i < n-m\}$，时间窗口向后移动一步，形成包含待预测值的向量 $X_{n-m+1}$，$X_{n-m+1}$ 为 $\{x_{n-m+1}, x_{n-m+2}, \cdots, x_n; x_{n+1}\}$，基于这组样本以及向量 $X_{n-m+1}$ 预测第 $n+1$ 个序列值 $x_{n+1}$。

（2）计算 $X_{n-m+1}$ 实例的欧几里得距离，计算公式如下：

$$\mathrm{dist}(X_{n-m+1}, X_i) = \sqrt{\sum_{i=1}^{m} \left(x_j' - x_{ij}\right)^2} \tag{7-16}$$

其中，$x_j'$ 是 $X_{n-m+1}$ 中的第 $j$ 项；$x_{ij}$ 是 $X_i$ 中的第 $j$ 项。欧氏距离用于评估样本之间存在的空间距离，距离越远的样本差异越大。

（3）对欧几里得距离进行排序，找出 $X_{n-m+1}$ 的 $K$ 个近邻，记为 $Y_1$，$Y_2$，$\cdots$，$Y_K$。

（4）预测。依据序列值 $x_i$ 总是与前面 $m$ 个序列值 $\{x_{i-m}, x_{i-m+1}, \cdots, x_{i-1}\}$ 相关，向量 $X_i$ 中的最后一个分项被认为是与前 $m$ 项相关的可能值，提取 $K$ 个近邻 $Y_1$，$Y_2$，$\cdots$，$Y_K$ 的最后一个分项，得到 $x_{n+1}$ 的 $K$ 个最近邻 $x_{1j}$，$x_{2j}$，$\cdots$，$x_{Kj}$，其中 $j=m+1$，然后对这 $K$ 个数加权平均即可算出，即

$$x_{n+1} = \frac{\displaystyle\sum_{i=1}^{K} x_{ij}}{K} \tag{7-17}$$

### 7.3.5　RBF 神经网络模型

RBF 神经网络是一种局部逼近神经网络，能够逼近任意的非线性函数，泛化能力较好，学习速度较快，已广泛应用于非线性函数逼近、时间序列分析、模式识别、控制和故障诊断等领域。

### 1. RBF 神经网络的结构

RBF 网络是一种三层前向网络[11]。第一层为输入层,作用是接收输入信号并将其传递到隐含层。第二层为隐含层,该层神经元的传递函数使用一种局部分布的非负非线性函数,该函数对中心点径向对称衰减,一般采用高斯函数。隐含层包含具有径向激活功能的径向基神经元,且根据所求解的具体问题确定单元数。第三层为输出层,作用是对隐单元的输出进行线性加权求取输出。简言之,RBF 网络从输入层到隐含层的变换是非线性的,从隐含层到输出层的变换是线性的。

### 2. RBF 算法步骤

下面仅介绍采用自组织(非监督)学习选取 RBF 中心的 RBF 算法。该算法包括两步:①非监督式地学习训练输入层与隐含层间神经元的权值;②监督式地学习训练隐含层与输出层神经元的权值。

(1)学习中心 $T_k(k=1,2,\cdots,l)$。自组织学习过程要用到聚类算法,常用的聚类算法是 K-均值聚类算法。K-均值聚类算法具体步骤如下。

① 初始化聚类中心,通常将第一次迭代的基函数中心设置为最初的 $l$ 个样本,并设迭代步数 $n=0$。

② 随机输入训练样本 $X$。

③ 寻找训练样本 $X_i$ 离哪个中心最近。

④ 调整中心。

⑤ 判断是否已经学完所有训练样本并且中心的分布不再改变,是则结束自组织学习,否则设 $n=n+1$,转到第②步。

最后得到的 $T_k(k=1,2,\cdots,l)$ 即为 RBF 神经网络最终的基函数的中心。

(2)确定方差 $\sigma_k(k=1,2,\cdots,l)$。中心一旦学完后就固定了,接着要确定基函数的方差。如果 RBF 选用的是高斯函数,则方差计算公式为

$$\sigma_1 = \sigma_2 = \cdots = \sigma_l = \frac{d_{\max}}{\sqrt{2l}} \tag{7-18}$$

其中,$l$ 为隐含层的个数;$d_{\max}$ 为所取中心之间的最大距离。

(3)学习权值 $\omega_{kj}(k=1,2,\cdots,l;j=1,2,\cdots,J)$。权值的学习可以采用最小平均方差(Least Mean Square,LMS)算法。

## 7.3.6　多元回归分析模型

多元回归分析以两个或两个以上的自变量与因变量之间的关系为研究对象进行统计分析。其基本思想为在相关分析的基础上,对具有相关关系的两个或者多个变

量之间的数量变化关系进行分析、建模，根据建立的数据模型通过自变量的已知值来预测因变量。

当自变量与因变量之间为线性相关时，回归分析就是多元线性回归。多元线性回归模型如下：

$$y = b_0 + b_1 x_1 + b_2 x_2 + \cdots + b_k x_k + \varepsilon \qquad (7\text{-}19)$$

其中，$y$ 为因变量；$x_1$，$x_2$，$\cdots$，$x_k$ 为自变量；$b_0$ 为常数项；$b_1$，$b_2$，$\cdots$，$b_k$ 为回归系数；$\varepsilon$ 为白噪声。

在建立多元线性回归预测模型时，为了保证模型具有较好的解释能力和预测效果，选择自变量时遵循以下准则。

（1）自变量与因变量显著线性相关。

（2）自变量与因变量之间必须存在真实的线性相关，而非形式上的。

（3）自变量与因变量之间的相关程度应高于自变量与自变量之间的相关程度。

（4）自变量可取得完整的统计数据，预测值易确定。

多元回归预测步骤如下。

（1）分析影响因素，采集与影响因素相关的数据。

（2）特征分析，依据采集到的数据，判断变化趋势，选择合适的数学模型准备建模。

（3）模型建立，根据已选择的数学模型，采用相应的技术进行参数估计。通常使用最小二乘法估计法估计参数。

（4）模型显著性检验，对预测模型的相关系数、方差进行显著性检验。

（5）预测。

## 7.4　模型评估标准

### 7.4.1　预测模型精度评估

目前已经有许多指标用来评估模型的预测效果，如 MAE、RMSE 已经用来评估 SLA 违例预测精度[12, 13]。通常使用以下几个常用指标对模型预测能力进行分析。

（1）相对误差均值（MSPE）：

$$\text{MSPE} = \frac{1}{N} \sum_{i=1}^{N} \frac{|y_i - y_i'|}{y_i} \qquad (7\text{-}20)$$

其中，$N$ 为预测时段中预测量的个数；$y_i$ 表示第 $i$ 个实际观测值；$y_i'$ 为第 $i$ 个预测值。MSPE 反映预测值偏离实际值的程度。

（2）RMSE：

$$RMSE = \sqrt{\frac{1}{N}\sum_{i=1}^{N}\left(\frac{y_i - y_i'}{y_i}\right)^2} \qquad (7\text{-}21)$$

其中，$N$ 为预测时段中预测量的个数；$y_i$ 表示第 $i$ 个实际观测值；$y_i'$ 为第 $i$ 个预测值。RMSE 不仅反映相对误差的大小，还反映预测结果的稳定性。

（3）相对误差概率分布：

$$Pro_{error<p} = N'_{\left|\frac{y_i - y_i'}{y_i}\right|<p} / N \qquad (7\text{-}22)$$

其中，$N$ 为预测时段中预测量的个数；$N'_{\left|\frac{y_i - y_i'}{y_i}\right|<p}$ 为相对误差小于 $p$ 值的预测量个数，$y_i$ 表示第 $i$ 个实际观测值，$y_i'$ 为第 $i$ 个预测值。其中相对误差概率分布表示预测结果的可信度。

很显然，MSPE 和 RMSE 误差值越小，意味着模型预测越准确。相对误差概率分布越大，意味着模型预测越准确。

## 7.4.2  预测模型有效性评估

预测 QoS 属性是否满足约束，不仅需要考虑预测精度，更重要的是通过预测值正确判断服务是否违约，通过精度评价指标评估存在不足，无法准确评价是否违约[14]，易产生如图 7-5 所示的错误评价。

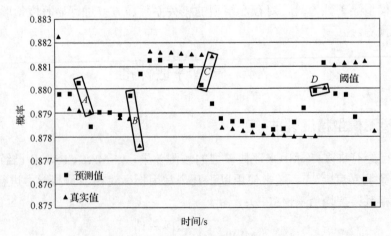

图 7-5  精度评估局限性示意图

图 7-5 中，$A$、$C$ 表示预测结果满足约束，$B$、$D$ 表示预测结果不满足约束。$B$ 中预测值为 0.8798，与实际值 0.8776 差距较 $A$、$C$、$D$ 略大，但由于阈值为 0.88，

预测值与实际值均在阈值之下，所以不会产生误报。$D$ 中预测值为 0.8799，与实际值 0.8803 差距较小，但预测值在阈值之下，实际值在阈值之上，所以依然产生误报。$A$ 的预测值为 0.8802，实际值为 0.8791，$C$ 点预测值为 0.8802，实际值为 0.8814，$A$、$D$ 预测相对误差相近，但 $A$ 点为误报，$D$ 点正确。图 7-5 中，$A$ 点尽管预测值与真实值相差很大，但却成功预测出违例，$B$ 点尽管预测值与真实值误差较小，但却产生了误报。

对此，本节引入"二进制"预测评估指标，QoS 属性是否违反约束，服务是否发生失效，问题本身要么为肯定（positive），要么为否定（negative），实例要么属于肯定类，要么属于否定类，所以 QoS 失效预测属于二分问题。二分问题会出现四种情况；如果一个实例是肯定类且被预测为肯定类，则称为真肯定（True Positive，TP）；如果实例是肯定类被预测为否定类，则称为假否定（False Negative，FN）；如果实例是否定类被预测为否定类，则称为真否定（True Negative，TN）；如果实例是否定类被预测为肯定类，则称为假肯定（False Positive，FP），如表 7-2 所示。

表 7-2　列联表

| 实例实况 ＼ 预测结果 | 失效 | 正常 |
|---|---|---|
| 失效 | TN | FP |
| 正常 | FN | TP |

根据表 7-2，引入尺度评价。

真肯定率（true positive rate or recall，$r$）描述实际失效的样本被预测为真肯定的概率：

$$\frac{TP}{TP + FN}$$

精度（precision，$p$）描述预测真肯定占肯定的比例：

$$\frac{TP}{TP + FP}$$

假肯定率（false positive rate，fpr）描述被预测为假肯定的实例占所有否定类的比例：

$$\frac{FP}{FP + TN}$$

正确率（accuracy，$a$）描述正确预测的概率：

$$\frac{TP + TN}{TP + TN + FP + FN}$$

$F$ 值（F-measure，$F_\beta$）描述 $p$ 和 $r$ 的调和均值：

$$\frac{(1+\beta^2)\cdot p\cdot r}{\beta^2\cdot p+r}$$

对于失效预测来说，$p$ 值用来评估正确自适应行为在所有自适应中的比例，$p$ 值越大，误报的可能性越低。$r$ 值用来评估正确预报失效的概率，$r$ 值越大，漏报概率越低。一般来说，一种预测模型优于其他模型，需要 $p$ 和 $r$ 同时较高，但实际上，提高 $p$ 值，意味着减少假肯定数量，同时将有可能增加假否定的比例，即降低 $r$ 值。例如，如果一个模型仅预测到一次失效，且被证实为正确预测，模型的 $p$ 值将为 1，但是有可能存在大量的假否定，即失效被预测为正常。因此为了权衡 $r$ 值和 $p$ 值预测精度，采用 $F$ 值对 $p$ 和 $r$ 进行调和，$\beta$ 为调和系数，当 $\beta=1$ 时，平衡考虑 $p$ 和 $r$ 值；当误报有可能带来较大的系统开销，得不偿失时，重点考虑 $p$ 值，降低误报，设置 $\beta>1$；当漏报有可能造成巨大损失补偿时，重点考虑 $r$ 值，减少漏报，设置 $\beta<1$。$p$ 和 $r$ 都要高，才能取得较高的 $F$ 值。因此 $F$ 值越高，预测越准确。

## 7.5　实验及结果分析

本章实验数据集来自前面所述的 Web 服务响应时间数据样本集、相应访问产生的吞吐量样本集，以及基于响应时间约束所计算出的可靠性样本集，即可靠性样本设为假设响应时间超过 3.8s 即为服务执行不成功，并以 200 为滑动窗口，统计最近一段时间被调用服务的可靠性，对时延的预测分析与响应时间类似，对可用性的预测分析与可靠性类似，因此在此不再累述。截取其中的 576 个样本进行实验，其中 504 个作为训练样本，72 个样本作为测试样本。响应时间和吞吐量样本呈现随机型数据特性，因而采用 ARIMA-GARCH 预测模型、WARMA 预测模型以及 WNN 预测模型进行贝叶斯组合（Bayesian Combination，BC）模型预测；可靠性样本部分呈现平稳和趋势交替的数据特性，因而采用 RBF 神经网络模型、多元自回归模型、K-近邻模型作为基本预测模型进行贝叶斯组合。

在进行预测前，对需要预先训练建模的算法，通过训练样本先对各个基本模型分别进行训练建模，然后用训练好的基本预测模型对时间序列进行预测，最后由贝叶斯组合模型对各个基本模型的预测结果进行组合，预测结果与测试样本进行比较分析，修正组合模型参数，在前一个时段预测表现较好的模型，在下一个时段赋予较高的期望，然后再继续用已经训练好的基本模型进行下一步预测，如果组合模型预测结果与实际结果持续产生较大的误差，则需要重新训练模型。WARMA、WNN 分解的小波函数均采用近似对称、光滑的紧支撑双正交小波 db5，进行 3 层分解。

实验环境为：Intel®Core™i5-2410M CPU@2.30GHz，2.00GB RAM，Windows 7，MATLAB 7.11。

实验待考察的问题如下。

（1）预测准确度。

（2）预测时间花费。

针对预测准确度问题的响应时间及吞吐量的贝叶斯组合预测及基本模型预测结果分别如图 7-6、图 7-7、图 7-8 所示。

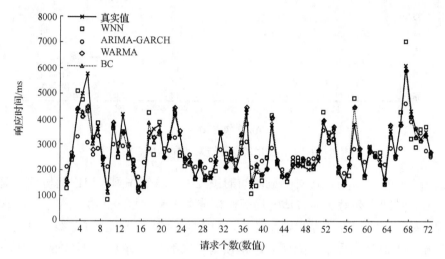

图 7-6　响应时间预测结果

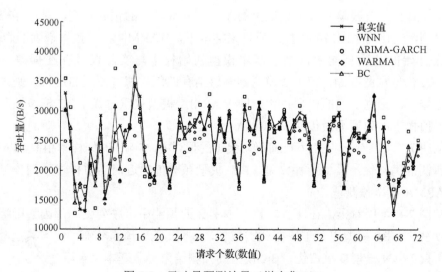

图 7-7　吞吐量预测结果（样本集 1）

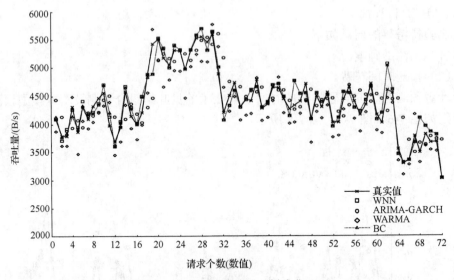

图 7-8　吞吐量预测结果（样本集 2）

从图 7-6 可以看出，在对响应时间的预测中，虽然序列表现出随机性，但经小波分解后，时间序列潜在的整体全局规律被分离出来，ARMA 模型善于刻画这种线性规律，尽管在小尺度上存在剧烈变化，ARMA 模型不善于挖掘非线性序列，但其变化值相较于原序列很小，因而对总体预测干扰不大；而 BP 神经网络作为非线性预测方法适合挖掘局部因素；ARIMA-GARCH 模型先基于 ARIMA 建模，之后才分析残差，且只有对残差具有聚集现象的序列才具有较好的预测精度，对不存在异方差的序列，退化为 ARIMA 模型。所以该样本下，WARMA 模型预测最为准确。BC 模型在开始的几次预测中，由于基本模型初始权重与实际权重存在偏差，尽管 WARMA 模型预测准确，但 BC 模型预测值稍有偏差，随着预测的进行，基本模型权重被修改，预测准确的模型占优，即 WARMA 模型权重占优，BC 模型预测值逼近对当前样本序列预测最优的 WARMA 模型。

从图 7-7 可以看出，在对吞吐量样本集 1 的预测中，与响应时间样本相似，WARMA 模型预测准确，优于其他两种模型，BC 模型预测值逼近对当前样本序列预测最优的 WARMA 模型预测值。

从图 7-8 可以看出，在对吞吐量样本集 2 的预测中，序列受局部因素影响，存在短期变化，BP 模型更善于挖掘此类数据，WNN 模型预测准确，优于其他两种模型，因此 WNN 模型权重占优，BC 模型的预测结果与其基本重合。

可靠性贝叶斯组合预测及基本模型预测结果分别见图 7-9。

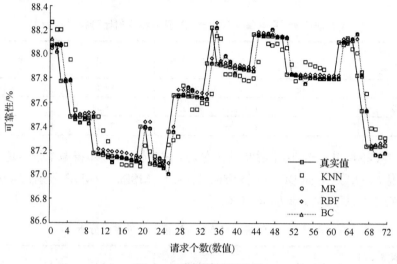

图 7-9　可靠性预测结果

从图 7-9 可以看出，在可靠性的预测中，可靠性样本变化较小，多数样本表现出线性规律，多元回归（Multivariable Regression，MR）预测模型预测较 K-近邻（KNN）模型和 RBF 模型更为准确，随着预测的进行，MR 模型权重占优，BC 模型的预测结果与其基本重合。

1）精确度评估

为了更直观地比较基本模型与 BC 模型的预测结果，对三个评价指标进行列表分析，如表 7-3、表 7-4、表 7-5、表 7-6 所示。

表 7-3　响应时间预测结果对比分析

| 模型<br>指标 | WARMA | ARIMA-GARCH | WNN | BC |
|---|---|---|---|---|
| MSPE | 7.50 | 19.01 | 9.77 | 7.09 |
| RMSE | 9.56 | 24.51 | 12.82 | 9.13 |
| Pro$_{|error|<0.1}$ | 73.61 | 38.89 | 58.33 | 73.61 |

从表 7-3 中可以看到对响应时间的预测结果中，WARMA 模型预测精度较高，MSPE、RMSE 分别为 7.50 和 9.56，73.61% 的预测值相对误差在 0.1 以下；WNN 模型表现差强人意，MSPE 接近 10%，RMSE 超过 10%，58.33% 的预测值误差在 0.1 以下；ARIMA-GARCH 模型预测效果更加不理想，仅有 38.89% 的预测值误差在 0.1 以下；但是 BC 模型的预测能力未受到显著影响，MSPE、RMSE 分别为 7.09、9.13，依然有 73.61% 的相对误差在 0.1 以下。

表 7-4　吞吐量（样本集 1）预测结果对比分析

| 指标＼模型 | WARMA | ARIMA-GARCH | WNN | BC |
|---|---|---|---|---|
| MSPE | 4.48 | 11.63 | 8.99 | 4.95 |
| RMSE | 5.55 | 14.31 | 13.82 | 7.34 |
| Pro$_{|error|<0.1}$ | 93.06 | 51.39 | 70.8 | 84.72 |

　　从表 7-4 中可以看出，由于吞吐量样本集 1 波动较大，基本模型中依然是 WARMA 模型预测值最为理想，而 BC 模型表现与其相近，MSPE、RMSE 分别为 4.95、7.34，相对误差在 0.1 以下的概率为 84.72%。

表 7-5　吞吐量（样本集 2）预测结果对比分析

| 指标＼模型 | WARMA | ARIMA-GARCH | WNN | BC |
|---|---|---|---|---|
| MSPE | 5.83 | 6.59 | 2.60 | 2.54 |
| RMSE | 6.17 | 8.64 | 3.78 | 3.74 |
| Pro$_{|error|<0.1}$ | 88.89 | 79.16 | 94.44 | 95.83 |

　　从表 7-5 中可以看出，由于吞吐量变化较小，各个基本模型预测结果都比较理想，WNN 模型预测值相对误差在 0.1 以下的概率达到 94.44%，BC 模型预测值概率达到了 95.83%。因此，从三个指标来看，BC 模型能够接近甚至提升基本预测模型的预测表现，保持相对优良的预测性能。

表 7-6　可靠性预测结果对比分析

| 指标＼模型 | KNN | MR | RBF | BC |
|---|---|---|---|---|
| MSPE | 0.19 | 0.10 | 0.12 | 0.10 |
| RMSE | 0.24 | 0.17 | 0.20 | 0.17 |
| Pro$_{|error|<0.004}$ | 91.6 | 98.61 | 97.22 | 98.61 |

　　从表 7-6 中可以看出，由于可靠性变化较小，其时间序列值比较平稳，各个基本模型预测结果非常理想，模型预测值 MSPE、RMSE 均小于 1，相对误差在 0.004 以下的概率达到 90%以上，模型能够非常精确地预测序列值。

　　为了直观地描述相对误差及相对误差分布情况，采用箱线图进行比较，如图 7-10 所示。

　　图 7-10 的纵坐标表示相对误差绝对值，图 7-10（a）描述各个模型对响应时间序列预测的误差分布，图 7-10（b）描述对吞吐量样本集 1 预测的误差分布，图 7-10（c）

描述对吞吐量样本集 2 预测的误差分布，图 7-10（d）描述对可靠性预测的误差分布。从图 7-10 可以看出，BC 模型误差分布接近基本模型中最优模型的误差分布。

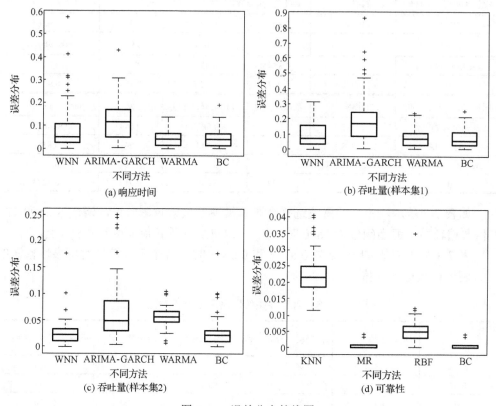

图 7-10　误差分布箱线图

因此，随着预测的不断进行，根据基本模型的预测表现改变基本模型在组合模型中的权重，使组合模型接近甚至提升基本预测模型的预测表现，在预测过程中保持相对优良的预测精度。

2）有效性评估

有效性评估主要针对响应时间、可靠性不满足约束两种情况分析，而吞吐量主要反映负载变化，没有具体的约束，因此不对其作预测有效性评估。实验中假设若响应时间超过阈值 Thres_rt，则不满足约束，若可靠性低于 Thres_r，则不满足约束。表 7-7 列出了阈值 Thres_rt 为 2500 和 3800 时，各个基本模型对响应时间预测的二进制评估指标统计值。

表 7-7　响应时间失效预测评估分析对比

| 阈值 Thres_rt（2500） | 真肯定率（r） | 准确度（p） | 假肯定率（fpr） | 精密度（a） | F 值（$F_\beta$，$\beta=1$） |
|---|---|---|---|---|---|
| WNN | 0.946 | 0.897 | 0.114 | 0.917 | 0.921 |
| WARMA | 0.973 | 0.947 | 0.057 | 0.958 | 0.960 |
| ARIMA-GARCH | 0.946 | 0.854 | 0.171 | 0.889 | 0.897 |
| BC | 0.973 | 0.947 | 0.057 | 0.958 | 0.960 |
| 阈值 Thres_rt（3800） | 真肯定率（r） | 准确度（p） | 假肯定率（fpr） | 精密度（a） | F 值（$F_\beta$，$\beta=1$） |
| WNN | 0.727 | 0.615 | 0.0820 | 0.889 | 0.667 |
| WARMA | 0.818 | 0.818 | 0.033 | 0.944 | 0.818 |
| ARIMA-GARCH | 0.272 | 1 | 0 | 0.889 | 0.429 |
| BC | 0.727 | 0.727 | 0.049 | 0.917 | 0.7273 |

如表 7-7 所示，不同的阈值选择会影响模型的失效预测效果，阈值为 2500 时，F 值普遍较高，但当阈值为 3800 时，仅 WARMA 模型 F 值能达到 0.8 以上。

表 7-8 列出阈值 Thres_r 为 0.8742 和 0.8775 时，各个基本模型对可靠性预测的二进制评估指标统计值。

表 7-8　可靠性失效预测评估分析对比

| 阈值 Thres_r（0.8742） | 真肯定率（r） | 准确度（p） | 假肯定率（fpr） | 精密度（a） | F 值（$F_\beta$，$\beta=1$） |
|---|---|---|---|---|---|
| KNN | 0.864 | 0.901 | 0.040 | 0.931 | 0.884 |
| RBF | 0.818 | 0.947 | 0.020 | 0.931 | 0.878 |
| MR | 0.909 | 0.952 | 0.020 | 0.958 | 0.930 |
| BC | 0.909 | 0.952 | 0.020 | 0.958 | 0.930 |
| 阈值 Thres_r（0.8775） | 真肯定率（r） | 准确度（p） | 假肯定率（fpr） | 精密度（a） | F 值（$F_\beta$，$\beta=1$） |
| KNN | 0.943 | 0.943 | 0.054 | 0.944 | 0.943 |
| RBF | 0.943 | 0.971 | 0.027 | 0.958 | 0.957 |
| MR | 0.943 | 0.971 | 0.027 | 0.958 | 0.957 |
| BC | 0.943 | 0.971 | 0.027 | 0.958 | 0.957 |

如表 7-8 所示，由于可靠性时间序列比较平稳，Thres_r 分别为 0.8742 与 0.8775 时，评估值变动不大，预测受阈值变动影响较小。

采用阈值判断是否发生违例具有很强的随机性，有可能带来不必要的干预行为，因此希望模型预测受阈值变动影响较小。为了比较四种模型在不同阈值下的 F 值，绘制箱线图描述响应时间和可靠性预测 F 值分布，其中响应时间对应的阈值为 2200～4200，可靠性预测对应的阈值为 0.8735～0.8775，箱线图如图 7-11 所示。

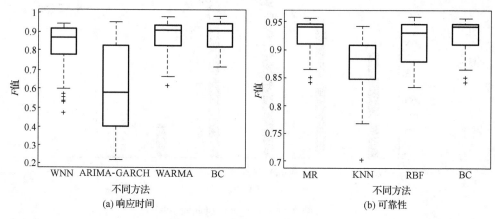

图 7-11　F 值分布箱线图

如图 7-11（a）所示，ARIMA-GARCH 的 F 值分布最广，上四分位数超过 0.8，下四分位数约为 0.4，阈值的变动对该模型影响最大，预测效果最差。WARMA 预测中位数略微比 BC 模型高，上下四分位间距较 BC 小，上边缘与下边缘距离较 BC 大，说明 WARMA 预测结果 F 值分布更广，但相对集中，"+"说明有异常值存在，总的来说，WARMA 与 BC 预测受阈值变动干预较 ARIMA-GARCH 和 WNN 小。如图 7-11（b）所示，所有模型上边缘与下边缘距离不超过 0.2，上四分位数与下四分位数距离不超过 0.1，阈值变动对模型影响小。MR 与 BC 的箱线集中，F 值均值高，模型预测效果好。BC 箱线图与预测表现最好的 MR 模型接近，再次证明 BC 模型可以挑选最优的预测模型，使预测更为稳定准确。

针对预测时间花费问题对书中所述各个模型训练时间和预测时间进行实验统计。

分别采用上述实验中涉及的算法对长度为 576 的序列实例集进行实验，不同特征的序列实例集各 10 个进行预测，统计训练时间和预测时间，以 7∶1 的比例划分训练集和测试集，且每个序列集预测执行 5 次，然后求取训练时间平均值和预测时间平均值。其中 KNN 算法采用容量为 504 的容器存储最新的样本，滚动预测 72 个实例值，WNN、WARMA 模型采用 3 层小波分解，实验结果如图 7-12、图 7-13 所示。

如图 7-12 所示，由于 ARIMA-GARCH 模型需要对 ARIMA 模型进行识别，判别 $p$、$q$ 后，要进行多次模型试算比较，选取 AIC 最小的模型，在建立 ARIMA 模型的基础上，还需要对残差的异方差特性进行检验，如果存在异方差，则需要建立 GARCH 模型，因此模型训练时间在基本模型中最长；BC 模型训练时间受模型特征影响较大，在本实验的实例集下，由于随机型实例仅占 1/4，其他三种占 3/4，所以平均模型训练时长比 ARIMA-GARCH 稍低；WARMA 虽然经小波分解后的序列变得更为平稳，但由于需要根据分解层级对 ARMA 模型进行多次建模，模型训练时间也较长；WNN 模型同样需要多次对 BP 神经网络进行训练，耗费一定量的训练时间；

图 7-12　模型训练时间对比图

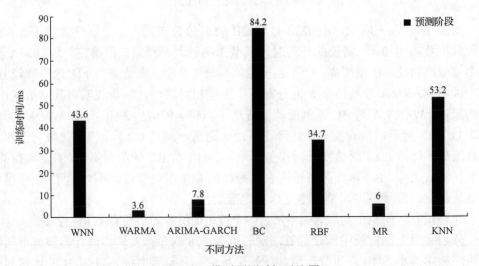

图 7-13　模型预测时间对比图

RBF 模型学习速度较快，模型训练时间明显优于 WNN；MR 较之 RBF、BP 等模型，构成简单，模型训练时间较小；与 KNN 用于分类不同，KNN 预测时间序列不需要训练模型，模型训练时间为零。

图 7-13 中，ARIMA-GARCH、WNN、WARMA、RBF、MR 预测时均使用训练好的模型进行预测，其中 ARIMA-GARCH、WARMA、MR 均基于回归预测，计算量差别不大，预测耗费时间相近；WNN、RBF 都是基于神经网络预测，预测耗费时间相近；KNN 每次预测都需要计算当前时序向量与历史向量的欧氏距离，选取 $K$ 个最近邻，然后进行加权平均，所以预测时间较长；BC 模型需要在各个基本模型预测出结果后对预测进行加权求和，所以预测时间最长。

因为影响训练时间和预测时间的因素众多，对于神经网络模型，模型训练时间与训练样本的容量、事先确定的网络结构、训练最大次数、训练要求精度、学习率、训练函数的设置等有关；KNN 预测与样本容器大小关系密切，如果样本数目大，KNN 算法的计算开销就会很大；WARMA 等受小波分解层次的影响很大。本节讨论的预测模型的训练时间和预测时间的统计仅具有参考价值。

# 7.6　本 章 小 结

本章介绍了一种贝叶斯组合预测模型，该模型根据 QoS 属性时间序列的特征，选取不同的基本预测模型进行组合，预测过程中通过各基本预测模型的预测表现，实时更新各个基本模型的权重。通过对响应时间、吞吐量和可靠性序列进行预测实验，从模型预测准确性和失效预测有效性两方面进行评估。实验表明，贝叶斯组合模型能接近甚至提升基本预测模型的预测表现，预测精度优于单一模型，能保持较优的预测精度。此外本章还进行了训练时间和预测时间方面的比较。

## 参 考 文 献

[ 1 ] 王勇领. 预测计算方法[M]. 北京: 科学出版社, 1986.

[ 2 ] Amin A, Colman A, Grunske L. An approach to forecasting QoS attributes of web services based on ARIMA and GARCH models[C]//IEEE, International Conference on Web Servics. IEEE, 2012: 74-81.

[ 3 ] Box G E P, Jenkins G N, Reinsel G C. Time Series Analysis: Forecasting and Control[M]. New Jersey: John Wiley&Sons, 2008.

[ 4 ] 徐国祥. 统计预测与决策[M]. 3 版. 上海: 上海财经出版社, 2008.

[ 5 ] Shumway R H, Stoffer D S. Time Series Analysis and Its Applications[M]. 2nd ed. Berlin: Springer, 2006.

[ 6 ] Cryer J D, Chan K S. Time Series Analysis with Applications in R[M]. 2nd ed. Berlin: Springer, 2008.

[ 7 ] Akaike H. Statistical predictor identification[J]. Annals of the Institute of Statistical Mathematics, 1970, 22(1): 203-217.

[ 8 ] 许东, 楼顺天, 胡昌华, 等. 基于 MATLAB 6.0 的系统分析与设计[M]. 西安: 西安电子科技大学出版社, 2002.

[ 9 ] Engle R F. Autoregressive conditionally heteroscedastic with estimates of the variance of Unite Kingdom inflations[J]. Econometric, 1982, 50: 87-1007.

[10] Bollerslev T. Generalized autoregressive conditional heteroskedasticity[J]. Journal of Econometrics, 1986, 31: 307-327.

[11] Powell M J D. The Theory of Radial Basis Function Approximation in 1990, Advances in Numerical Analysis II[M]. Oxford: Clarendon Press, 1992: 105-210.

[12] Cavallo B, Di Penta M, Canfora G. An empirical comparison of methods to support QoS-aware service selection[C]//International Workshop on Principles of Engineering Service-Oriented Systems, 2010: 64-70.

[13] Leitner P, Michlmayr A, Rosenberg F, et al. Monitoring, prediction and prevention of SLA violations in composite services[J]. Proceedings of the IEEE International Conference on Web Services, 2010: 369-376.

[14] Metzger A, Sammodi O, Pohl K. Accurate proactive adaptation of service-oriented systems[J]. Assurances for Self-Adaptive Systems, 2013, 7740: 240-265.

# 第8章 基于径向基神经网络的 Web 服务 QoS 组合预测方法

本章引入时间序列算法和灰色预测算法，结合径向基神经网络模型，提出了一套组合预测方法。首先，基于数据集特征分析的时间序列算法和基于滑动窗口的动态灰色预测算法，针对特征分析的结果分别建立差分自回归移动平均模型和自激励门限自回归移动平均模型，使用（偏）自相关函数求模型系数。接着，将上述两方法中的结果组成二元组，通过一个权值公式构造训练集，并作为输入源传递给径向基神经网络模型，使用二级递阶遗传算法训练模型的网络结构和模型参数。最后以服务质量属性中的响应时间和吞吐量为例，使用四组共享数据集和四组自测数据集作为模型预测样本进行实验。实验结果证明该模型不仅在预测精度上有一定提高，而且能够很好地保证预测的有效性，符合实际应用要求。

## 8.1 引　　言

软件系统已经迅速地应用到人们的日常生活当中，并且正逐渐变成一项不可缺少的应用。在人们的生活、工作过程中，已经越来越离不开各种各样的软件服务。去银行、乘车、购物时，人们可以在手机、计算机等各种终端产品上体验丰富的软件服务。例如，春节回家，需要购买火车票的人们希望能够体验更流畅的购买过程，不会因为巨大的用户访问量而买不到回家的车票。因此，Web 服务的 QoS 成为评价一项软件的重要标准。

随着面向服务计算[1]和云计算[2]技术的兴起，软件系统的开发模式也在随之改变，越来越多的软件由第三方服务通过 Internet 提供。而这些服务的使用体验（即 QoS）一方面受第三方网络环境的影响，一方面也受用户环境的影响；同时，随着系统版本的升级，硬件设施的提升，每个服务的 QoS 都会有所改变。为了在 QoS 不满足用户需求前及时地更换功能相同的服务，能够提前正确地预测服务的 QoS 成为一项有效的解决方案。

通过对大量的历史 QoS 数据集的数据特征分析，发现该类可预测的时间序列主要呈现两种特征形态：线性特征和非线性特征。针对这个特点可以分别建立与之对应的时间序列模型：ARIMA 模型和自激励门限自回归移动平均（Self-Exciting Threshold Auto-Regressive Moving Average，SETARMA）模型。与此同时，不同的预测模型仅适合于特定的 Web 服务，单一的预测方法很难满足不同的预测需求，即使其满足当前的 QoS 需求，但随着时间的推移、服务的升级，也很难再保持良好的预测精度。因此一种科学的方法是：将具有不同长处的预测方法进行组合，通过一定的方法调整、优化，便能扩大方法的使用范围，长期保持高准确度[3]。

本章提出一种使用二级递阶遗传算法（Hierarchical Genetic Algorithm，HGA）优化的 RBF 神经网络预测 Web 服务 QoS 的组合模型。

# 8.2　预　备　知　识

本章首先介绍所使用到的基本 Web 服务 QoS 预测方法的理论知识。主要包括时间序列方法、RBF 神经网络方法等。有关时间序列和 RBF 神经网络方法的介绍详见 7.3.3 节和 7.3.5 节。本节主要介绍对方法进行改进时所需要的灰色预测方法和 HGA，最后介绍在建立时间序列模型时所需要的一些数据预处理技术。

## 8.2.1　灰色预测

灰色模型（Grey Model, GM）是通过少量的、不完全的信息，建立模型并作出预测的一种预测方法[4]。灰色预测方法是由灰色系统理论发展出来的一套应用体系。灰色系统理论认为即使某些系统的信息不够充分，但其必然是有特定功能和有序的，可通过将一些随机量看作在一定范围内变化的灰色量，并将其转换成生成数，以此得到规律性较强的生成函数。

灰色预测主要以 GM(1,1)模型对系统的发展变化规律进行估计预测，以及对未来一段时间内的分布情况进行研究等。常用的 GM(1,1)建模步骤如下。

（1）将原始数列 $x^{(0)} = \left( x^{(0)}(1), x^{(0)}(2), \cdots, x^{(0)}(n) \right)$ 进行累加生成运算（Accumulated Generating Operation，AGO），生成数列 $x^{(1)} = \left( x^{(1)}(1), x^{(1)}(2), \cdots, x^{(1)}(n) \right)$，其中，$x^{(1)}(k) = \sum_{i=1}^{k} x^{(0)}(i)(k = 1, 2, \cdots, n)$。

（2）计算紧邻均值数列，即

$$z^{(1)}(k) = 0.5x^{(1)}(k) + 0.5x^{(1)}(k-1), \quad k = 2, 3, \cdots, n \tag{8-1}$$

（3）定义 GM(1,1)的灰微分方程模型 $x^{(0)}(k) + az^{(1)}(k) = b$，其中 $x^{(0)}(k)$ 为灰导数，$a$ 为发展系数，$z^{(1)}(k)$ 为白话背景值，$b$ 称为灰作用量。

（4）将 $k = 2, 3, \cdots, n$ 代入微分方程，有

$$\begin{cases} x^{(0)}(2) + az^{(1)}(2) = b \\ x^{(0)}(3) + az^{(1)}(3) = b \\ \quad\quad\vdots \\ x^{(0)}(n) + az^{(1)}(n) = b \end{cases} \tag{8-2}$$

（5）使用最小二乘法，令 $\boldsymbol{Y} = \left(x^{(0)}(2), x^{(0)}(3), \cdots, x^{(0)}(n)\right)^{\mathrm{T}}$，$\boldsymbol{\mu} = (a,b)^{\mathrm{T}}$，$\boldsymbol{B} =$

$$\begin{bmatrix} -z^{(1)}(2) & 1 \\ -z^{(1)}(3) & 1 \\ \vdots & \vdots \\ -z^{(1)}(n) & 1 \end{bmatrix}$$，称 $\boldsymbol{Y}$ 为数据向量，$\boldsymbol{B}$ 为数据矩阵，$\boldsymbol{\mu}$ 为参数向量。求得 $\boldsymbol{\mu}$ 的估计值

为

$$\hat{\boldsymbol{\mu}} = \left(\hat{a}, \hat{b}\right)^{\mathrm{T}} = \left(\boldsymbol{B}^{\mathrm{T}} \boldsymbol{B}\right)^{-1} \boldsymbol{B}^{\mathrm{T}} \boldsymbol{Y}$$

（6）代入 $a$、$b$ 的估计值解出相应的白微分方程可求得

$$\hat{x}^{(1)}(k+1) = \left(x^{(0)}(1) - \frac{b}{a}\right)\theta^{-ak} + \frac{b}{a}, \quad k = 1, 2, \cdots, n-1 \tag{8-3}$$

（7）还原 $x^{(0)}(k) = x^{(1)}(k+1) - x^{(1)}(k)$。

灰色预测方法以发展态势为立足点，在建立模型时不需要太多的数据集，也不需要数据之间存在明显的分布规律，因此能够快速建模并且具有广泛的适用范围。

## 8.2.2　遗传算法

遗传算法[5]（Genetic Algorithms，GA）是一种借鉴生物进化过程而提出的启发式搜索（寻优）算法。它模拟自然界优胜劣汰的进化现象，把搜索空间映射到遗传空间，把可能的解编码成一个向量（即染色体），染色体的每个元素称为基因。通过循环计算各染色体的适应值，选出最佳的染色体，获得最优解。其具体实现方法如下。

（1）编码。指表述染色体的方式，通常以字符串的形式将问题的解进行编码。最常用的编码方式是二进制编码、实数编码和矩阵编码等。

（2）适应度函数。用于评价某个染色体的适应度，用 $f(x)$ 表示，它和目标函数是正相关的，但有时需要区分染色体的适应度和问题的目标函数，二者之间通常需要进行一定的变形操作。

（3）确定进化参数群体规模 $N$、交叉概率 $p_c$、变异概率 $p_m$、进化终止条件。其中，交叉是指两条染色体交换部分基因，构造成新的下代染色体。

例如，交叉前：

|  | | |
|---|---|---|
| 00000 | 011100000000 | 10000 |
| 11100 | 000001111110 | 00101 |

交叉后：

|  | | |
|---|---|---|
| 00000 | 000001111110 | 10000 |
| 11100 | 011100000000 | 00101 |

染色体间交换基因是以一定概率发生的，即 $p_c$。

变异是指在构造新的染色体时，基因会有一定的概率出错，该概率为 $p_m$。变异事例如下。

变异前：

00000　11100000000　10000

变异后：

00000　11100001000　10000

通过对生物领域中染色体中的基因结构进行研究发现，这些基因是按照层次排列而成的，也就是说它们之间存在着一种递阶关系，即 HGA[6]。与传统的 GA 相比，HGA 将染色体表示成控制基因和参数基因两种递阶结构，其中参数基因受控制基因的控制。算法中，使用控制基因调整网络的拓扑结构，使用参数基因来表示网络的中心和扩展常数。在编码时，控制基因通常采用"二进制"编码方式：若值为"1"则表示与之关联的参数基因为有效状态，若值为"0"则表示与之关联的参数基因为无效状态。而参数基因采用实数编码方式，即每一个基因用一个实数表示。这样定义的染色体结构对于解决具有拓扑结构的问题，即多变量优化问题是非常有用的。其中二级 HGA 的染色体结构如图 8-1 所示。

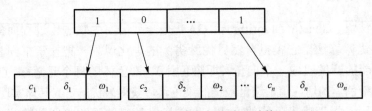

图 8-1　二阶递阶染色体编码结构

在图 8-1 中，$c_n$ 表示第 $n$ 个中心的位置，$\delta_n$ 表示第 $n$ 个中心的宽度，$\omega_n$ 表示第 $n$ 个中心和输出层的连接权值。

## 8.2.3　检验方法

### 1. 游程检验

游程检验[7]，是对样本标志表现排列所形成的游程的多少进行判断的检验方法。

使用该方法的前提是变量类型必须为二分类变量，其中游程指的是相同取值的几个连续记录，如在样本中第一类变量出现的次数为 $n_1$，第二类变量出现的次数为 $n_2$，样本总量为 $n$，游程个数为 $r$。以 111100111000 为例，第一个游程是 1111，第二个游程是 00，第三个游程是 111，最后一个游程是 000，总共四个游程，它是该检验方法的基本统计量。

如果 $r$ 的值极小，则表示问题内部存在一定的趋势或结构；如果 $r$ 的值极大，则表示系统的短周期波动影响着观察结果，这两种情况都不能说明序列是随机的。

在时间序列预测模型中，建模前通常使用游程检验法检验序列是否具有随机性，则可以作出如下的假设检验：

$$H_0：序列是随机的$$

$$H_1：序列不是随机的$$

## 2. K-S 检验

K-S 检验[7]是由 Kolmogorov 和 Smirnov 提出的一种拟合优度检验法。K-S 检验通过分析两个分布之间的差异，判断样本的观察结果是否来自给定分布函数的总体。假设 $X_1,\cdots,X_m \overset{\text{iid}}{\sim} F(x)$，$Y_1,\cdots,Y_n \overset{\text{iid}}{\sim} G(x)$，且全样本独立，$F(x)$ 和 $G(x)$ 为连续分布函数，则有检验问题：

$$H_0:F(x)\equiv G(x) \leftrightarrow H_1:F(x)\neq G(x) \tag{8-4}$$

根据 Glivenko[8]定理，可使用经验分布函数来近似理论分布函数。使用如下公式进行检验：

$$D = \max_{i,j}\left\{\left|F_m\left(X_{(i)}\right)-G_n\left(Y_{(j)}\right)\right|\right\} \tag{8-5}$$

在式（8-4）中，$F(x)$ 和 $G(y)$ 分别表示样本 $X$ 和 $Y$ 对应的经验分布函数，$X_{(i)}$ 和 $Y_{(j)}$ 则分别表示二者的顺序统计量，$m$ 和 $n$ 是它们对应的样本数；$H_0$ 的拒绝域为其取最大值。使用可靠性分布函数 $Q_{k3}$ 来计算 $D$ 所对应的显著性水平 $p$：

$$\text{prob}(D)=Q_{k3}(\lambda)=2\sum_{j=1}^{\infty}(-1)^{j-1}\,e^{-2j^2\lambda^2} \tag{8-6}$$

其中，$\lambda=\left[\sqrt{N_e}+0.12+\dfrac{0.11}{\sqrt{N_e}}\right]D$，$N_e=\dfrac{mn}{m+n}$。

若样本 $X$ 和 $Y$ 非常相似，则统计量距离 $D\to 0$ 时，$p\to 1$，反之亦然[9]。

## 8.3　Web 服务 QoS 组合预测方法

### 8.3.1　方法概述

本章提出的 HGA-RBFC 预测方法（其框架如图 8-2 所示）包括四个模块。

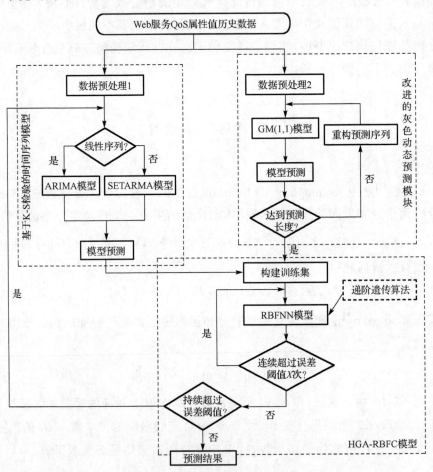

图 8-2　HGA-RBFC 预测方法流程

（1）根据对 QoS 数据集的特征分析，分别建立 ARIMA 模型和 SETARMA 模型。

（2）同时利用灰色分析系统重近轻远的原则建立预测模型。由于 GM（1,1）模型在数据波动性较大且样本较多的情况下误差较大，本章建立一种改进的 GM(1,1) 动态预测模型，设置一定的滑动窗口，以新的数据替代最旧的数据来动态建模。

（3）建立 RBFNN 模型。将时间序列模型和 GM(1,1)模型预测出的两组结果组成二元组，并以此构造训练集作为网络的输入源，以真实值为输出来训练模型，同时使用 HGA 对 RBFNN 的网络结构和参数进行优化，并使用该模型进行预测。

（4）根据研究现状分析，现有模型只能保证短期预测的精度，而随着时间的推移，真实值与预测值的误差会随之扩大。因此在上述组合模型的基础上建立动态预测模型：设置误差阈值，当预测结果的误差连续超过阈值时则进行回滚操作，返回超过阈值的时间点，重新训练 RBFNN；若在此之后误差依然持续超过阈值，则重新建立时间序列预测模型（由于改进的 GM(1,1)模型为动态模型，所以不需要重新建立）。因此 HGA-RBFC 模型既保证了预测的精确度，又能最大限度地保留预测效率。

假设一组时间序列 $X_{\mathrm{f}} = (x_1, x_2, \cdots, x_t)$ 为某一 Web 服务 QoS 属性值中的响应时间数据集，$x_i$ 表示第 $i$ 时刻的响应时间，长度为 $t$。预测的目标是根据已有的实际序列集合 $X_{\mathrm{f}}$ 预测 $t+1$ 时刻的响应时间。

## 8.3.2　基于 K-S 检验的时间序列模型

本节使用时间序列建立预测模型的流程如图 8-3 所示。首先对模型所使用的时间序列 $X_{\mathrm{f}}$ 进行数据预处理，以满足建模条件，接着使用 K-S 检验法检验序列的非线性。根据检验结果所得到的数据特征，分别建立与之对应的时间序列模型，求解模型的参数，最后根据一定的标准进行评估并预测。

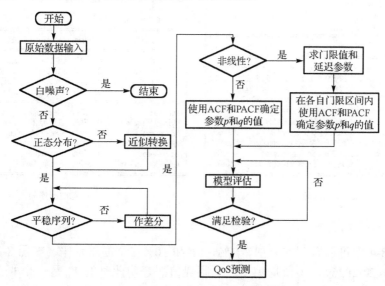

图 8-3　时间序列方法建模流程

### 1. 数据预处理

为了有效地使用时间序列模型进行属性值预测，需要首先对 $X_{\mathrm{f}}$ 进行数据预处理，使其满足自相关性、平稳性以及符合正态分布等条件[10]。

（1）白噪声检验。使用时间序列模型进行预测的前提条件是序列必须为自相关的，若序列为纯随机序列，则没有预测意义。可使用游程检验法进行白噪声检验。有原假设 $H_0$：序列 $X_{rt}$ 是一个纯随机序列，当 $p\text{-value} < 0.05$ 时则拒绝原假设，即 $X_{rt}$ 不是纯随机序列，继续下面步骤；若 $p\text{-value} > 0.05$ 则接受原假设，即 $X_{rt}$ 是一个纯随机序列，此时则没有预测意义了。

（2）正态分布检验。可以使用 K-S 检验法检验 $X_{rt}$ 是否符合正态分布。原假设 $H_0$ 为 $X_{rt}$ 符合正态分布。如果原假设不成立，则需要进行一定的转换使序列符合正态分布。当非正态分布时用 Box-Cox 算法[11]进行近似转换。

（3）平稳性检验。可使用 ADF（Augment Dickey-Fuller Test）方法验证 $X_{rt}$ 是否平稳。图 8-4 中以一个例子介绍 ADF 方法。

| ADF Test Statistic | 2.928269 | 1% Critical Value* | -2.5830 |
|---|---|---|---|
| | | 5% Critical Value | -1.9426 |
| | | 10% Critical Value | -1.6171 |

*MacKinnon critical values for rejection of hypothesis of a unit root.

Augmented Dickey-Fuller Test Equation
Dependent Variable: D(Y)
Method: Least Squares
Date: 10/18/02 Time: 22:45
Sample: 1876 1994
Included observations: 119

| Variable | Coefficient | Std. Error | t-Statistic | Prob. |
|---|---|---|---|---|
| Y(-1) | 0.004093 | 0.001398 | 2.928269 | 0.0041 |
| D(Y(-1)) | 0.219729 | 0.092220 | 2.382672 | 0.0188 |
| D(Y(-2)) | 0.136661 | 0.094396 | 1.447747 | 0.1504 |
| D(Y(-3)) | 0.215921 | 0.094294 | 2.289878 | 0.0239 |

| | | | |
|---|---|---|---|
| R-squared | 0.203217 | Mean dependent var | 0.007539 |
| Adjusted R-squared | 0.182432 | S.D. dependent var | 0.005656 |
| S.E. of regression | 0.005116 | Akaike info criterion | -7.680012 |
| Sum squared resid | 0.003009 | Schwarz criterion | -7.586596 |
| Log likelihood | 460.9607 | Durbin-Watson stat | 2.045658 |

| ADF Test Statistic | -3.560224 | 1% Critical Value* | -3.4861 |
|---|---|---|---|
| | | 5% Critical Value | -2.8857 |
| | | 10% Critical Value | -2.5795 |

*MacKinnon critical values for rejection of hypothesis of a unit root.

Augmented Dickey-Fuller Test Equation
Dependent Variable: D(Y,2)
Method: Least Squares
Date: 10/21/02 Time: 16:27
Sample: 1876 1994
Included observations: 119

| Variable | Coefficient | Std. Error | t-Statistic | Prob. |
|---|---|---|---|---|
| D(Y(-1)) | -0.392271 | 0.110182 | -3.560224 | 0.0005 |
| D(Y(-1),2) | -0.384799 | 0.109559 | -3.512248 | 0.0006 |
| D(Y(-2),2) | -0.236443 | 0.090263 | -2.619490 | 0.0100 |
| C | 0.002972 | 0.000951 | 3.126762 | 0.0022 |

| | | | |
|---|---|---|---|
| R-squared | 0.393010 | Mean dependent var | 9.08E-06 |
| Adjusted R-squared | 0.377175 | S.D. dependent var | 0.006451 |
| S.E. of regression | 0.005091 | Akaike info criterion | -7.689691 |
| Sum squared resid | 0.002980 | Schwarz criterion | -7.596275 |
| Log likelihood | 461.5366 | F-statistic | 24.81978 |
| Durbin-Watson stat | 2.069250 | Prob(F-statistic) | 0.000000 |

　　　　（a）平稳时间序列　　　　　　　　　　　（b）非平稳时间序列

图 8-4　ADF 方法

在图 8-4 中可以看到，分别有 1%、5%和 10%三个显著水平。在图 8-4（a）中，求得 ADF = 2.928269，该值均大于三个临界值，表明此时的 $X_{rt}$ 是一个非平稳序列。在此情形下，需对 $X_{rt}$ 进行差分转换，直至 $X_{rt}$ 成为一个平稳序列，用 $X_{drt}$ 表示。在转换过程中的差分次数是非平稳模型中的参数 $d$。图 8-4（b）所示的是经过转换后所得到的 ADF 值（为-3.560224），该值均小于三个临界值，表明经过差分后的 $X_{drt}$ 是一个平稳时间序列。

**2. 建立时间序列模型**

根据图 8-3 的流程可知，在建立预测模型之前，要先判断序列是否具有非线性[12]。本章以 K-S 检验法作为非线性检验的统计量。首先使用打乱相位法求替代数据[13]（surrogate data），其步骤如下。

（1）假设时间序列为 $x(t_i)$，$i=1,2,\cdots,N$，将其转换为复数形式：

$$z(n)=x(n)+\mathrm{i}y(n) \tag{8-7}$$

其中，$x(n)=x(t_i)$；$y(n)=0$，$n=1,2,\cdots,N$。

（2）构建离散傅里叶变换：

$$Z(m)=X(m)+\mathrm{i}Y(m)=\frac{1}{N}\sum_{n=1}^{N}z_n\mathrm{e}^{-2\pi\mathrm{i}(m-1)(n-1)/N} \tag{8-8}$$

（3）构建一组随机相位的集合 $\phi_m\in[0,\pi]$，$m=2,3,\cdots,N/2$。

（4）应用随机相位到傅里叶变换数据上：

$$Z(m)'=\begin{cases} Z(m), & m=1,m=\dfrac{N}{2}+1 \\[2mm] \left|Z(m)\right|\mathrm{e}^{\mathrm{i}\phi_m}, & m=2,3,\cdots,\dfrac{N}{2} \\[2mm] \left|Z(N-m+2)\right|\mathrm{e}^{-\mathrm{i}\phi_{N-m+2}}, & m=\dfrac{N}{2}+2,\dfrac{N}{2}+3,\cdots,N \end{cases}$$

（5）求出 $Z(m)'$ 的傅里叶逆变换：

$$z(n)'=x(n)'+\mathrm{i}y(n)'=\frac{1}{N}\sum_{n=1}^{N}Z_m'\mathrm{e}^{-2\pi\mathrm{i}(m-1)(n-1)/N} \tag{8-9}$$

通过上述转换步骤后，得到的替代数据便不具有非线性特征。随后对 $x(n)'$ 和 $x(n)$ 进行 K-S 检验。原假设为 $x(n)$ 和 $x(n)'$ 的分布相似，若 $p>0.05$，则表示序列 $x(n)$ 为线性序列；若 $p<0.05$，则表示 $x(n)$ 为非线性序列。

当识别出序列的线性和非线性后，便可据此建立 ARIMA 模型或者 SETARMA 模型。

下面分别介绍 ARIMA 模型和 SETARMA 模型的建模过程。

1）ARIMA 模型

（1）通过序列的 ACF 和 PACF 确定参数 $q$（AR 模型的阶数）和 $p$（MA 模型的阶数），其规律如表 7-1 所示。

选取一组实验数据，通过平稳性检验求得 $d=1$。求其 ACF 和 PACF，得到如表 8-1 所示的结果。

表 8-1　ACF 和 PACF 的值

| 自相关系数 | 偏相关系数 | | ACF | PACF | Q统计 | 概率 |
|---|---|---|---|---|---|---|
| | | 1 | −0.430 | −0.430 | 369.92 | 0.000 |
| | | 2 | 0.018 | −0.204 | 370.59 | 0.000 |
| | | 3 | −0.012 | −0.116 | 370.88 | 0.000 |
| | | 4 | 0.032 | −0.025 | 372.98 | 0.000 |
| | | 5 | −0.056 | −0.064 | 379.22 | 0.000 |
| | | 6 | 0.014 | −0.046 | 379.62 | 0.000 |
| | | 7 | −0.009 | −0.040 | 379.78 | 0.000 |
| | | 8 | 0.003 | −0.028 | 379.80 | 0.000 |
| | | 9 | −0.014 | −0.034 | 380.21 | 0.000 |
| | | 10 | −0.032 | −0.074 | 382.21 | 0.000 |
| | | 11 | 0.010 | −0.059 | 382.40 | 0.000 |
| | | 12 | −0.004 | −0.048 | 382.44 | 0.000 |
| | | 13 | 0.031 | 0.004 | 384.38 | 0.000 |
| | | 14 | −0.057 | −0.057 | 390.85 | 0.000 |
| | | 15 | 0.026 | −0.039 | 392.26 | 0.000 |
| | | 16 | −0.009 | −0.036 | 392.41 | 0.000 |
| | | 17 | 0.003 | −0.030 | 392.43 | 0.000 |
| | | 18 | 0.029 | 0.019 | 394.11 | 0.000 |
| | | 19 | −0.004 | 0.013 | 394.15 | 0.000 |
| | | 20 | −0.022 | −0.022 | 395.08 | 0.000 |

　　分析表 8-1，根据表 7-1 中的模式识别方法，ACF 在 1 阶后的系数骤然降为在 0 附近波动，所以是 1 阶截尾；PACF 连续缓慢降低，最后在 0 附近波动，所以是拖尾，因此可首先选择 $p=0$，$q=1$，$d=1$。根据低估和高估方法[10]可分别建立模型 ARIMA（1,1,0）、ARIMA（0,1,1）、ARIMA（1,1,1）、ARIMA（0,1,2）和 ARIMA（1,1,2）。

　　（2）模型评估。通常选用 AIC[14]作为评估标准，使用式（8-10），通过计算选择 AIC 值最小的模型：

$$AIC = 2k - 2\ln L \tag{8-10}$$

其中，$k$ 是参数的数量；$L$ 是似然函数。假设条件是模型的误差服从正态分布。

　　求第（1）步中五个时间序列模型的 AIC 值，结果如表 8-2 所示。

表 8-2　AIC 值

| $p$ | 1 | 0 | 1 | 0 | 1 |
|---|---|---|---|---|---|
| $q$ | 0 | 1 | 1 | 2 | 2 |
| AIC | 0.569795 | 0.999005 | 0.398062 | 0.792165 | 0.398082 |

　　如表 8-2 所示，当 $p=1$、$q=1$ 时，AIC 取最小值 0.398062，所以应建立 ARIMA (1,1,1)。

　　（3）在求得参数 $p$、$q$、$d$ 之后，需要对预测结果进行显著性检验。通常使用 LB 统计量（也称 $Q$-统计量）来对预测结果的残差序列进行白噪声检验。检验公式为

$$Q_{LB} = T(T+2)\sum_{j=1}^{k}\frac{r_j^2}{T-j} \tag{8-11}$$

其中，$r_j$ 是 $j$ 阶 ACF 的值；$T$ 是观测值的个数。本例中 $Q$-统计量如表 8-3 所示。

表 8-3　$Q$-统计量

| 自相关系数 | 偏相关系数 | | ACF | PACF | Q统计 | 概率 |
|---|---|---|---|---|---|---|
| | | 1 | −0.015 | −0.015 | 0.4343 | |
| | | 2 | 0.025 | 0.025 | 1.6030 | |
| | | 3 | 0.011 | 0.012 | 1.8503 | 0.174 |
| | | 4 | 0.024 | 0.024 | 2.9847 | 0.225 |
| | | 5 | −0.044 | −0.044 | 6.6246 | 0.085 |
| | | 6 | −0.007 | −0.009 | 6.7059 | 0.152 |
| | | 7 | −0.016 | −0.015 | 7.1833 | 0.207 |
| | | 8 | −0.018 | −0.018 | 7.8290 | 0.251 |
| | | 9 | −0.033 | −0.031 | 9.8963 | 0.195 |
| | | 10 | −0.043 | −0.045 | 13.477 | 0.096 |
| | | 11 | −0.001 | −0.000 | 13.478 | 0.142 |
| | | 12 | 0.008 | 0.010 | 13.592 | 0.192 |
| | | 13 | 0.018 | 0.020 | 14.233 | 0.220 |
| | | 14 | −0.040 | −0.041 | 17.282 | 0.139 |
| | | 15 | 0.020 | 0.013 | 18.028 | 0.516 |
| | | 16 | 0.014 | 0.014 | 18.428 | 0.188 |
| | | 17 | 0.032 | 0.031 | 20.423 | 0.156 |
| | | 18 | 0.047 | 0.048 | 24.664 | 0.076 |
| | | 19 | 0.012 | 0.005 | 24.948 | 0.096 |
| | | 20 | −0.006 | −0.010 | 25.025 | 0.124 |

对表 8-3 中的结果进行分析，可以看出 ACF 和 PACF 的值都始终在 0 附近波动。同时表 8-3 中 $Q$-统计量的 $P$ 值均大于 0.05，表明此残差序列为白噪声序列，即在此参数下构造的时间序列模型较优。

2）SETARMA 模型

通常我们假定时间序列 $X_n$ 在一个状态空间里服从线性自回归的特征，然而通过对现实数据的分析发现序列呈现出非线性，即它可能属于两个或更多的空间。可通过选取不同的门限值将时间序列划分在不同的门限区间内，然后在各区间建立线性时间序列模型。

在建立 SETARMA 模型时，与建立 ARIMA 模型相同，要先进行白噪声检验、正态分布检验和平稳性检验。当确定差分次数 $d$ 后，需要确定门限值 $r$。门限值 $r$ 是划分门限区间的界限，首先需要确定时间序列需要划分成几个区间，即 $l$ 的大小。由于在每个门限区间需要分别建立线性模型，$l$ 过大会导致模型的复杂度急速上升，在一般情况下 $l$ 取 2 即可。此时门限值 $r$ 使用黄金分割搜索算法求得，其算法思想是首先将时间序列 $X_n$ 按升序进行排列，设置初始区间为 $\left[ X_{(\pi \cdot (n-1))}, X_{((1-\pi) \cdot (n-1))} \right]$，其中 $\pi$ 取值为 0.15，$n$ 为样本数。然后每次都以相同的比率 0.618 不断缩小极值点所在的域。

对于延迟参数，可首先选取不同的值（一般取小于等于 ARIMA 模型中 $p$ 的所有非负整数）。在各个门限区间内可用 ARIMA 模型建模步骤中的方法求各自参数，并建立线性模型。最后根据 Tong[15] 的理论可采用如下改进的 AIC 选取最小值确定各个参数值：

$$AIC = n_1 \ln \hat{\sigma}_1^2 + n_2 \ln \hat{\sigma}_2^2 + 2(p_1 + q_1 + 1) + 2(p_2 + q_2 + 1) \tag{8-12}$$

对基于 K-S 检验的时间序列算法进行分析。在 ARIMA 模型中，$X_{\rm rt}$ 的长度为 $t$，则其拟合需要 $O(t^2)$ 的时间复杂度；而 SETARMA 模型是将 $X_{\rm rt}$ 划分为 $l$ 个不同的门限区间，并在各自区间内分别建立 ARIMA 模型，因此其时间复杂度为 $O(t^2 l)$。

### 8.3.3　改进的 GM(1,1)动态预测模型

时间序列模型根据样本的数据特征进行预测，它属于一种历史的、静态的研究，而灰色预测是一种现实的、动态的分析与预测。

灰色预测以发展态势为立足点，所以它的特点是不追求大样本量。GM(1,1)模型有一个重要的原则，就是重视现实信息，从实际情况出发。在服务系统中，最影响系统发展趋势的是距离预测点最近的数据[16]。例如，在预测一个 Web 服务的 QoS 时，不会使用服务升级前的数据作为预测未来 QoS 的依据。同时，如果预测样本过长，也会带来较多的噪声数据，影响模型精度。所以，在建立 GM(1,1)模型时，并不需要过多的样本集，而是可以通过固定训练样本长度，及时更新样本集来保证预测精度。

通过以上分析，本节提出一种改进的 GM(1,1)动态预测模型，其建模步骤如图 8-5 所示。

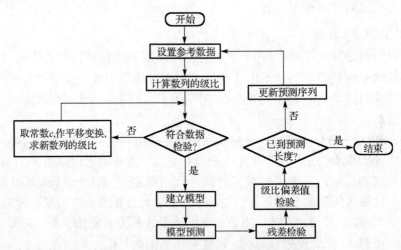

图 8-5　改进的 GM(1,1)动态模型预测流程

根据图 8-5，以时间序列 $X_{\rm rt}$ 为例，其建模思想是：在使用传统的 GM(1,1)模型基础上，首先设置一定长度的滑动窗口，如取滑动窗口大小为 $t$，通过第一轮预测，得到 $t+1$ 时刻的值 $x_{t+1}^{\rm grey}$，然后将此时的实际值 $x_{t+1}$ 或者预测结果 $x_{t+1}^{\rm grey}$ 加入序列中，并去掉最旧的数据 $x_1$，构成新的预测序列 $X_{\rm rt}=(x_2,x_3,\cdots,x_{t+1})$。通过此方法，建立起新的 GM(1,1)模型，并预测 $t+2$ 时间点的值。由于 GM(1,1)模型建模速度极快，在达

到想要得到的预测结果长度之前，可按照上述步骤循环下去。由此可见，通过构建改进的 GM(1,1)模型对某一个序列进行预测的过程，其实是一种动态预测的过程。假设新加入的数据是前一时刻的预测值 $x_{t+1}^{\text{grey}}$，则具体流程如算法 8.1 所示。

**算法 8.1**　GM_EqualDimensionalInnovation（$X_{\text{rt}}, N$）

输入：带预测的序列样本集 $X_{\text{rt}}$，$X_{\text{rt}}$ 序列的个数 $T$，所要预测数据的个数 $N$；

输出：长度为 $N$ 的预测结果 preData。

```
1: For i=1 to N
2:    newData=zeros(1,T+N)
3:    newData(1:T)=Xrt(1:T)
4:    useData=newData(i:T+i-1)//预测样本集长度为 T，每次预测时删除
   一个最旧的数据，添加一个最新的上一时刻预测值
5:    preData(i)=greyPred(useData)//调用传统 GM(1,1)算法
6:    newData(T+1)=preData(i)//每次将预测结果放入样本集中
7: End//预测结束，得到长度为 N 的预测结果 preData
```

对算法 8.1 进行分析，传统的 GM(1,1)算法的时间复杂度集中在参数向量 $\boldsymbol{\mu}$ 的求解上。由公式 $\hat{\boldsymbol{\mu}} = \left(\hat{a}, \hat{b}\right)^{\text{T}} = \left(\boldsymbol{B}^{\text{T}} \boldsymbol{B}\right)^{-1} \boldsymbol{B}^{\text{T}} \boldsymbol{Y}$ 可知，若 $X_{\text{rt}}$ 的长度为 $t$，则 $\boldsymbol{B}$ 是一个 $(t-1) \times 2$ 的矩阵，则 GM(1,1)的时间复杂度为 $O(t^2)$。假设预测结果长度为 $N$，则算法 8.1 时间复杂度为 $O(t^2 N)$。

如果能够实时更新数据，在构建新的序列时，可用 $t+1$ 时刻的真实值 $x_{t+1}$ 代替预测值 $x_{t+1}^{\text{grey}}$。在求得 $x_{t+1}^{\text{grey}}$ 后还需要对该预测结果进行残差检验和级比偏差值检验。设残差为 $\varepsilon(k)$，则

$$\varepsilon(k) = \frac{x_k - x_k^{\text{grey}}}{x_k} \tag{8-13}$$

其中，$k = t+1$，若 $\varepsilon(k) < 0.2$，则表明结果达到一般要求；若 $\varepsilon(k) < 0.1$，则表明结果达到较高要求。然后计算级比 $\lambda(k)$，并代入 $a$ 值求出对应的级比偏差：

$$\rho(k) = 1 - \left(\frac{1 - 0.5a}{1 + 0.5a}\right) \lambda(k) \tag{8-14}$$

若 $\rho(k) < 0.2$，则达到一般水平；若 $\rho(k) < 0.1$，则达到较高的要求。

将上述方法应用于一组真实数据（服务名为 Security，数据长度为 107）进行预测，使用 70 个数据预测未来 37 个数据，并与传统的 GM(1,1)预测方法进行比较，结果如图 8-6 和图 8-7 所示。

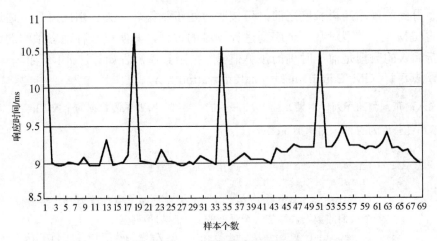

图 8-6　QoS 数据集预测样本集

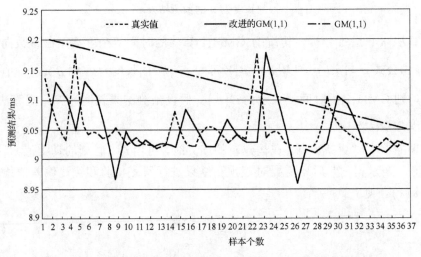

图 8-7　GM(1,1)方法与改进的 GM(1,1)动态预测方法对比

　　传统的 GM(1,1)方法用指数曲线拟合原始数据，以此得到预测结果，因此，传统的预测方法更加适用于 QoS 数据集具有良好光滑性能的情况。通过图 8-6 可发现，其 QoS 数据集呈现出高波动性的特征，预测结果如图 8-7 所示，如果数据集过长，并且进行长期预测，传统的 GM(1,1)方法的预测结果将趋于线性下降。而使用改进的 GM(1,1)动态模型，不仅能够很好地拟合出数据未来的走势，还可以大大提高预测精确度。

## 8.3.4　HGA-RBFC 模型

　　HGA-RBFC 预测模型是以 RBFNN 模型为基础改进而来的。当基于 K-S 检验的时间序列模块和改进的 GM(1,1)动态预测模块建立模型并预测出结果 $x_{t+1}^{ts}$ 和 $x_{t+1}^{grey}$ 后，将这两组数据组成二元组 $x_{t+1}^{1} = \left\{ x_{t+1}^{ts}, x_{t+1}^{grey} \right\}$，通过构造一个加权调和平均数得到 $X_{train}$。将该值设置成输入源传递给 RBFNN 模型，同时以相同时刻的观测值作为输出值训练神经网络。在训练 RBFNN 的过程中，使用二级 HGA 训练其网络结构和参数。经过优化后，使用建立的神经网络模型进行 QoS 预测，并将其嵌入一个动态建模的过程中。HGA 流程如图 8-8 所示。

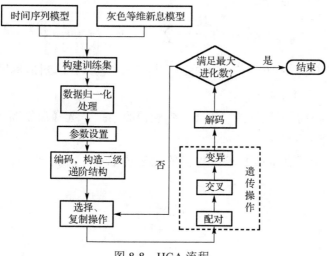

图 8-8　HGA 流程

在建立神经网络模型前，需要先构建训练集。假设有时间序列 $X_{rt} = (x_1, x_2, \cdots, x_t, \cdots, x_n)$，序列长度为 $n$，则在时间序列和灰色动态模型中将分别得到预测结果 $X_{ts} = (x_{t+1}^{ts}, x_{t+2}^{ts}, \cdots, x_n^{ts})$ 和 $X_{grey} = (x_{t+1}^{grey}, x_{t+2}^{grey}, \cdots, x_n^{grey})$，序列长度为 $N_{n-t} = n - t$，$t+1$ 时刻的二元组为 $x_{t+1}^{1} = \left\{ x_{t+1}^{ts}, x_{t+1}^{grey} \right\}$。

根据图 8-8，HGA 步骤如下。

（1）构建训练集。在 $X_{ts}$ 和 $X_{grey}$ 之间设置调和平均数，其公式为

$$X_{train} = \frac{\left(1 + a^2\right) \cdot X_{ts} \cdot X_{grey}}{a^2 \cdot X_{ts} + X_{grey}} \tag{8-15}$$

其中，$a$ 的取值将决定对两个不同模型的偏重，当 $a = 1$ 时，$X_{ts}$ 和 $X_{grey}$ 取相同权重，如果偏重于 $X_{ts}$ 则取 $a < 1$，如果偏重于 $X_{grey}$ 则取 $a > 1$。在该算法中，如果 QoS 数据集趋于高动态性，则选择 $a > 1$，此时偏重于现实信息的灰色预测模型将能提高预测精确度。通过式（8-15）得到训练集 $X_{train} = (x_{t+1}^{1}, x_{t+2}^{1}, \cdots, x_n^{1})$。

（2）对输入值 $X_{train}$ 和 $t+1 \sim n$ 时刻的真实值 $X_{real} = (x_{t+1}, x_{t+2}, \cdots, x_n)$ 进行归一化处理。

（3）设置运行参数：种群大小为 $N$，RBFNN 初始隐节点数为 $m$，进化最大代数为 maxTime，交叉率为 $p_c$，变异率为 $p_m$。

（4）随机生成 $N$ 个染色体，并将其作为初始种群。将初始种群分成两个子种群，编码成二级的递阶结构。上级子种群为控制基因，采用二进制编码，染色体长度为 $p$；下级子种群为参数基因，对应着网络模型中的中心 $c_i$、方差 $\delta_i$ 和权值 $w_i$。采用实数编码，染色体长度为 $3p+1$，包括阈值和输出层的权值 $w_0$，对每个染色体求解基于 AIC 的适应值，其函数如下：

$$F = -\left\{ N_{n-t} \lg\left[ \frac{1}{N_{n-t}} \sum_{i=1}^{N_{n-t}} (\hat{y}_i - y_i)^2 \right] + 4m \right\} + b \tag{8-16}$$

其中，$m$ 是隐节点数；$b$ 是待定系数；$\hat{y}_i$ 是第 $i$ 个输入样本对应的网络输出；$y_i$ 是期望输出；$N_{n-t}$ 是样本容量。

（5）选择与复制。根据式（8-16）中求得的结果，选择和复制个体，以此产生新的种群，操作如下。

① 首先根据式（8-17）求出种群的适应值总和，并由式（8-18）计算个体的选择概率 $p_i$：

$$F = \sum_{i=1}^{N} f_i \tag{8-17}$$

$$p_i = f_i / F \tag{8-18}$$

其中，$f_i$ 是个体 $i$ 的适应值；$N$ 是种群规模；$F$ 为种群的适应值总和。

② 以公式 $q_k = \sum_{i=1}^{k} p_i$ 求出各染色体的累积概率，产生区间 $[0,1]$ 中的随机数 $r$，在所有 $q_k \geqslant r$ 中选择值最小的，对应的个体则被选中。

③ 重复 $N$ 次第②步，构造大小为 $N$ 的新种群。

（6）将第（4）步中生成的两个子种群分别进行遗传操作，具体如下。

① 将选出的个体两两配对。

② 对两个双亲串以交叉率 $p_c$ 进行交叉。控制基因串使用单点交叉方式，即两个个体从各自字符串的某一个位置（一般随机确定）开始互相交换；参数基因采用算术交叉，即采用线性组合方式将两个基因串对应交叉位的值相组合生成新的基因串。

③对染色体以变异率 $p_m$ 进行变异操作，控制基因采用翻转变异，即父代中的每个个体的每一位都以概率 $p_m$ 翻转，由 "1" 变为 "0" 或由 "0" 变为 "1"；参数基因采用均匀变异，即以概率 $p_m$ 给变异位基因加一个符合某一范围内均匀分布的随机数。一般情况下，$p_m$ 取为 0.001～0.01。

（7）解码。下级子种群中每个染色体的首个个体对应的是 $w_0$。上级子种群中为
1 的个体数确定 $p$ 值；下级子种群中的三个个体分别确定 RBF 网络的 $c_i$ 值、$\delta_i$ 值和
$w_i$ 值。

（8）判断是否满足 maxTime，如果满足则结束，否则返回第（5）步。

根据 HGA 求得的参数训练 RBFNN，其流程如图 8-9 所示。

根据图 8-9，RBFNN 算法步骤如下。

（1）输入训练集。

（2）调用 HGA 求参。

（3）根据所求得的隐节点数、中心、方差和权值，构造网络结构。

（4）训练 RBFNN 模型。

（5）使用训练好的 RBFNN 模型进行预测，并将预测值进行反归一化，得到预
测结果。

为保证模型预测精度，将 RBFNN 算法嵌套在一个动态模型中，其流程如图 8-10
所示。

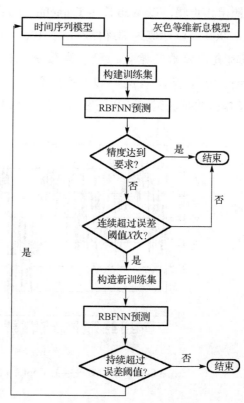

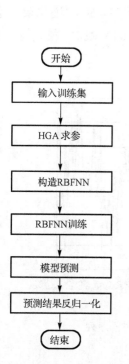

图 8-9　RBFNN 算法流程　　　　　　　　　图 8-10　HGA-RBFC 算法流程

根据图 8-10 所示，HGA-RBFC 算法步骤如下。

（1）首先经过 RBFNN 模型得到预测结果。

（2）评估模型精度。如果预测结果连续 $X$ 次超过设定的误差阈值 $x_{error}$，则进行回滚操作，回到第一次误差超过阈值的地方，并使用新的数据重新构建 RBFNN 模型。

（3）在此基础上，若模型依然不能满足精度要求，则需要重新建立时间序列模型。由于改进的灰色模型是动态建模的，在 RBFNN 模型不符合精度要求时是不需要重新建立的。

HGA-RBFC 预测方法中的时间复杂度主要包括 HGA 对每个染色体的迭代解码、RBFNN 的训练和最坏情况下模型的重建工作。HGA 中，聚类中心数为 $m$，迭代次数为 $N$，所以时间复杂度为 $O(NN_{n-t}m)$；RBFNN 的时间复杂度为 $O(N_{n-t}T)$，其中 $T$ 为 RBFNN 训练一次的代价，因此该算法时间复杂度为 $O(NN_{n-t}m + N_{n-t}T)$。

按照上述步骤，以 Web 服务 Captcha Code 的 1000 个数据为例进行建模预测。其中以前 900 个属性值为训练样本，后 100 个属性值为检验样本。根据经验，在模型训练前进行参数初始化：隐节点数 $m = 16$，种群规模 $N = 50$，进化最大代数 maxTime = 100，交叉率 $p_c = 0.9$，变异率 $p_m = 0.01$。对比 HGA-RBFC 模型与传统的 RBFNN 模型的预测结果，如图 8-11～图 8-13 所示。

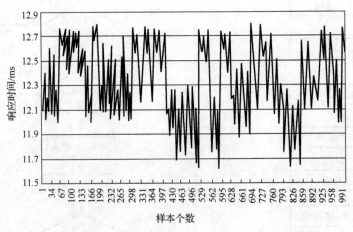

图 8-11　经对数变换的 Captcha Code 服务的时间序列

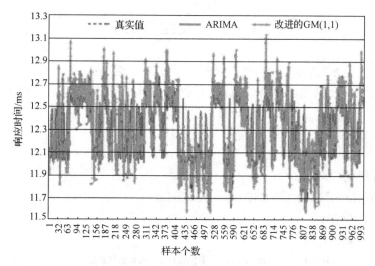

图 8-12　ARIMA 模型与改进的灰色 GM(1,1)动态模型预测结果

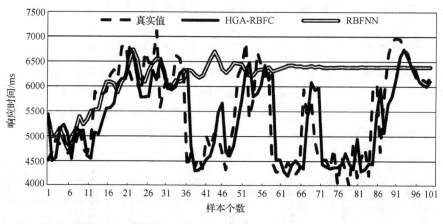

图 8-13　传统的 RBFNN 方法与 HGA-RBFC 方法对比

图 8-11 展示了将要进行模型预测的样本集,图 8-12 中的结果是为使用 HGA-RBFC 预测模型而提前进行的数据预处理,可以发现使用基于 K-S 检验的时间序列方法与改进的 GM(1,1)动态预测方法已经较好地预测了数据集,保留了数据特征。在此基础上,建立 HGA-RBFC 模型,其预测结果如图 8-13 所示。从图 8-13 中可以发现,在进行短期预测时,RBFNN 模型预测结果可以保持较高的精确度,但随着预测长度的增加,时间越久,得到的结果误差越大,最后结果可能趋于平稳状态。而采用 HGA-RBFC 预测模型,当误差持续较大时会自动调整模型,将误差控制在一定范围内。

# 8.4　实验及结果分析

本节将使用 8.3 节提出的 HGA-RBFC 算法对多组 Web 服务 QoS 属性中的响应时间和吞吐量进行预测，并将该方法的预测结果与时间序列模型、RBFNN 模型进行对比，采用精度评估和有效性评估两种方法进行分析。

## 8.4.1　软硬件环境

实验所用硬件环境如下。

处理器：Intel®Core™i3-2120M，3.30GHz。

内存：4.00GB。

软件环境如下。

操作系统：Microsoft Windows 7 Ultimate Service Pack 1。

编程语言：算法实现所用语言为 MATLAB，版本为 MATLAB R2012a，数学统计分析工具为 EViews 6.0，使用 LoadRunner11 收集实验数据。

## 8.4.2　实验设置

本章实验数据分为两部分，第一部分是网络共享数据①（数据来源于数据堂，该数据集共收集了 100 个 Web 服务的 QoS 属性值），实验使用了其中 Content Provider Service、Query Auto Complete、Security 和 Mail 四个服务 QoS 属性值中的响应时间属性集，数据长度为 100～120，原始数据如图 8-14 所示。

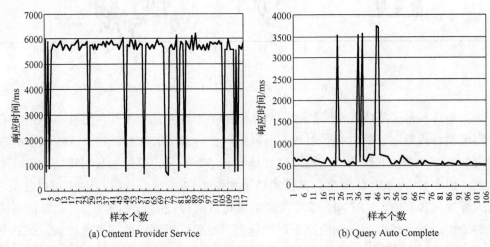

(a) Content Provider Service　　　　　　(b) Query Auto Complete

---

① http://www.datatang.com/datares/go.aspx?dataid=603676.

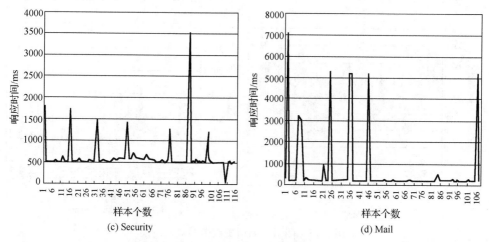

图 8-14　四组网络开源历史数据的响应时间

　　第二部分是使用 LoadRunner 软件通过模拟用户实施并发负载进行性能监控，收集了 4 个 Web 服务（分别为 Domestic Flight Schedule、TV List、Captcha Code、RMB Instant Quotation）QoS 中的响应时间和吞吐量两种属性，并上传至 SourceForge[①]。在收集过程中，从每天的 8:00 开始到 17:00 结束，每个数据间隔 15min，四个 Web 服务各统计到 2000 个历史数据，其原始数据如图 8-15 和图 8-16 所示。

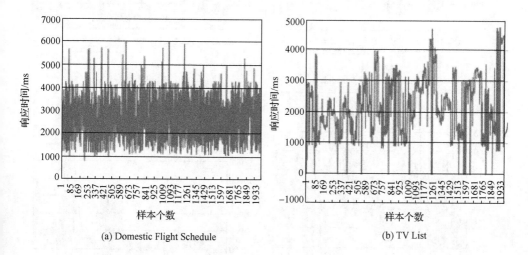

① https://sourceforge.net/projects/qosmonitoring/files.

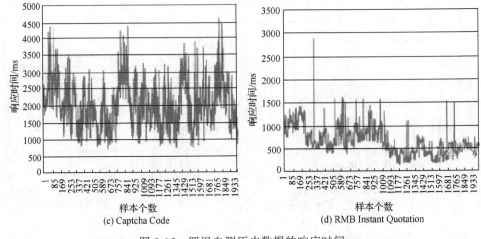

图 8-15　四组自测历史数据的响应时间

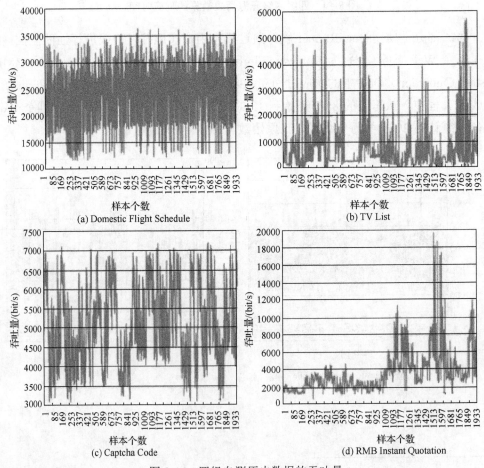

图 8-16　四组自测历史数据的吞吐量

从图 8-14、图 8-15 和图 8-16 三组 Web 服务的响应时间或吞吐量数据集中可以发现，在现实情况下，QoS 数据集多呈现出高动态性的特征，这些属性值可能受到瞬间网络状态、访问服务用户数量剧增等因素的干扰。同时，如图 8-14 所示，该属性值在数据较平缓的情况下，偶尔出现一些骤增或骤减的情况，而这些情况下的属性值并非噪声数据，它们是在进行 Web 服务 QoS 预测时真实遇到的情况，因为只有在这些时候才有可能导致服务发生失效，需要作出相应的处理。但是，如图 8-14 中 Mail 服务所展示的数据信息，响应时间从接近 0 跳到 5000 多，如此大的波动性会降低预测方法的精度，为了消除这种影响，在对数据集进行预测前，统一对所有收集到的历史属性值作对数转换，其结果如图 8-17、图 8-18 和图 8-19 所示。

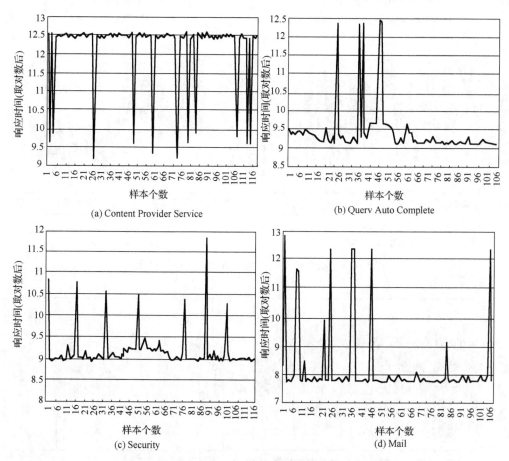

(a) Content Provider Service

(b) Querv Auto Complete

(c) Security

(d) Mail

图 8-17　四组网络共享数据响应时间对数转换结果

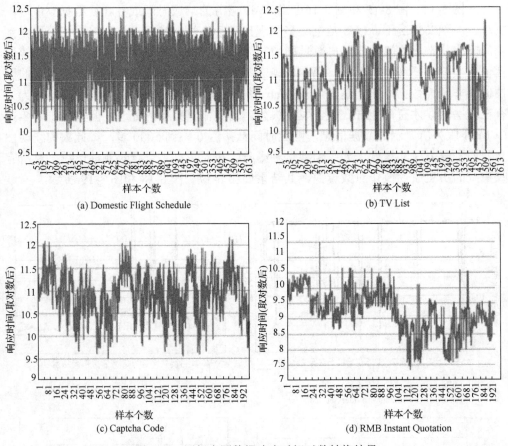

(a) Domestic Flight Schedule

(b) TV List

(c) Captcha Code

(d) RMB Instant Quotation

图 8-18　四组自测数据响应时间对数转换结果

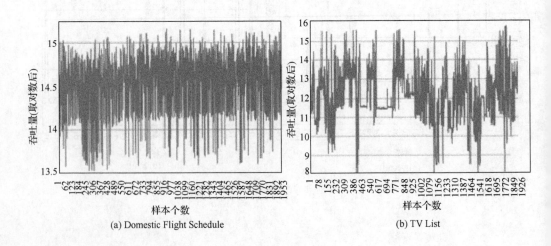

(a) Domestic Flight Schedule

(b) TV List

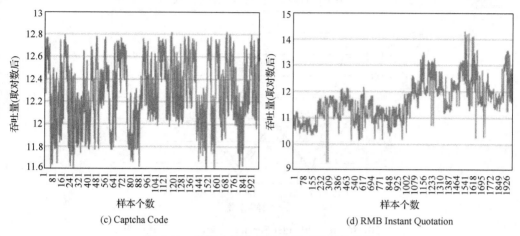

(c) Captcha Code　　　　　　　　　　　　　　(d) RMB Instant Quotation

图 8-19　四组自测数据吞吐量对数转换结果

图 8-17、图 8-18 和图 8-19 是对原始数据进行对数转换后的结果图，从图中可以发现，经过转换后，明显降低了数据的波动范围。如图 8-14 中的 Mail 服务，在原始数据图中，数据可能从 0 升到 5000，而经过对数转换后，数据范围仅为 9～12。这种取对数的方式是一种方差齐性变换方法，它可以减小数据异方差的影响。

## 8.4.3　实验结果与分析

为评估本章提出的基于 HGA 优化的 RBFNN 组合预测方法，本节实验中将该方法应用到 8.4.2 节数据集中进行预测，同时使用时间序列预测方法和 RBFNN 预测方法对数据集建模预测，并对结果进行分析对比。

### 1.　实验结果

在第一组共享数据中，四个服务收集到的数据长度分别为：Content Provider Service 119、Query Auto Complete 107、Security 118 和 Mail 109。为了方便比较预测结果，三个比较方法最后统一预测 7 个结果，剩下的数据将作为样本进行前期建模使用。实验中通过对数据特征进行分析，使用时间序列预测方法进行预测时分别建立 $SETARMA(2;3,1;1,1)$ 模型、$SETARMA(2;1,1;1,1)$ 模型、$SETARMA(2;1,0;0,1)$ 模型和 $SETARMA(2;2,3;1,1)$ 模型。得到预测结果后进行指数操作恢复数据，结果如图 8-20～图 8-23 所示。

从图 8-20～图 8-23 可以明显看出，在数据量较小的情况下，传统的 RBFNN 模型不能得到很好的训练，随着预测长度的增加，预测结果存在较大误差。可以发现建立的 SETARMA 模型和 HGA-RBFC 模型的预测结果与真实值相差不大。

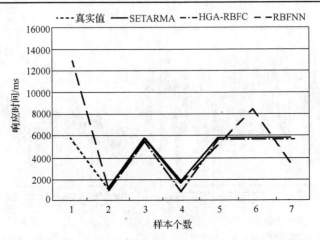

图 8-20　Content Provider Service 的响应时间预测结果 1

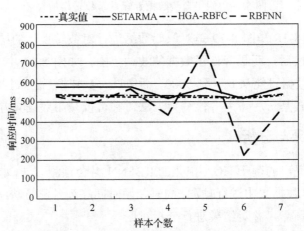

图 8-21　Query Auto Complete 的响应时间预测结果 1

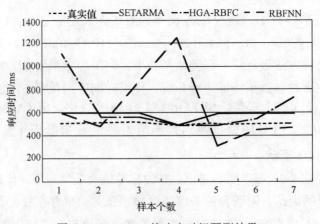

图 8-22　Security 的响应时间预测结果 1

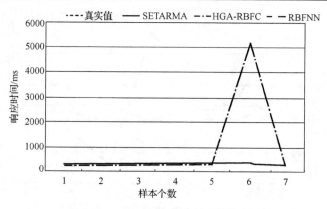

图 8-23　Mail 的响应时间预测结果 1

由于数据波动性大,通过图 8-20～图 8-23 很难看出时间序列模型和 HGA-RBFC 模型的对比情况,将结果恢复到指数还原以前,得到图 8-24～图 8-27。

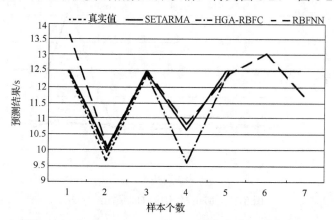

图 8-24　Content Provider Service 的响应时间预测结果 2

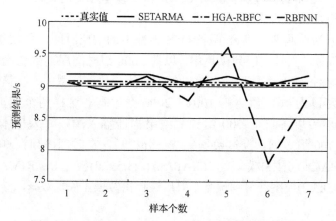

图 8-25　Query Auto Complete 的响应时间预测结果 2

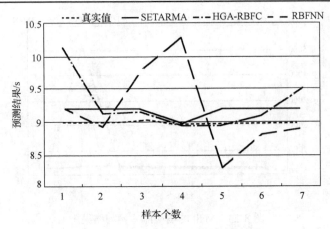

图 8-26　Security 的响应时间预测结果 2

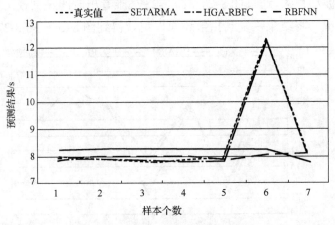

图 8-27　Mail 的响应时间预测结果 2

从图 8-24～图 8-27 可以看出，HGA-RBFC 模型相对时间序列模型，在预测结果上基本能够更加接近真实数据。

第二组数据为自测四个 Web 服务 QoS 属性中的响应时间，各收集了 2000 组数据。针对每个服务，在时间序列模块中，以前 1000 组时间序列数据为样本训练集进行建模，并预测后 1000 个数据；在改进的 GM(1,1)动态模型中，从第 990 个数据开始，设置滑动窗口为 10，预测第 1001～2000 个数据。这样两个模型各得到 1000 组预测结果，然后以各自前 900 组预测结果构造输入源，作为样本训练 RBFNN 模型，预测后 100 组数据。经过数据集特征分析后，在时间序列预测模型中分别建立了 SETARMA(2;0,0;1,3)模型、SETARMA(2;3,5;0,0)模型、ARIMA(2,1,1)模型和 SETARMA(2;0,0;3,2)模型。得到预测结果后进行指数操作恢复数据，结果如图 8-28～图 8-31 所示。

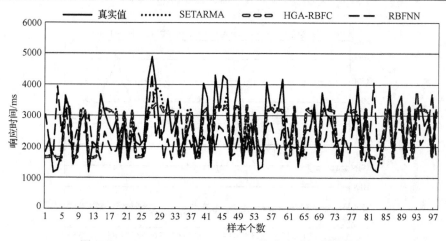

图 8-28　Domestic Flight Schedule 的响应时间预测结果

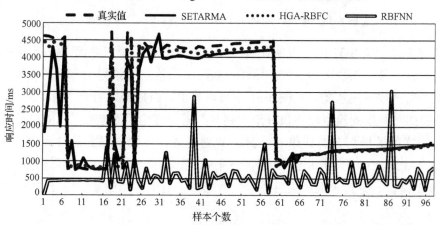

图 8-29　TV List 的响应时间预测结果

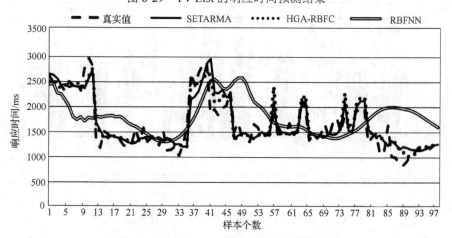

图 8-30　Captcha Code 的响应时间预测结果

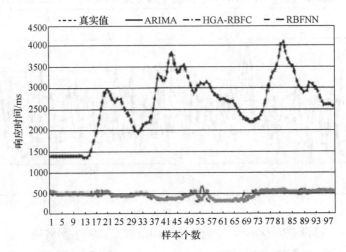

图 8-31　RMB Instant Quotation 的响应时间预测结果

从图 8-28～图 8-31 中可以明显看出，HGA-RBFC 模型明显优于传统的 RBFNN 模型，后者容易产生较大的误差。而在一些对于极值点的预测上，HGA-RBFC 模型又是优于时间序列模型的。从图 8-31 中可以看出，当数据集趋于平稳状态时，基于 K-S 检验的时间序列模型能够很好地识别其数据特征，因而建立了 ARIMA 模型。

以同样的数据划分对四组吞吐量的数据集进行建模，得到的时间序列模型为 SETARMA(2;4,0;1,1)模型、SETARMA(2;5,4;5,1)模型、ARIMA(2,1,1)模型和 SETARMA (2;2,5;1,2)模型。得到预测结果后进行指数操作恢复数据，结果如图 8-32～图 8-35 所示。

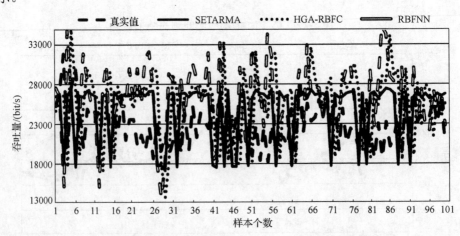

图 8-32　Domestic Flight Schedule 的吞吐量预测结果

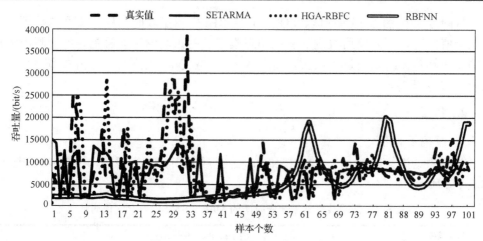

图 8-33　TV List 的吞吐量预测结果

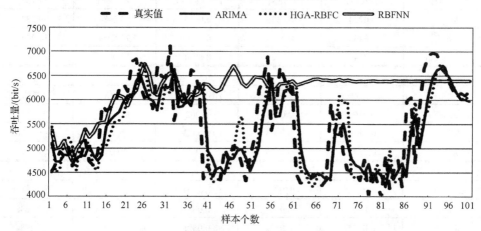

图 8-34　Captcha Code 的吞吐量预测结果

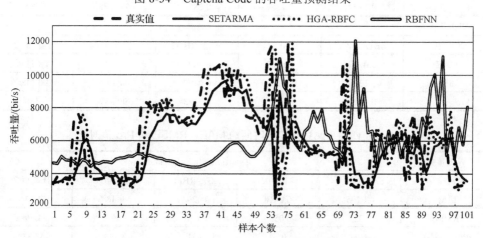

图 8-35　RMB Instant Quotation 的吞吐量预测结果

从图 8-32~图 8-35 中可以发现，HGA-RBFC 模型较时间序列模型能够更好地预测极值情况，因为使用改进的灰色动态模型后的预测结果能够更好地预测出数据集的变化趋势，将极值进行放大，而在 Web 服务 QoS 预测的实际需求中，往往更加看重这些极值点。

2. 模型评估

1）精确度评估

对预测结果使用 MAE、RMSE 和 Pro 三个误差指标进行评估，如表 8-4、表 8-5和表 8-6 所示。

表 8-4　四组共享数据响应时间的 MAE、RMSE 和 Pro 值对比

| Web 服务 | Content Provider Service | | | | |
|---|---|---|---|---|---|
| 质量指标 | SETARMA | RBFNN | HGA-RBFC | 提高值 1 | 提高值 2 |
| MAE | 0.0234 | 0.0555 | 0.0057 | 75.64% | 89.23% |
| RMSE | 0.0433 | 0.0694 | 0.0106 | 75.52% | 84.73% |
| Pro$_{|error|<0.01}$ | 0.7143 | 0.1429 | 0.8571 | 19.99% | 499.79% |
| Web 服务 | Query Auto Complete | | | | |
| 质量指标 | SETARMA | RBFNN | HGA-RBFC | 提高值 1 | 提高值 2 |
| MAE | 0.0105 | 0.0404 | 0.002 | 80.95% | 95.05% |
| RMSE | 0.0124 | 0.0604 | 0.0023 | 81.45% | 96.19% |
| Pro$_{|error|<0.01}$ | 0.2857 | 0.1429 | 1 | 250.02% | 600% |
| Web 服务 | Security | | | | |
| 质量指标 | SETARMA | RBFNN | HGA-RBFC | 提高值 1 | 提高值 2 |
| MAE | 0.02 | 0.0531 | 0.0322 | −61.00% | 39.36% |
| RMSE | 0.0215 | 0.0722 | 0.0525 | −144.19% | 27.29% |
| Pro$_{|error|<0.01}$ | 0.1429 | 0.2857 | 0.2857 | 99.93% | 0.00% |
| Web 服务 | Mail | | | | |
| 质量指标 | SETARMA | RBFNN | HGA-RBFC | 提高值 1 | 提高值 2 |
| MAE | 0.0787 | 0.0682 | 0.0077 | 90.22% | 88.71% |
| RMSE | 0.1309 | 0.1338 | 0.0127 | 90.30% | 90.51% |
| Pro$_{|error|<0.01}$ | 0.1429 | 0 | 0.7143 | 399.86% | Inf |

表 8-5　四组自测数据响应时间的 MAE、RMSE 和 Pro 值对比

| Web 服务 | Domestic Flight Schedule | | | | |
|---|---|---|---|---|---|
| 质量指标 | SETARMA | RBFNN | HGA-RBFC | 提高值 1 | 提高值 2 |
| MAE | 0.0205 | 0.0448 | 0.0206 | −0.48% | 54.17% |
| RMSE | 0.025 | 0.0553 | 0.025 | 0 | 54.79% |
| Pro$_{|error|<0.01}$ | 0.3 | 0.12 | 0.31 | 3.33% | 158.33% |

| Web 服务 | TV List | | | | |
|---|---|---|---|---|---|
| 质量指标 | SETARMA | RBFNN | HGA-RBFC | 提高值 1 | 提高值 2 |
| MAE | 0.0135 | 0.1903 | 0.0048 | 64.44% | 97.47% |
| RMSE | 0.0254 | 0.2182 | 0.0065 | 74.41% | 97.02% |
| Pro$_{|error|<0.01}$ | 0.73 | 0.01 | 0.88 | 20.55% | 8700% |
| Web 服务 | Captcha Code | | | | |
| 质量指标 | SETARMA | RBFNN | HGA-RBFC | 提高值 1 | 提高值 2 |
| MAE | 0.0144 | 0.0358 | 0.0136 | 5.56% | 62.01% |
| RMSE | 0.0191 | 0.0453 | 0.0179 | 9.42% | 60.48% |
| Pro$_{|error|<0.01}$ | 0.48 | 0.2 | 0.53 | 10.42% | 165.00% |
| Web 服务 | RMB Instant Quotation | | | | |
| 质量指标 | ARIMA | RBFNN | HGA-RBFC | 提高值 1 | 提高值 2 |
| MAE | 0.0157 | 0.2737 | 0.0159 | -1.27% | 94.19% |
| RMSE | 0.0243 | 0.2823 | 0.0244 | -0.41% | 91.35% |
| Pro$_{|error|<0.01}$ | 0.5 | 0 | 0.51 | 2.00% | NaN |

表 8-6　四组自测数据吞吐量的 MAE、RMSE 和 Pro 值对比

| Web 服务 | Domestic Flight Schedule | | | | |
|---|---|---|---|---|---|
| 质量指标 | SETARMA | RBFNN | HGA-RBFC | 提高值 1 | 提高值 2 |
| MAE | 0.0281 | 0.0207 | 0.0093 | 66.90% | 55.07% |
| RMSE | 0.0279 | 0.0262 | 0.0114 | 59.14% | 56.49% |
| Pro$_{|error|<0.01}$ | 0.34 | 0.31 | 0.57 | 67.65% | 83.87% |
| Web 服务 | TV List | | | | |
| 质量指标 | SETARMA | RBFNN | HGA-RBFC | 提高值 1 | 提高值 2 |
| MAE | 0.0777 | 0.0916 | 0.0401 | 48.39% | 56.22% |
| RMSE | 0.1075 | 0.1201 | 0.508 | 372.56% | 322.98% |
| Pro$_{|error|<0.01}$ | 0.11 | 0.06 | 0.15 | 36.36% | 150% |
| Web 服务 | Captcha Code | | | | |
| 质量指标 | ARIMA | RBFNN | HGA-RBFC | 提高值 1 | 提高值 2 |
| MAE | 0.0099 | 0.0195 | 0.009 | 9.09% | 53.85% |
| RMSE | 0.0133 | 0.0262 | 0.0122 | 8.27% | 53.44% |
| Pro$_{|error|<0.01}$ | 0.61 | 0.50 | 0.67 | 9.84% | 36.73% |
| Web 服务 | RMB Instant Quotation | | | | |
| 质量指标 | SETARMA | RBFNN | HGA-RBFC | 提高值 1 | 提高值 2 |
| MAE | 0.0256 | 0.0507 | 0.024 | 6.25% | 52.67% |
| RMSE | 0.0362 | 0.06 | 0.0418 | 15.47% | 30.33% |
| Pro$_{|error|<0.01}$ | 0.34 | 0.06 | 0.49 | 44.12% | 716.67% |

从表 8-4 中可以看到对四组共享数据响应时间的预测结果进行三个误差指标计算后，HGA-RBFC 模型的 Pro 值均保持最大，也就是说在相对误差小于 1% 的时候，HGA-RBFC 模型的预测结果所占比例大于时间序列模型和 RBFNN 模型所占比例，甚至在服务 Query Auto Complete 中达到了 100%，其相对所建立的 SETARMA 模型和 RBFNN 模型分别提高了 250.02% 和 600%，这表明使用 HGA-RBFC 模型进行 QoS 预测时，该方法能很好地控制误差范围，保持较高的可信度。在 Security 服务中，虽然 HGA-RBFC 组合模型在 MAE 和 RMSE 指标上低于 SETARMA 模型，但仍有 28.57% 的预测值误差小于 1%，这一结果近两倍于 SETARMA 模型的 14.29%。

从表 8-5 中可以看到对四组自测数据的响应时间进行不同的指标分析后，传统的 RBFNN 模型的误差指标是最不理想的，其 MAE 值和 RMSE 值均大于时间序列模型和 HGA-RBFC 模型的结果，而 Pro 值均小于其他两个模型的 Pro。更为突出的是在服务 RMB Instant Quotation 中其预测结果的 Pro 值为 0，也就是说预测结果的误差没有一个是小于 1% 的。从图 8-35 中可以看到，RBFNN 模型在一开始的预测结果中就已经偏离了实际的 QoS 值，因此一个好的网络结构设计是至关重要的。在 HGA-RBFC 模型中，通过设定误差阈值来动态建模，能够及时发现预测模型不符合要求进而实现调整。

表 8-6 为对四组自测数据的吞吐量进行误差指标分析的结果，从中可以发现，HGA-RBFC 预测方法在 MAE 值、RMSE 值和 Pro 值三个误差指标上均优于时间序列方法和 RBFNN 方法的误差指标。

为了能更加直观地描述预测误差的分布情况，采用箱线图对三组预测结果进行比较，如图 8-36、图 8-37 和图 8-38 所示。

箱线图，又称为箱须图，利用数据中的五个特征值：最小值、第一四分位点、中位数、第三四分位点和最大值来反映数据分布的中心位置和散布范围。从图 8-36、图 8-37 和图 8-38 中可以发现，HGA-RBFC 模型的预测误差区间相对更加集中，其中位数最小，这说明该方法比时间序列方法和 RBFNN 方法预测得到的结果更加稳定。同时注意到 HGA-RBFC 模型存在大量的异常值点，且均在延伸范围上侧，这表明预测值和真实值在许多时刻的误差较大，然而这些异常值并不能说明模型预测效果不好；有时候虽然预测值与真实值相差很小，但仍然是不正确的预测；有时候虽然预测值与真实值相差很大，仍可以正确地预测错误。

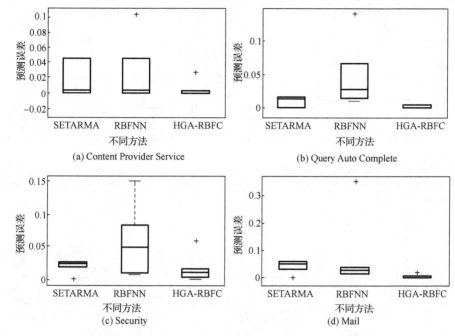

图 8-36　四组共享数据的响应时间预测结果相对误差箱线图

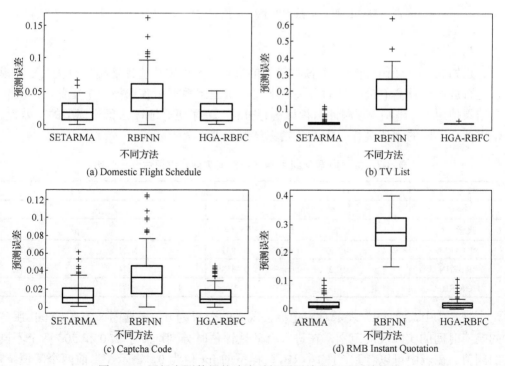

图 8-37　四组自测数据的响应时间预测结果相对误差箱线

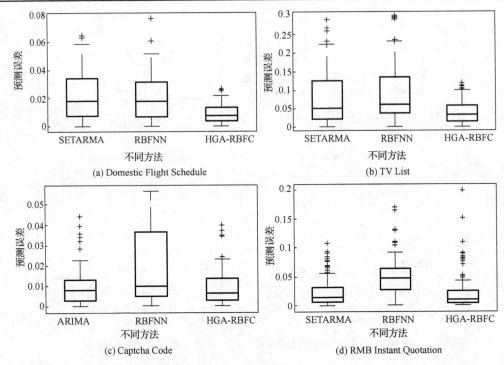

图 8-38    四组自测数据的吞吐量预测结果相对误差箱线图

2）有效性评估

正如 8.4.2 节所分析，一个预测模型的好坏，不仅和数值评估指标有关，还与模型是否能达到预测的最终目的有关。下面将从三组数据中各选择一个服务，对其预测结果使用"二进制"预测评估指标进行分析。为了更好地评估预测模型的有效性，使用两个不同的阈值进行分析。各指标结果如表 8-7 所示。

表 8-7    共享数据 Mail 服务响应时间失效预测评估分析对比

| Web 服务 | Mail | | | | | | | |
|---|---|---|---|---|---|---|---|---|
| 阈值 | 250 | | | | 500 | | | |
| 度量指标 | $r$ | $p$ | fpr | $F_\beta, \beta = 1$ | $r$ | $p$ | fpr | $F_\beta, \beta = 1$ |
| SETARMA | 1 | 0.1667 | 0.8333 | 0.2857 | 0 | NaN | 0 | NaN |
| RBFNN | 1 | 0.2 | 0.6667 | 0.3333 | 0 | NaN | 0 | NaN |
| HGA-RBFC | 1 | 1 | 0 | 1 | 1 | 1 | 0 | 1 |

表 8-7 中，"NaN"表示对应指标公式中的分母为 0。根据图 8-23 中 Mail 服务的响应时间的实际波动范围，在进行有效性评估时分别选择了 250 和 500 两个不同的阈值。在表中可以看到，HGA-RBFC 模型的 fpr 值为 0，表示在当前两个阈值下，

模型预测误报率为 0；而 $F$ 值达到 1，表明所有的失效预测都是正确的，且所有的失效都被预测出来了，因此该模型能够较好地判断出服务是否发生违例。

在表 8-8 中，RBFNN 模型在两个阈值下的 fpr 值均为 1，这表明模型的误报率为 100%，是很不理想的模型。HGA-RBFC 模型和时间序列模型在阈值取 550 时，各项指标均比较优异。随着阈值的增大，HGA-RBFC 预测模型的优势更加明显，其 $F$ 值为 32%，明显优于时间序列的 17.39%，同时两个模型均保持了较低的误报率 1.27%。在一定程度上这种现象也符合实际需求，因为在 Web 服务 QoS 的失效预测问题上，对于响应时间和吞吐量这两个属性值，主要的目的是预测出一些极大异常值，能够正确地识别这些异常值，将能够提前防止服务的失效。

表 8-8　自测数据响应时间失效预测评估分析对比

| Web 服务 | Domestic Flight Schedule | | | | | | | |
|---|---|---|---|---|---|---|---|---|
| 阈值 | 550 | | | | 570 | | | |
| 度量指标 | $r$ | $p$ | fpr | $F_\beta, \beta = 1$ | $r$ | $p$ | fpr | $F_\beta, \beta = 1$ |
| ARIMA | 0.5556 | 0.8333 | 0.0411 | 0.6667 | 0.1 | 0.6667 | 0.0127 | 0.1739 |
| RBFNN | 1 | 0.27 | 1 | 0.4252 | 1 | 0.21 | 1 | 0.3471 |
| HGA-RBFC | 0.5185 | 0.9333 | 0.0137 | 0.6667 | 0.2 | 0.8 | 0.0127 | 0.32 |

与响应时间不同，吞吐量越大越好，因此在预测时，更需考虑的是极小点的吞吐量。从表 8-9 中可以看出，在阈值取 5000 时，ARIMA 模型和 HGA-RBFC 模型的 fpr 值很小，$F$ 值较大，这表明两个模型有很好的失效预测能力。当阈值取 4500 时，ARIMA 模型和 HGA-RBFC 模型都表现出了不错的预测能力，且这两组方法的 $F$ 值已经远远超过传统的 RBFNN 模型的 $F$ 值。结合图 8-34 可以发现，随着阈值选择的减小，当阈值取 4300 和 4200 等值时，HGA-RBFC 模型的预测有效性将超过 ARIMA 模型和 RBFNN 模型，由此也可以发现，对于不同的数据集，选择不同的阈值对判断服务是否发生违例的影响程度不同，但根据现实应用场景的需要，对于这些非功能属性的预测，当预测结果越接近数据极值时，是越符合预测要求的。

表 8-9　自测数据吞吐量失效预测评估分析对比

| Web 服务 | Captcha Code | | | | | | | |
|---|---|---|---|---|---|---|---|---|
| 阈值 | 5000 | | | | 4500 | | | |
| 度量指标 | $r$ | $p$ | fpr | $F_\beta, \beta = 1$ | $r$ | $p$ | fpr | $F_\beta, \beta = 1$ |
| ARIMA | 0.7143 | 0.7143 | 0.154 | 0.7143 | 0.687 | 0.826 | 0.0769 | 0.75 |
| RBFNN | 0.429 | 0.429 | 0.308 | 0.4286 | 0.029 | 0.125 | 0.1077 | 0.0465 |
| HGA-RBFC | 0.8 | 0.779 | 0.123 | 0.7887 | 0.771 | 0.794 | 0.1077 | 0.7826 |

# 8.5　本章小结

本章基于 Web 服务 QoS 属性的高动态性和非线性的特征分析，引入一种基于二级 HGA 优化的 RBFNN 组合预测模型：HGA-RBFC。首先使用 K-S 检验法识别时间序列的数据特征，建立与之对应的 ARIMA 模型或 SETARMA 模型；之后利用灰色分析系统现实信息优先的原则，建立改进的 GM(1,1)模型；接着将上述两种不同模型的预测结果构造成 RBFNN 的输入源；同时使用 HGA 优化网络结构和模型参数；最后根据预测结果的误差，实时调整模型，从而保证了模型的精度能够有效提高。同时利用四组共享数据和四组自测数据进行了相关属性值的预测实验，证明了 HGA-RBFC 方法的有效性。将 HGA-RBFC 模型与 ARIMA 模型、RBFNN 模型同时建模。通过对预测结果进行误差分析发现，HGA-RBFC 模型能够保持较低的平均绝对误差和均方根误差，这得利于采用误差阈值来动态建立模型，并对误差进行箱线图分析，表明本章提出的预测模型具有良好的稳定性；通过对实验结果进行的"二进制"预测评估分析发现，该模型能够很好地降低预测的误报率，同时又提高了失效服务被预测出来的概率，不会导致因为漏报或者错报而增加额外的系统开销。因此 HGA-RBFC 模型的预测结果更加符合实际需求。

## 参 考 文 献

[ 1 ] Huhns M N, Singh M P. Service-oriented computing: Key concepts and principles[J]. Internet Computing, 2005, 9(1): 75-81.

[ 2 ] Chen K, Zheng W M. Cloud computing: System instances and current research[J]. Journal of Software, 2009, 20(5): 1337-1348.

[ 3 ] 毛开翼. 关于组合预测中的权重确定及应用[D]. 成都：成都理工大学, 2007.

[ 4 ] Chen T J. A new development of grey forecasting model[J]. Systems Engineering, 1990, 8(4): 50-52.

[ 5 ] De Jong E, Thierens D, Watson R. Hierarchical genetic algorithms[C]//Parallel Problem Solving from Nature-PPSN VIII. Berlin: Springer, 2004: 232-241.

[ 6 ] 周辉仁, 郑丕谔. 基于递阶遗传算法和 BP 网络的时间序列预测[J]. 系统仿真学报, 2007, 19(21): 5055-5058.

[ 7 ] Massey Jr F J. The Kolmogorov-Smirnov test for goodness[J]. Journal of the American Statiscal Association, 1951, 46(253): 68-78.

[ 8 ] Topsøe F. On the Glivenko-Cantelli theorem[J]. Probability Theory and Related Fields, 1970,

14(3): 239-250.

[ 9 ] 侯澍旻, 李友荣, 刘光临. 一种基于 KS 检验的时间序列非线性检验方法[J]. 电子与信息学报, 2007, 29(4): 808-810.

[10] Amin A, Grunske L, Colman A. An automated approach to forecasting QoS attributes based on linear and non-linear time series modeling[C]//Proceedings of the IEEE/ACM International Conference on Automated Software Engineering. IEEE, 2012: 130-139.

[11] Sakia R M. The Box-Cox transformation technique: A review[J]. The Statistician, 1992, 41: 169-178.

[12] Kanty H, Schreiber T. Nonlinear Time Series Analysis[M]. Cambridge: Cambridge University Press, 1997: 92-104.

[13] Theiler J, Eubank S, Longtin A. Testing for nonlinearity in time series: The method of surrogate data[J]. Physics D, 1992, 58: 77-94.

[14] Akaike H. A new look at the statistical model identification[J]. IEEE Transactions on Automatic Control, 1974, 19(6): 716-723.

[15] Tong H. Non-linear Time Series: A Dynamical System Approach[M]. Oxford: Oxford University Press, 1990.

[16] 郝永红, 王学萌. 灰色动态模型及其在人口预测中的应用[J]. 数学的实践与认识, 2002, 32(5): 813-820.

# 第9章 基于深度学习模型的 Web 服务 QoS 预测方法

本章提出一种基于深度学习的 Web 服务 QoS 属性预测方法, 利用深度置信神经网络的时间序列预测能力, 将小波分析方法和相空间重构与之结合起来, 建立一个基于深度置信神经网络的 Web 服务 QoS 时间序列预测模型。根据深度置信网络具有记忆功能的特点, 通过对改进的粒子群对比验证, 提出了一种高效的粒子群改进算法, 实现了自适应的参数调节方法, 减少了对模型参数的人工干预, 提高了预测结果的精度。使用四组自测数据以及两组开源数据作为模型预测样本进行实验, 证明方法的有效性和可行性。

## 9.1 引　言

随着互联网的不断发展和智能手机的不断普及, 各式各样的软件系统已经渗入到人们生活的方方面面。无论是网上购物、线下支付, 还是金融交易, 以及近期发展势头迅猛的共享单车, 可以说离开了智能软件, 人们生活的便捷性将大大降低。同时软件系统的性能决定了软件的服务质量。例如, 在 "双十一" 购物节的秒杀时间, 人们都希望立即抢到购物车内心仪已久的商品, 感受流畅的购物体验, 而不会因为大规模的访问量导致界面卡顿或软件系统瘫痪而购买失败。因此, Web 服务的 QoS 属性成为一个 Web 服务重要的评价标准。

随着面向服务计算[1]和云计算[2]技术的兴起, 软件系统的开发模式也发生了很大改变, 不同于以往各自开发各自的功能的模式, 如今服务的非核心内容更多是由第三方通过 Internet 提供的。这些服务的功能具有很高的相似性, 但其 QoS 各不相同。面对数量繁多、良莠不齐的服务, 不仅用户在选择时容易迷茫, 软件系统想要对其质量进行监控和预判也是比较困难的。因此, 想要满足用户和软件系统的需要, 必须能够提前预知这些服务的质量, 即预测 Web 服务的 QoS。

本章提出一种使用粒子群算法优化的深度置信网络预测 Web 服务 QoS 的模型。深度置信网络构建了一种深层次的神经网络模型, 本章将进一步介绍改进的深度置信网络的结构和训练方法。训练模型之前, 先对 Web 服务 QoS 历史数据进行预处理, 采用了小波去噪法、归一化和相空间重构等方法; 在改进深度置信模型时, 采用粒子群算法对节点数、权值等参数进行调优; 在选择粒子群算法时, 采用了多种粒子群的改进算法进行比较, 择优使用; 为了缩短模型训练花费的时间, 本章使用了一种基于 GPU 的模型训练方法，有效地缩短了时间，节约了成本，建立了一种高精度、高效率的预测模型。

## 9.2　预　备　知　识

### 9.2.1　深度神经网络模型

机器学习（Machine Learning，ML）是一门交叉性学科，机器学习是指用某些算法指导计算机利用已知数据得出适当的模型，并利用此模型对新的情境给出判断的过程。机器学习大致分为有监督的学习和无监督的学习。有监督的学习，是通过样本数据指导模型在该情况下应输出的结果，即不停地重复归纳和演绎的过程。无监督的学习刚好相反，样本数据中未给出输出结果。

深度学习（Deep Learning，DL）由传统的神经网络衍生而来[3]，它和浅层学习的区别主要在于分配路径的深度。深度学习提出后，近些年在多种领域得到了广泛应用。深度学习方法旨在学习具有大量特征的层次结构，层次较高的结构组成较低层次结构的特征。多级抽象的自动学习功能允许系统将输入直接从数据映射到输出的复杂函数，而不完全依赖于人为操作，这对于更高层次的抽象尤其重要。由于数据量和机器学习方法的应用范围持续增长，深度学习强大的学习能力将越来越重要。

模型深度是指在学习的功能中非线性操作的组成层次数。目前的大多数学习算法仅限于浅层架构（1、2 或 3 层），但是哺乳动物的大脑组织在一个深层次的架构中，具有以多个抽象级别表示的给定输入感知，每个级别对应于不同的领域皮层。基于此，神经网络研究人员想到了训练深层次的神经网络。

然而实验表明，训练深层模型比训练浅层模型要困难得多。2006 年以前，深度学习在机器学习文献中并没有得到太多的讨论，因为初始化参考的不同，训练的效果和误差也很不稳定。深度多层神经网络的梯度训练被困在"局部最小值"中，随着架构的深入，越来越难获得良好的泛化。当从随机初始化开始时，用较深的神经网络获得的解决方案似乎比 1 或 2 个隐藏层网络获得的解决方案更差。

在 2006 年，Hinton 等[4]引入深度置信网络（Deep Belief Network，DBN），采用一种无监督的学习算法，每层都有一个受限的玻尔兹曼机（Restricted Boltzman Machine，RBM）。不久之后，又提出了基于自动编码器的相关算法。之后，深层学习网络不仅在分类领域中得到应用，而且在回归、降维、建模纹理、建模运动、物体分割、信息检索、机器人、自然语言处理和协同过滤中都有应用。尽管自动编码器、RBM 和 DBN 可以用未标记的数据进行训练，但在许多上述应用中，它们已成功地用于初始化，应用于特定任务的深度监督前馈神经网络。

下面介绍深度神经网络常用的几种模型及其训练方法。

## 1. RBM

RBM 是由玻尔兹曼机（Boltzmann Machine，BM）[5]发展而来的，而 BM 属于一种随机循环神经网络，它的层与层之间是相连的，层内部的节点之间也是相连的。此外，每个可见单元连接到所有隐藏单元（该连接无向，因此每个隐藏单元也连接到所有可见单元）。为了使学习更简单，这里限制了该网络，使得隐藏单元和任何其他隐藏单元之间无连接，BM 和 RBM 如图 9-1 所示。

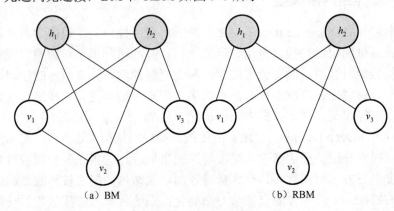

（a）BM　　　　　　　　（b）RBM

图 9-1　　BM 和 RBM

RBM 是 DBN 的组成部分，RBM 的能量函数 $E(v,h)$ 定义为

$$E(v,h) = -b'v - c'h - h'Wv \qquad (9\text{-}1)$$

其中，$W$ 表示连接隐藏和可见单元的权重；$b'$、$c'$ 分别是可见和隐藏层的偏移量。直接转换为以下自由能量公式：

$$F(v) = -b'v - \sum_i \lg \sum_{h_i} e^{h_i(c_i + W_i v)} \qquad (9\text{-}2)$$

由于 RBM 的具体结构，可见和隐藏的单元是有条件独立的，即

$$p(h \mid v) = \prod_i p(h_i \mid v) \qquad (9\text{-}3)$$

$$p(v \mid h) = \prod_j p(v_j \mid h) \qquad (9\text{-}4)$$

## 2. 自动编码器

自动编码器（auto-encoders），也称为自动关联器或 Diabolo 网络。自动编码器和 RBM 之间也存在连接，训练通过自动编码器来逼近训练 RBM。因为训练自动编码器比训练 RBM 更容易，RBM 已被用作训练深层网络的组成部分，其中每个级别都与可以单独训练的自动编码器相关联。

训练自动编码器将输入 $x$ 编码成 $c(x)$，表示重建输入。如果存在一个线性隐藏

层，则使用均方误差准则来训练网络，$k$ 个隐藏单元学习在数据的第一个 $k$ 个主成分的跨度中输入。如果隐藏层是非线性的，则自动编码器与主成分分析（Principal Components Analysis，PCA）的行为不同，具有捕获输入分布的多模态方面的能力。给定编码 $c(x)$，将均方误差准则推广到负对数似然度最小化的公式：

$$\mathrm{RE} = -\lg P(x \mid c(x)) \tag{9-5}$$

如果 $x \mid c(x)$ 是高斯函数，则恢复平方误差。如果输入 $x_i$ 是二进制的或是二项式概率，那么损失函数将是

$$-\lg P(x \mid c(x)) = -\sum_i x_i \lg f_i(c(x)) + (1 - x_i) \lg(1 - f_i(c(x))) \tag{9-6}$$

其中，$f_i(\cdot)$ 是解码器，$f_i(c(x))$ 是由网络产生的，并且是（0,1）中的数字向量；$c(x)$ 是捕获数据变化的主要因素，因为 $c(x)$ 被视为 $x$ 的有损压缩，它对于所有的 $x$ 效果不是很好（具有一定的损失），所以需要对它进行训练学习，而不是任意输入。

### 3. DBN

DBN[6]是一组由 RBM 构成的深度学习网络，具有单层特征检测单元，其本质上是多层感知机。每个 RBM 从下层开始感知模式，并以无监督的方式对它们进行编码学习。图 9-2 为一个简单的 DBN。其结构的具体介绍如下。

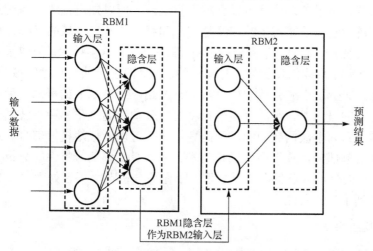

图 9-2　结构为 4:3:1 的 DBN

假设一个 $\ell$ 层的 DBN，对于其可见的隐含层 $\ell$ 的向量 $\boldsymbol{h}^k$ 的联合分布如下：

$$P(x, \boldsymbol{h}^1, \cdots, \boldsymbol{h}^\ell) = \left( \prod_{k=0}^{\ell-2} P(\boldsymbol{h}^k \mid \boldsymbol{h}^{k+1}) \right) P(\boldsymbol{h}^{\ell-1}, \boldsymbol{h}^\ell) \tag{9-7}$$

其中，$x = \boldsymbol{h}^0$；$P(\boldsymbol{h}^k \mid \boldsymbol{h}^{k+1})$ 是与 DBN 的 $k$ 级相关的 RBM 中的条件分布；$P(\boldsymbol{h}^{\ell-1}, \boldsymbol{h}^\ell)$

是 RBM 中顶层的联合分布。条件分布 $(h^k \mid h^{k+1})$ 和顶层分布 $P(h^k \mid h^{k+1})$ 定义生成模型。在后面引入变量 $Q$，用于推理和训练。除了顶层 $Q(h^\ell \mid h^{\ell-1})$，$Q$ 之后都是近似值。

可以得到 $x$ 的 DBN 生成模型的样本如下。

（1）从顶层 RBM 中选取一个可见向量 $h^{\ell-1}$，该步骤通过 RBM 中的吉布斯链执行。从训练集中得到 $h^{\ell-1}$，随后初始化吉布斯链，这样可以简化吉布斯步骤。

（2）当 $k = \ell - 1$ 降到 1 时，$h^{k-1}$ 通过 $k$ 层的条件概率分布 $P(h^k \mid h^{k+1})$ 给定 $h^k$。

（3）$x = 0$ 为 DBN 样本。

## 9.2.2　小波变换

### 1.　小波变换基本概念

傅里叶变换[7,8]（Fourier Transform，FT）常用于信号与信息处理领域。它的原理是：任何连续的信号或序列，都可以表示为正弦波信号，它们可以是不同频率的，在此基础上进行无限叠加。它的实质是将信号由时域转换到频域。傅里叶变换的重要性在于，①从叠加的正弦曲线中产生了各种各样的信号，如音频信号，傅里叶变换可直接对这些信号中包含的信息进行分析；②线性系统以独特的方式响应正弦波，如正弦输入总是导致正弦输出，在这种方法中，重点在于如何改变它们的正弦曲线的幅度和相位，由于输入信号可以分解为正弦波，所以知道系统如何对正弦波作出反应，即系统的输出；③傅里叶变换是广泛和强大的数学领域的基础，如更高级的拉普拉斯和 Z 变换，同时，最前沿的 DSP 算法也基于这项技术。但傅里叶变换有它的局限性，傅里叶系数代表了整个时间内的加权，但它无法反映时间域的局部特征。

基于此，产生了小波分析[9,10]（Wavelet Analysis，WA）的概念，后来又产生了多分辨率分析的概念[11]。小波变换可以将信号分解为通过平移和小波基函数的尺度变化获得的一系列小波函数的和，因此叠加函数可以近似地模拟信号。通过将原始信号分解成低频部分，获得多个低频信号。基于对低频信号特性的分析，可以得到原始图像。小波分析的理论在信号处理[12]、图像分析[13]、语音处理[14]、故障检测[15]等领域都受到了广泛关注。

### 2.　小波去噪法

小波变换阈值去噪法是小波分析在工程实践过程中的重要部分，从 1988 年 Mallat 提出小波变换多分辨率分析快速算法开始，小波去噪逐渐得到应用。1994 年 Johnstone 和 Donoho 等提出非线性小波变换阈值法去噪，可以用准确公式计算最优阈值，实现滤波去噪的目的。

一组带有高斯白噪声的数据表示为

$$y_t = x_t + \gamma a_t \tag{9-8}$$

其中，$t$ 表示第 $t$ 个样本，$t=1,2,\cdots,N$，$y_t$ 为原始数据，$a_t$ 为白噪声，$x_t$ 为去噪声后的数据；$\gamma$ 表示噪声的等级。首先计算正交小波变换，选择 $N$ 个样本 QoS 历史数据作为离散小波，设置小波分解层数 $j$，将 $y_t$ 小波分解到第 $j$ 层，得到对应小波分解系数。小波分解公式为

$$c_{j,k} = \sum_n c_{j-1,\,n} h_{n-2k} \tag{9-9}$$

$$d_{j,k} = \sum_n d_{j-1,n} g_{n-2k} \tag{9-10}$$

其中，$k$ 表示样本个数，$k=1,2,\cdots,N$，$y_k=c_{0,k}$，$n=1,2,\cdots,N$；$c_{j,k}$ 为第 $k$ 个样本的第 $j$ 层尺度系数；$d_{j,k}$ 为第 $k$ 个样本的第 $j$ 层小波系数；$h_{n-2k}$ 和 $g_{n-2k}$ 组成的长度为 $2N$ 的常数型单位向量 $h$ 和 $g$ 为一对正交镜像滤波器组（Quadrature Mirror Filter，QMF），$h^{-1} \cdot g = 0$，$j$ 为常数型分解层数，$N$ 为离散采样点数。

然后对分解后的小波系数进行阈值处理，阈值去噪法公式为

$$\hat{x} = \text{Th}(Y,t) = \begin{cases} Y, & |Y| \geqslant t \\ 0, & |Y| < t \end{cases} \tag{9-11}$$

其中，$t$ 表示阈值常量；$Y$ 表示输入的小波系数；$\hat{x}$ 表示输出的阈值处理后的小波系数。

最后进行小波逆变换，重构经阈值处理后的小波系数。重构公式为

$$c_{(j-1,n)} = \sum_n c_{(j,n)} h_{k-2n} + \sum_n d_{(j,n)} g_{k-2n} \tag{9-12}$$

## 9.2.3　神经网络性能优化

### 1. 共轭梯度下降

1952 年，两位数学家 Hestenes 和 Stiefel[16]发现了共轭梯度算法来求解大系统的线性方程。共轭梯度法也适用于非线性系统，Fletcher 和 Reeves[17]扩展了非线性系统的共轭梯度法。共轭体的效率渐变方法在现实生活中应用的条件较少。

线性共轭梯度法的性能由系数矩阵的特征值的分布决定。通过转换或预处理线性系统，可以使这种分布更为合理，并显著提高方法的收敛性。预处理在共轭梯度算法的设计中起着至关重要的作用，对线性共轭梯度法的处理将突出在优化中重要方法的属性。多年来，有很多基于这种原始方法的改进方法被提出，并且在实践中广泛使用。这些算法的关键特征是它们不需要矩阵存储，并且比最快下降法速度更快。

## 2. 粒子群优化算法

粒子群优化[18]（Particle Swarm Optimization，PSO）算法由 Kennedy 和 Elberhart 在 1995 年提出，它是一种典型的群体智能优化算法，灵感来自动物社会行为，如鸟群和鱼类学习。PSO 中的一组粒子在搜索空间飞行，目的是找到最优解。每个粒子与同伴交换信息，并学习有用的信息来提高其性能。PSO 的思想简单，易于实现，计算效率高，并且 PSO 有一个灵活和平衡的机制，以增强和适应系统的开发能力。由于其易实施性和卓越的性能，PSO 已广泛用于解决现实世界的工程问题，如天线系统、系统控制、电子和电磁学等。

设一个种群 $W = (W_1, W_2, \cdots, W_n)$，$W$ 由 $n$ 个粒子组成，其中第 $i$ 个粒子表示为一个向量 $W_i = (w_{i1}, w_{i2}, \cdots, w_{iS})^T$，该向量是 $S$ 维的，第 $i$ 个粒子在 $S$ 维搜索空间中，其个体极值记为 $P_i = (P_{i1}, P_{i2}, \cdots, P_{iS})^T$，种群全局的极值记为 $P_g = (P_{g1}, P_{g2}, \cdots, P_{gS})$。

在每一次迭代时，当粒子发现比当前的最优值更佳的值时，它会将其坐标存储在矢量值中。粒子通过个体最优值和全局最优值，更新自身的速度和位置，公式如下：

$$V_{id}^{k+1} = \omega V_{id}^k + c_1 r_1 (P_{id}^k - W_{id}^k) + c_2 r_2 (P_{gd}^k - W_{gd}^k) \tag{9-13}$$

$$W_{id}^{k+1} = W_{id}^k + V_{id}^{k+1} \tag{9-14}$$

其中，$\omega$ 为惯性权重；$d = 1, 2, \cdots, S$；$i = 1, 2, \cdots, n$；$k$ 为当前迭代次数；$V_{id}$ 为粒子的速度；$c_1$ 和 $c_2$ 为加速因子，为非负常数；$r_1$、$r_2$ 为 $[0,1]$ 区间内的任意随机数。

## 3. GPU 加速计算

GPU 是计算机设备中用来进行绘图运算、支持显示器设备的芯片。GPU 的计算速度和指令复杂度远不及 CPU，但是由于其支持高刷新率、高分辨率显示设备的特点，使 GPU 具有高并行数、大数据吞吐量的特征，并且在这方面的能力远高于 CPU。基本思路是把需要计算的数据打包成 GPU 可以处理的图像信息，然后利用处理图像信息的运算来实现科学计算。一些基于 GPU 的 MATLAB 工具箱可以直接使用，可以利用 MATLAB 的 GPU 编程的快速原型设计实验。有的 MATLAB 代码可以在几乎没有修改的 GPU 上移植并执行。目前，有三个广泛使用的工具箱，即 MATLAB 的 Jacket、GPUmat 和 Parallel Computing Toolbox。并且这些工具箱的用法各不兼容，需要进行比较来选择最合适的工具箱。

如图 9-3 所示，计算机通用并行计算架构（Compute Unified Device Architecture，CUDA）的处理步骤为以下四步。

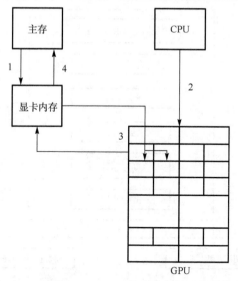

图 9-3　CUDA 处理流程图

（1）将 QoS 时间序列数据从主存（main memory）传递进入显卡内存（memory for GPU）。

（2）CPU 向 GPU 下达执行指令。

（3）GPU 接到执行指令，在计算单元中执行并行计算，得到结果后存入显卡内存。

（4）显卡内存将结果传回主存。

在本章的方法中，对于 DBN，不管是隐含层层数还是隐含层节点数，都比普通的神经网络要高出许多。因此在训练和预测时，其耗费的时间也比传统的浅层网络模型多出许多，这使得深度学习的应用变得低效率、高成本。因此，在本章中，利用 GPU 分块处理的思想和高并行数、大数据吞吐量的能力来加速实验过程，提高效率，节约成本。

## 9.3　基于深度学习的 Web 服务 QoS 预测方法研究

### 9.3.1　方法概述

使用粒子群算法优化的深度置信网络预测 Web 服务 QoS 的模型（其框架如图 9-4 所示），总体包括四个模块。

（1）对原始的 Web 服务 QoS 历史数据进行预处理，包括小波去噪、归一化和相空间重构。首先选取合适的分解尺度对数据噪声进行去除，然后将其全部归一化为[0,1]内的数据，接下来根据理论选择合适的嵌入维数和延迟时间，对数据进行相空间重构，扩充历史数据量。

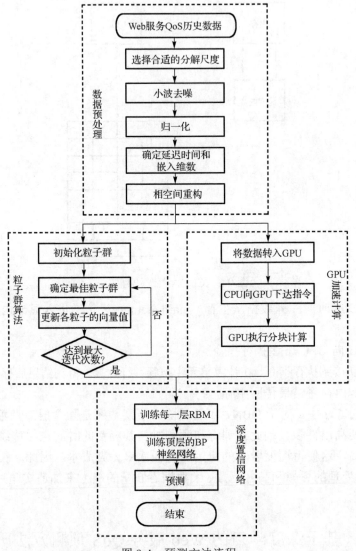

图 9-4　预测方法流程

（2）提出一种自适应的粒子群改进算法，并和两种传统的粒子群改进算法进行效果对比。

（3）建立深度置信预测模型，利用自适应的粒子群改进算法及原始数据对 DBN 模型的隐含层数和隐含层节点个数进行设置，之后对模型进行训练，当超过误差阈值时重新训练，以此得到一个较为良好的模型。

（4）深度学习网络的结构复杂，层次数多，节点个数多，导致深度学习网络的训练较为缓慢，效率低下。利用 GPU 强大的数据并行处理能力，使用一种 GPU 加速的方法对原始数据进行分块处理，深度学习的训练过程能够得以加速。通过以上方法，本章提出的模型既保证了足够的数据量进行特征学习，以此维持良好的预测精度，又不会因为其复杂的模型结构而耗费过高的成本。

## 9.3.2　数据预处理

数据预处理主要分为三个步骤：①选取合适的分解尺度对原始的 Web 服务 QoS 数据进行小波去噪；②数据归一化；③相空间重构。以此将原始数据处理为适合本章方法的多维数据，丰富了数据特征和数据量。数据预处理的具体流程图如图 9-5 所示。

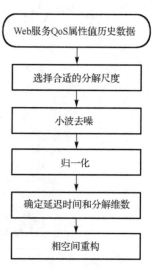

图 9-5　数据预处理流程图

### 1. 小波去噪

为了有效地使用深度学习模型进行预测，首先要对 $X_{rt}$ 进行数据预处理，使其满足数据预测等条件。采集的 QoS 历史数据含有大量噪声，噪声会随时间演化和后续计算造成精度损失，含噪声的数据会严重影响预测准确度，因此采用非线性小波变换阈值去噪法，运用式（9-8）～式（9-12）处理 QoS 历史数据。

在进行小波去噪时，需要选取合适的分解尺度。图 9-6、图 9-7 是采用不同分解尺度时得到的去噪结果，与原始数据图 9-8 进行对比。

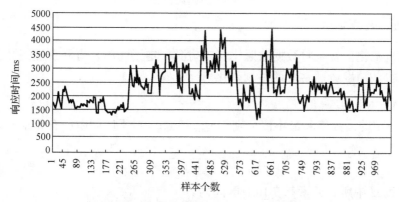

图 9-6　分解尺度为 3 时的去噪后数据

由图 9-6、图 9-7 和图 9-8 可以看出，小波去噪对原始数据中明显的错误数据具有平滑效果，去噪后的数据毛刺减少，一些明显错误的数据都被去除了，这样在后续进行预测时的精确度也会提高。在选择分解尺度时，可以看出分解尺度为 9 时的序列过于平滑，一些特征和极值点都被抹去，因此并不利于模型的建立和预测过程，所以本实验选取的分解尺度为 3。

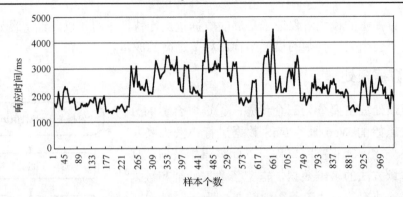

图 9-7 分解尺度为 9 时的去噪后数据

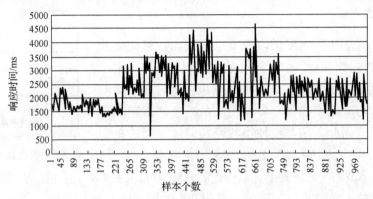

图 9-8 原始数据 rt4

## 2. 数据尺度变换

数据规范化，就是将数据按照比例映射到一定区间内，有利于提高数据在训练过程中的收敛速度。通常有两种规范化思路。

1）Max-Min 归一化

序列 $x$ 中的最大值和最小值分别为 $x_{max}$ 和 $x_{min}$，对于序列中所有元素 $x_i$，有公式：

$$x_i' = \frac{x_i - x_{min}}{x_{max} - x_{min}} \tag{9-15}$$

使得新序列 $x'$ 中所有元素都在 [0,1] 区间内。

2）0 均值标准化

0 均值标准化即将原始序列归一化为均值为 0、方差为 1 的数据集。公式如下：

$$z = \frac{x - \mu}{\sigma} \tag{9-16}$$

其中，$\mu$ 为原始数据集的均值；$\sigma$ 为原始数据集的方差。该方法适用于高斯分布的原始数据，否则处理后的效果会很差。

3. 相空间重构

在过去的几十年间，区分时间序列中的确定性混沌与噪声已成为许多领域的重要问题。混沌时间序列分析通常用于预测非线性动力系统的发展趋势，并通过重建系统的相位空间得到预测结果。混沌时间序列分析的出现扩大和深化了人们对非线性时间序列的理解。它在网络流量分析、安全通信、生物医学、大气科学、经济学、金融等领域都有所发展。特别地，存在用于计算相关维数、Kolmogorov 熵和 Lyapunov 特征指数的方法：维度给出了系统复杂性的估计；熵和特征指数给出了动力系统中混沌水平的估计。相位空间及时地表示系统的变化，它的坐标代表在任何时间内完全描述系统状态所需的变量。相位空间的尺寸是动态系统的自由度数，当搜索动态系统结构时，有必要重构时间序列或加入更高维度的相位空间。

混沌时间序列分析中，最重要的步骤是相空间重建。Takens 已经表明，许多动态系统的状态可以通过时间序列的有限窗口来精确地重建，这个窗口称为延迟时间，延迟时间广泛用作线性和非线性动态模型的输入向量。Takens 定理为这种方法提供了良好的理论基础，并已在许多应用中成功应用。嵌入维数 $m$ 和时间延迟是相空间重建过程中两个最关键的参数[19]。根据 Takens 理论，$m$ 可以为无限长和无声的理想一维时间序列的任何值。然而，实际应用中的时间序列通常是有限的、嘈杂的。因此，在重建相位空间时需要适当地定义它们。

Web 服务 QoS 属性值时间序列是一类混沌时间序列，选取适当的延迟时间和嵌入维数进行相空间重构不仅能够有效地避免信息丢失问题，而且能够丰富数据维数，扩展数据量，以便从混沌时间序列中更好地提取特征。

常用的确定延迟时间的方法有平均位移法、自关联函数法和互信息法等。Web 服务 QoS 属性的时间序列通常是非线性相关的，而自关联函数法更适用于线性相关的数据，因此自关联函数法并不适用，而互信息法同时适用于线性系统和非线性系统。

因此本章采用互信息法来确定延迟时间：令 $\{x(i), i = 1, 2, \cdots, k\}$ 表示一组序列，$\{y(i), i = 1, 2, \cdots, k\}$ 表示另一组序列。设点 $x(i)$ 的概率密度为 $P_x[x(i)]$，在点 $y(j)$ 处的概率密度为 $P_y[y(j)]$，则两组序列的联合概率为 $P_{xy}[x(i)y(j)]$。对两组序列 $\{x(i), y(j)\}$，给定 $x(i)$ 的一个测量值，预测 $y(j)$ 的平均信息量即为互信息函数，公式如下：

$$I(x, y) = H(x) + H(y) - H(x, y) \tag{9-17}$$

$$H(x) = -\sum_i P_x[x(i)] \ln\{P_x[x(i)]\} \tag{9-18}$$

$$H(x,y) = -\sum_i P_x[x(i), y(j)] \ln\{P_x[x(i), y(j)]\} \tag{9-19}$$

其中，$H(x)$ 是序列 $\{x(i)\}$ 的熵，表示对指定系统的 $k$ 个 $x(i)$ 测量得到的平均信息量；$H(y)$ 是序列 $\{y(j)\}$ 的熵，同样表示对指定系统的 $k$ 个 $y(j)$ 测量得到的平均信息量；$H(x,y)$ 是 $H(x)$ 与 $H(y)$ 的联合熵。

在时间序列相空间重构中，为了求得最佳延迟时间，重点是求得 $x(t+\tau)$ 对 $x(t)$ 的依赖程度，需要求 $x(t)$ 和 $x(t+\tau)$ 两个序列之间的互信息。为得到互信息 $I$ 与时间延迟 $\tau$ 的函数关系，采用将 $\tau$ 的值从 1 开始逐渐增加的方式，分别求得每个 $\tau$ 对应的 $I$ 值。这样当 $I$ 取第一个极小值时，对应的 $\tau$ 即为所求的最佳延迟时间。

定义嵌入维度的方法主要包括遗传编程（Genetic-Programming，G-P）算法、模糊神经网络（Fuzzy Neural Network，FNN）算法等。G-P 算法是一种常用的计算相关维数的方法。本章使用 G-P 算法重构相空间嵌入维数。定义 $m$ 维重构相空间中，两相点间的关联积分公式为

$$C_m(r) = \lim_{N\to\infty} \frac{1}{N(N-1)} \sum_{\substack{i,j=1, \\ i\neq j}}^{N} \theta(r - \|Y(i) - Y(j)\|) \tag{9-20}$$

其中，$r$ 代表距离阈值；$N$ 为相点个数；$\|Y(i) - Y(j)\|$ 为两相点之间的距离；$\theta(x)$ 是 Heaviside 函数，定义为

$$\theta(x) = \begin{cases} 1, & x \geq 0 \\ 0, & x < 0 \end{cases} \tag{9-21}$$

对于距离阈值的适当范围，可用如下公式确定：

$$d_m = \ln C_m(r) / \ln r \tag{9-22}$$

其中，$d_m$ 为吸引子关联维数。

对于时间延迟 $\tau$，先选择一个较小的 $m$ 值进行相空间重构。然后对不同的邻域半径 $r$，分别计算相应的 $C_m(r)$，将这些不同的 $r$ 和 $C_m(r)$ 值代入公式，可得到 $d_m$。然后不断增加 $m$ 的值，重复以上步骤，求出一系列 $d_m$ 值。随着嵌入维数 $m$ 的增加，可选嵌入维数值为 $m$，使得 $m \geq 2d+1$。

随着嵌入维数的增加，重构相空间满足的延迟时间整体呈减小趋势。当 $m$ 在 [1,4] 时，延迟时间的波动较大，重构的相空间处于不稳定状态；当 $m>10$ 时，一方面相空间重构耗费样本量过多，另一方面不同属性的 $m$-$\tau$ 图的对应值不稳定，因此本实验从 [5,10] 范围内选择嵌入维数。

对数据集 1 的响应时间进行 5 维相空间重构之后的部分数据如表 9-1 所示。

表 9-1　5 维相空间重构后数据

| $X(1)$ | $X(2)$ | $X(3)$ | $X(4)$ | $X(5)$ | $X(6)$ | ⋯ | $X(1960)$ |
|---|---|---|---|---|---|---|---|
| 0.5663 | 0.2534 | 0.4246 | 0.3749 | 0.3271 | 0.3001 | ⋯ | 0.5559 |
| 0.4481 | 0.5260 | 0.5524 | 0.5562 | 0.6082 | 0.5161 | ⋯ | 0.4717 |
| 0.4509 | 0.4615 | 0.5198 | 0.4716 | 0.5530 | 0.4841 | ⋯ | 0.3892 |
| 0.4498 | 0.3711 | 0.3966 | 0.4082 | 0.4541 | 0.5080 | ⋯ | 0.4491 |
| 0.5711 | 0.4911 | 0.3994 | 0.3428 | 0.3884 | 0.3173 | ⋯ | 0.6529 |

对数据集 1 的响应时间进行 10 维相空间重构之后的部分数据如表 9-2 所示。

表 9-2　10 维相空间重构后数据

| $X(1)$ | $X(2)$ | $X(3)$ | $X(4)$ | $X(5)$ | $X(6)$ | ⋯ | $X(1910)$ |
|---|---|---|---|---|---|---|---|
| 0.5663 | 0.2534 | 0.4246 | 0.3749 | 0.3271 | 0.3001 | ⋯ | 0.3290 |
| 0.4481 | 0.5260 | 0.5524 | 0.5562 | 0.6082 | 0.5161 | ⋯ | 0.3383 |
| 0.4509 | 0.4615 | 0.5198 | 0.4716 | 0.5530 | 0.4841 | ⋯ | 0.6516 |
| 0.4498 | 0.3711 | 0.3966 | 0.4082 | 0.4541 | 0.5080 | ⋯ | 0.4699 |
| 0.5711 | 0.4911 | 0.3994 | 0.3428 | 0.3884 | 0.3173 | ⋯ | 0.5507 |
| 0.2816 | 0.2802 | 0.3781 | 0.2628 | 0.3701 | 0.4015 | ⋯ | 0.5560 |
| 0.4138 | 0.5040 | 0.5471 | 0.4579 | 0.4557 | 0.4423 | ⋯ | 0.4717 |
| 0.3656 | 0.3687 | 0.3393 | 0.3610 | 0.3995 | 0.4128 | ⋯ | 0.3892 |
| 0.3874 | 0.4842 | 0.4704 | 0.4790 | 0.4871 | 0.4733 | ⋯ | 0.4491 |
| 0.4493 | 0.4372 | 0.3920 | 0.3329 | 0.3081 | 0.3633 | ⋯ | 0.6529 |

现选取数据集 1 的响应时间属性数据，将维数处于[5,10]的预测结果进行统计，如图 9-9 所示。

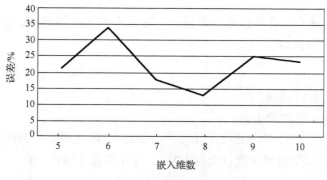

图 9-9　不同维数下的预测结果图

由图 9-9 可以看出，对于数据集 1（响应时间属性）来说，相空间重构维度在 6 时的预测效果最为不佳，误差接近 35%；而当相空间重构维度为 8 时，预测效果最好，此时的误差值最低，为 12.81%。由于每个服务的质量各不相同，其数据集也有不同的波动情况和特征，对于每一个数据集来说都要分别进行实验，以此保证模型的精确度和实验结果的有效性。其余几个数据集的维数取值过程相似，在此不再赘述。

### 9.3.3 改进的粒子群算法

粒子群算法模拟了一群鸟类（粒子）的捕食行为。每个粒子有两个属性：一个位置和一个速度。在找到优化问题的解决方案的过程中，这些粒子根据自己和邻居的学习情况来修改个人的位置和速度。

在粒子群算法中，粒子通过在多维搜索空间中飞行而改变它们的位置。在飞行过程中，每个粒子根据自己的能力和最佳粒子互相调整其位置。每个粒子的速度和位置可以由公式确定：

$$V_i^{k+1} = V_i^k + C_1 \times \mathrm{rand}_1 \times (\mathrm{Pbest}_i^k - X_i^k) + C_2 \times \mathrm{rand}_2 \times (\mathrm{Gbest}^k - X_i^k) \qquad (9\text{-}23)$$

$$X_i^{k+1} = X_i^k + V_i^k \qquad (9\text{-}24)$$

Pbest 表示最佳粒子的位置，Gbest 代表所有粒子中最佳粒子的参数。预先确定 $C_1$ 和 $C_2$ 的值。常数 $C_1$ 和 $C_2$ 表示允许每个粒子飞向 Pbest 和 Gbest 位置的随机加速项的权重。

必须选择惯性权重 $W$，以在全局和局部之间维持平衡，并找到较少次迭代的最优解。通常，惯性权重因子被认为线性减小，并增强了收敛特征。实际上，$W$ 以如下的方式从 $W_{\max}$ 减少到 $W_{\min}$：

$$W^k = W_{\max} - \frac{W_{\max} - W_{\min}}{\mathrm{Iter}_{\max}} \times \mathrm{Iter} \qquad (9\text{-}25)$$

在粒子群算法中，群体共有 $n$ 个粒子，每个粒子是 $m$ 维向量，其中 $m$ 是优化参数的数量。具体步骤如下。

1）初始化

（1）初始化种群规模。

（2）初始化迭代次数 $k = 0$。

（3）初始化粒子的 $N$ 个随机位置 $(X_i^k; i = 1, 2, \cdots, N)$ 并将其存储在 $X$ 中。

（4）初始化 $N$ 个随机速度 $(V_i^k; i = 1, 2, \cdots, N)$ 并将其存储在 $V$ 中。

（5）初始化 Pbest $(\mathrm{Pbest}_i^k; i = 1, 2, \cdots, N)$ 并将其存储在 Pbest 中。

2）速度更新

利用式（9-23）计算下一阶段每个粒子的速度。

3）位置更新

基于最新的粒子速度，通过式（9-24）来更新每个粒子的位置。

4）更新单个最佳粒子和全局最佳粒子

根据粒子在位置 $i$ 的目标函数值对其进行评估，然后更新 Pbest，如式（9-26）所示：

$$\text{Pbest}_i^{k+1} = X_i^{k+1}, \qquad J_i^{k+1} < J_i^k \qquad (9\text{-}26)$$

迭代次数为 $k+1$ 时，Gbest 被设置为 Pbest$_i$ 中的最佳位置。

5）停止标准

当迭代次数达到预定义的最大次数时，粒子群算法停止。

由以上算法可以看出，权重的设置对于搜索能力起着决定性的作用。若权重比较大，则算法的全局寻优能力优于局部搜索能力；而若权重设置得比较小，则算法的局部寻优能力强于全局搜索能力，此时算法能够迅速地找到最优解，但同时容易使粒子陷入局部最优值。具体来说，粒子群算法权重一般为 0.2～1.4。当权值大于 1 时，算法不收敛；当权值小于 1 并不断减小时，收敛速度不断加快，达到 0.2 时速度最快。因此粒子群算法的权重决定着整个算法的速度，下面介绍了设置和分配权重的几种算法。

## 1. 权重递减的粒子群算法

由上述可知，若初始化权重比较大，则算法的全局寻优能力优于局部搜索能力；若权重设置得比较小，则算法的局部寻优能力强于全局搜索能力，此时算法能够迅速地找到最优解，但同时容易使粒子陷入局部最优值。显然，算法不可在一开始就陷入局部最优值，若算法在初期具有较高的全局探索性，而在后期具有较高的局部寻优能力，则是比较理想的状态，算法才能得到有效的训练。因此，可以采用权重线性递增的方式，搜索前期设置最大权重，增强全局搜索能力，后期不断减小权重，增强局部寻优能力。权重计算变化公式如下：

$$w = w_{\max} - \frac{t(w_{\max} - w_{\min})}{t_{\max}} \qquad (9\text{-}27)$$

其中，$w_{\max}$ 为初始权重（最大）；$w_{\min}$ 为最终权重（最小）；$t$ 为当前迭代次数；$t_{\max}$ 是运行的最大迭代次数。

## 2. 权重随机的粒子群算法

然而，上述改进方法也有其缺点。例如，假若粒子在一开始已经接近了最优位置，而根据算法，权重是不断递减的，这时很容易绕过最优位置。因此，提出设置一个随机的权重，无论是粒子最初的速度还是位置，都是随机设置的，这样就避免了上述问题，这种权重更新方式适用于动态更新的模型中。权重随机的方法公式如下：

$$\begin{cases} w = \mu + \sigma \times N(0,1) \\ \mu = \mu_{\min} + (\mu_{\max} - \mu_{\min}) \times \text{rand}(0,1) \end{cases}$$（9-28）

其中，$N(0,1)$ 为正态分布的随机数；$\text{rand}(0,1)$ 表示 $(0,1)$ 内的随机数。

### 3. 自适应的粒子群算法

针对粒子群算法的权重设置，介绍了两种改进方法：权重递减和权重随机的粒子群算法。然而，上述两种改进算法各有其缺陷。权重递减的方法容易错过最优值，而权重随机的方法具有较大的不确定性，其初始位置和速度缺少规律，可以说粒子的寻优过程带有一定的盲目性，这就很容易忽略身边的最优解。因此，这里提出了一种自适应的权重设置方法，在初始化的时候，随机加入一个混沌的参数；在粒子开始寻优的后期过程中，若粒子过早地陷入局部极小值，这时引入一个变异操作，粒子即可立即跳出局部最小值，继续对全局最优解进行寻找，这种方法自适应地避免了粒子过早收敛，同时在一定程度上克服了上述两种方法的缺陷。

具体来说，即在粒子开始寻优的后期过程中引入一个高斯分布的变异操作，公式如下：

$$P_g = P_g(0.5\eta + 1)$$（9-29）

其中，$P_g$ 为最优位置；$\eta$ 为 $(0,1)$ 分布的高斯随机变量。

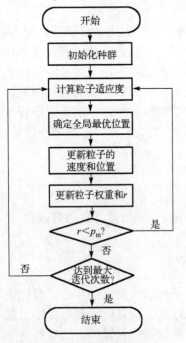

图 9-10　改进的粒子群算法

变异因子可用如下公式表示：

$$P_g = P_g \times \text{rand}$$（9-30）

随机设置一个参数 $r$，若该参数 $r < p_m$（$p_m$ 为变异概率），则根据式（9-29）执行变异操作。

算法流程图如图 9-10 所示。

具体操作步骤如下。

（1）初始化。初始化种群规模；初始化迭代次数 $k = 0$；初始化粒子的初始速度和初始位置；初始化全局最优位置 Gbest、自身最优位置 Pbest。

（2）计算粒子适应度值。

（3）通过对比粒子自身最优位置和 Pbest，确定全局最优位置。

（4）根据粒子在当前位置的目标函数值和速度，更新粒子的位置和速度。

（5）根据随机权重更新公式更新粒子权重，并更新 $r$ 的值。

（6）若 $r < p_m$，进行自适应的变异操作，这时粒子从第（2）步开始执行，继续寻优过程。

（7）判断此时的迭代次数是否达到了设定的最大迭代次数，若达到，则立即停止算法，并得出最终寻优结果；若未达到，则返回第（2）步，重新计算，以此类推。

4. 改进方法效果对比

为了验证改进的粒子群算法的效果，选择三个广泛使用的粒子群评测函数进行实验，分别使用三种改进的方法求这三种函数的最优解，并将效果进行对比。三个函数如表 9-3 所示。

表 9-3　测试函数

| 函数名 | 函数表达式 | 变量范围 | 最优解 |
| --- | --- | --- | --- |
| Rastrigin 函数 | $\sum\limits_{i=1}^{D}[x_i^2 - 10\cos(2\pi x_i) + 10]$ | [-30,30] | 0 |
| Griewank 函数 | $\sum\limits_{i=1}^{D}\dfrac{x_i^2}{4000} - \prod\limits_{i=1}^{N}\cos\left(\dfrac{x_i}{\sqrt{i}}\right) + 1$ | [-100,100] | 0 |
| Sphere 函数 | $\sum\limits_{i=1}^{D} x_i^2$ | [-100,100] | 0 |

在 MATLAB 环境下分别实现权重线性递减的粒子群算法、权重随机的粒子群算法以及本章提出的优化算法。实验中，粒子种群规模为 900，最大迭代次数为 50 次，变异概率为 0.01。

表 9-4 为上述三种算法求解的平均值对比。

表 9-4　三种算法求解平均值

| 方法＼函数 | Rastrigin | Griewank | Sphere |
| --- | --- | --- | --- |
| 权重线性递减算法 | 622.05 | 175.96 | 3.89 |
| 权重随机算法 | 49.65 | 34.33 | 6.49 |
| 本章改进算法 | 8.38 | 0.08 | 0.07 |

表 9-5 为上述三种算法求解的最优值对比。

表 9-5　三种算法求解最优值

| 方法＼函数 | Rastrigin | Griewank | Sphere |
| --- | --- | --- | --- |
| 权重线性递减算法 | 239.95 | 54.33 | 4.50 |
| 权重随机算法 | 57.35 | 32.05 | 8.21 |
| 本章改进算法 | 3.89 | 0.43 | 0.13 |

由表 9-4 和表 9-5 可以看出，无论是求解平均值还是最优值，本章提出的改进算法在精度上都有很大提高。其中本章改进算法用在 Griewank 函数中的平均值结果比权重线性递减算法高出 4 个数量级。可以得出，本章提出的自适应的粒子群算法效果明显，与理论上达到的预期效果一致，改进效果优于其他两种改进算法。

### 9.3.4　粒子群算法改进的 DBN 预测模型

DBN 模型由几层 RBM 和一层 BP 神经网络构成。这些网络被"限制"到单个可见层和单个隐藏层，其中在层之间形成连接（层内的单元未连接）。首先用无监督的学习算法训练下层 RBM，反馈到神经网络的第一层的初始参数值集合。然后使用第一层的输出（原始输入的新表示）作为另一层的输入，并且使用无监督的学习算法类似地初始化该层。最后，将最后一层 RBM 的输出作为最后一层的 BP 网络的输入，通过有监督的方式训练整个网络。在如此初始化多个层之后，整个神经网络可以进行微调。训练过程部分算法如算法 9.1、算法 9.2 所示。

训练深度学习网络的主要难点在于模型参数的选择，其中以隐含层层数和隐含层的节点数这两个参数最为重要，这两个参数对模型预测的精确度影响很大。深度学习模型的层次虽然多于普通的神经网络，但各项研究表明，深度学习网络的隐含层数也并非越多越好。一方面，过多的层数可能会导致模型的过拟合，不利于随后的预测步骤；另一方面，一味地追求多层数也会使模型训练的成本大大增加，效率降低。

**算法 9.1　DBN 训练算法**

```
DBN_train (n, v, gn)//训练输入，训练的结果是个长度为NI的一维数组
W1, b1←RBM_Alg (v, ε, W1', b, c, n/2, gn)
For（训练数据集中每个输入k）
     for（所有的隐含单元i）
     v1[k][i]=P（v1[k][i]=1|v[k])=sigm (b, [i]+sum_j（W1[i][j]*v1[k][j]))
     W2, b2←RBM_Alg(v1,ε,W2',b,c,n/4,gn)
For（训练数据集中每个输入k）
     for（所有的隐含单元i）
     v2[k][i]=P（v2[k][i]=1|v1[k])=sigm (b2[i]+sum_j（W2[i][j]*v1[k][j]))
     W3, b3←RBM_Alg（v2,ε,W3',b,c,1,gn）
For(训练数据集中每个输入k)
     for（所有的隐含单元i）
     v3[k][0]=P（v3[k][0]=1|v2[k])=sigm（b3[0]+sum_j（W3[0][j]*v2[k][j]))
Return v3//DBN的输出
```

其中，对 RBM 的训练算法如下。

**算法 9.2　　RBM 训练算法**

```
RBM _ Alg ( v, epsilon, W, b, c, l, gn ) / /l是隐含单元的个数，重复执行gn次
For(训练数据集中每个输入k)
       for(所有的隐含单元i)
           h [i] = P ( h [i] = 1 | v [k] ) = sigm ( b [i] + sum _ j ( W [i] [i] * v [0] [j] ) )
       for ( 所有的可视单元j)
           vT [k] [j] = P ( v [k] [j] = 1 | h ) =
           sigm ( c [j] + sum _ i ( W [i] [j] * h [i] ) )
       for ( 所有的隐含单元i)
           hT [i] = P ( h [i] = 1 | vT [k] ) =
           sigm ( b [i] + sum _ j ( W [i] [j] * vT [i] [j] ) )
           W+ = epilon * ( h * v [k] −hT * v T [k] )
           b+ = epsilon * ( h−hT )
           c+ = epsilon * ( v [0] −v [1] )
return W, b, c
RBM _ Alg ( v, epsilon, W, b, c, l, gn ) / /l是隐含单元的个数，重复执行gn次
```

因此，深度学习模型的调参成为一大难点，是整个实验的重点部分。在之前的研究中，DBN 的参数选择很多是凭借经验进行的，这样缺乏科学依据且对精度的影响很大。因此，本节设计了两组实验，第一组确定 DBN 模型的隐含层层数；第二组实验通过前面提出的自适应的粒子群算法，对 DBN 模型隐含层的节点数进行自动调参，避免了人工调节参数的复杂性。

对 DBN 的隐含层层数设置的实验流程如图 9-11 所示。中心思想是不断增加 RBM 的层数，每增加一层，计算网络的误差，并向上一层进行反馈，若误差不满足预先的设定 RError，则增加一层 RBM；达到要求后，对整个网络进行反向的微调，并完成模型训练。

利用算法 9.1 和算法 9.2 进行实验，得到隐含层层数节点与正确率的关系如图 9-12 所示。可以看出，当隐含层层数在[2,4]时，模型对数据预测的正确率是不断上升的，当隐含层层数为 4 时，模型预测的正确率逼近97%，达到最高。而当隐含层层数超过 4 之后，随着网络中隐含层层数的增加，预测结果的正确率不升反降，最终在深度为 6 时降低至 92.16%。虽然对于不同的数据集，由于其服务特征不同，对应的模型也各不相同。但是过多的层数对模型的训练都是不利的，这样对数据的训练过于充分，在学习了全局特征的同时，过多地学习了局部特征，这样在后面的训练过程中不能发挥良好的预测能力，会降低预测精度[20]。

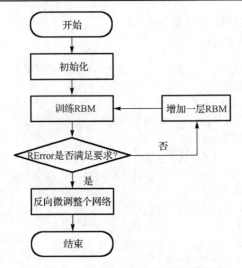

图 9-11　设置 DBN 隐含层层数流程图

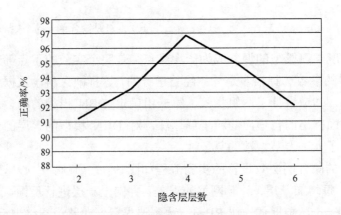

图 9-12　DBN 不同隐含层层数对应的正确率

　　接下来，进行第二组实验。利用前面提出的自适应的粒子群算法对模型的隐含层节点数进行设置，由第一组实验可知，最佳隐含层层数为 4。设置输入节点数为 20。为了防止过拟合的情况，这里设置隐含层节点数不能超过输入节点数的 2 倍，即 40。最大迭代次数为 20，学习因子 $c_1$、$c_2$ 均为 2，数据集为自测的四个 Web 服务对应的四组响应时间。

　　由图 9-13 可以看出，随着迭代次数的不断增加，各数据集慢慢收敛，能够得出每个服务的 QoS 数据集对应的最佳隐含层节点数。同时可以看出，每个数据集的收敛速度各不相同。样本 1 在第 7 次迭代之后收敛，样本 2 在第 8 次迭代后收敛，样本 3 在第 12 次迭代后收敛，样本 4 在第 10 次迭代后收敛。而最终样本 1 的最佳隐含层节点数为 22，样本 2 的最佳隐含层节点数为 28，样本 3 的最佳隐含层节点数为

15，样本 4 的最佳隐含层节点数为 20。因为每个 Web 服务的状态都不相同，都有各自的信息特征，因此每个数据集都使用不同的网络结构。

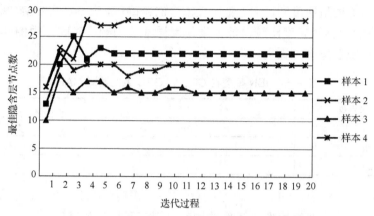

图 9-13　各数据集对应的最佳隐含层节点数对比

## 9.3.5　GPU 加速计算

本章使用 9.2.3 节中介绍过的 GPU 来对深度置信模型进行加速。在定量衡量加速效率时，通常采用加速比来比较算法的 CPU 实现和 GPU 实现的运行效率[21]。计算公式如下：

$$\text{Speedup} = \frac{\text{TimeCPU}}{\text{TimeGPU}} \tag{9-31}$$

其中，TimeCPU 表示算法在 CPU 上运行所需平均时间；TimeGPU 表示算法在 GPU 上运行所需平均时间。2014 版本的 MATLAB 提供了 226 个内置的 GPU 版本的库函数。对 DBN 模型分别在 CPU 和 GPU 上建模的时间进行对比，为了避免实验的随机性干扰，本次实验均选择 10 次执行的平均值。实验结果如图 9-14 所示。

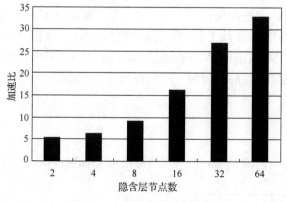

图 9-14　DBN 训练时间比较

　　可以看出经过 GPU 加速后，模型的训练时间有了显著的下降，而从效果来说，当隐含层节点数越多的时候，提速比越大，说明提速的效果越明显。

　　在加快训练模型速度的同时，要保证模型的精确度，表 9-6 为 DBN 模型在 CPU 下和 GPU 下的预测精确度比较，数据集使用样本 3 的响应时间，由图 9-13 已知该组数据的最佳隐含层节点数为 15。

表 9-6　DBN 模型在 CPU 和 GPU 下的预测 MAE　　　　　（单位：%）

| 隐含层节点数 | CPU | GPU |
| --- | --- | --- |
| 10 | 1.86 | 1.72 |
| 15 | 1.11 | 1.35 |
| 20 | 2.47 | 2.14 |

　　从表 9-6 可以看出，GPU 加速方法对最终的预测结果影响不大，误差都控制在了 0.24%以内，从而在缩短训练速度的同时也保证了模型的精度。

## 9.4　实验及结果分析

　　本章使用 9.3 节提出的基于 DBN 算法改进的 Web 服务 QoS 预测方法，分别对自测数据和开源数据进行预测，每组都预测了 100 个数据。预测后，使用三种精度评估标准，将本章方法和其他三种方法的预测结果进行对比，证明了本章提出方法的有效性。

### 9.4.1　软硬件环境

　　处理器：Pentium® Dual-Core E5300 2.60GHz。

　　内存：4.00GB。

　　操作系统：Microsoft Windows 7 Service Pack 1。

　　开发环境：算法实现所用语言为 MATLAB，版本为 MATLAB R2013a，本章使用 GitHub 上的深度学习开源工具箱①。其中包括 DBN、卷积神经网络等深度学习主流模型。DBN 中包括 DBN 模型的建立以及 RBM 的训练和建立过程。将其载入 MATLAB，并对模型参数进行微调，即可得到需要的模型。另外使用 LoadRunner 11 收集实验数据。

### 9.4.2　实验设置

　　本章实验数据分为两部分，第一部分是使用 LoadRunner 软件通过模拟用户实施

---

① https://github.com/rasmusbergpalm/DeepLearnToolbox.

并发负载进行性能监控，收集了 4 个 Web 服务 QoS 中的响应时间和吞吐量两种属性，并将数据上传至 SourceForge①。收集过程持续两个多月，从每天早上 8 点到下午 5 点，每个数据的收集间隔为 15min，四个 Web 服务分别收集到了 2000 条响应时间和 2000 条吞吐量，其原始数据如图 9-15、图 9-16 所示。在后面结果分析的图片中，响应时间简写为 rt，吞吐量简写为 tp，开源数据简写为 rt' 和 tp'。

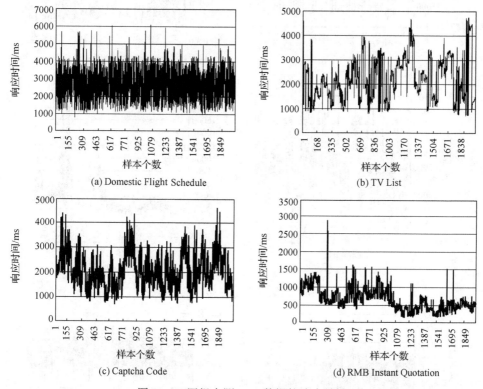

图 9-15　四组自测 QoS 数据的响应时间

第二部分是来自网上的两组共享数据，包括服务 Domestic Air Line 的响应时间和吞吐量，原始数据如图 9-17 所示。

从上面的 Web 服务 QoS 历史数据可以看出，几乎每个服务的波动特点都是各不相同的。有的数据呈随机性，变化范围比较大，而有的数据比较平稳，只在一定范围内波动。这时，对数据进行正确的预处理就显得格外重要。例如，图 9-16 中的 TV List 服务的响应时间数据，其中有一部分是小于 0 的，这样的数据即为无效的数据。再如，图 9-15 中的 RMB Instant Quotation 的响应时间中从 0 左右瞬间增至将近

---

① https://sourceforge.net/projects/qosmonitoring/files.

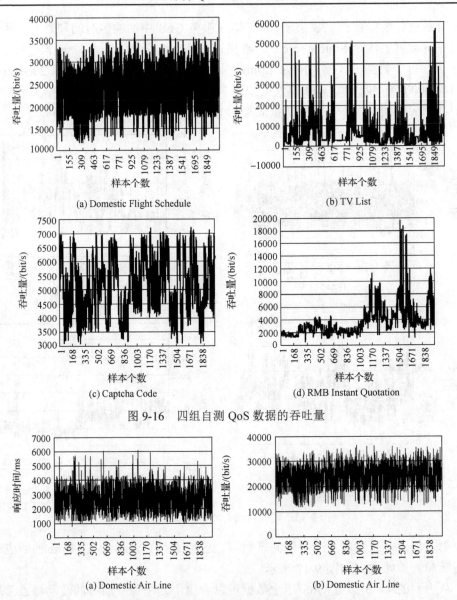

(a) Domestic Flight Schedule

(b) TV List

(c) Captcha Code

(d) RMB Instant Quotation

图 9-16　四组自测 QoS 数据的吞吐量

(a) Domestic Air Line

(b) Domestic Air Line

图 9-17　开源数据的响应时间和吞吐量

3000ms，这样的数据也应视为噪声。这种噪声对模型预测的精确度干扰性较强，因此需要作出处理。为了平滑噪声，消除无效的数据，在利用数据集进行建模前，需要对所有的数据进行小波去噪处理，具体的操作方法在 9.3.2 节中已介绍，处理结果如图 9-18、图 9-19 所示。

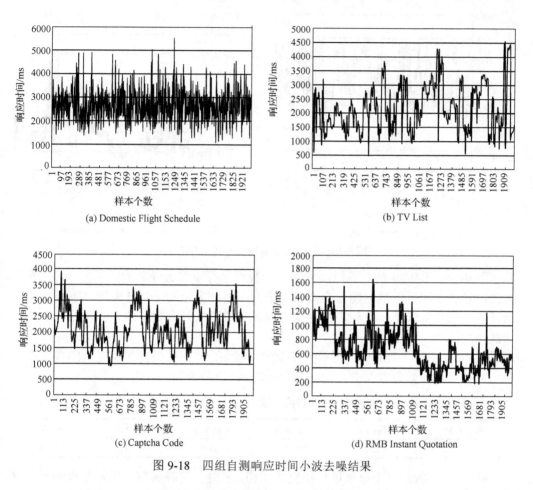

图 9-18　四组自测响应时间小波去噪结果

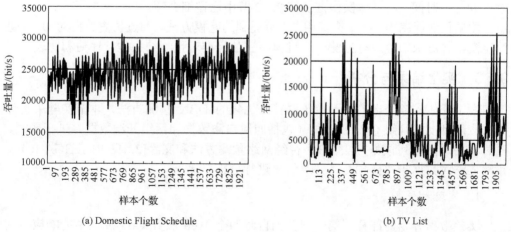

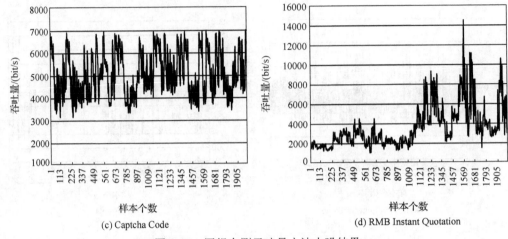

样本个数

(c) Captcha Code

样本个数

(d) RMB Instant Quotation

图 9-19　四组自测吞吐量小波去噪结果

　　图 9-18、图 9-19 是对几组自测的原始数据进行小波去噪后的结果图，对比原始数据，经过去噪后，数据图像变得更加平滑，之前多余的毛刺被去除，不正常的数据范围也明显降低了。这种小波变换的方式可以降低异常数据的影响，处理后的数据扰动性减小。

　　在 QoS 时间序列历史数据输入深度学习模型之前，要根据前面提出的方法进行归一化处理，原始数据与归一化的数据比较如表 9-7 所示。

表 9-7　去噪后的数据与归一化数据对比表

| 原始数据 | 5299.758 | 5125.458 | 5236.319 | 5652.871 | 6259.243 |
| --- | --- | --- | --- | --- | --- |
| 归一化数据 | 0.5793 | 0.5320 | 0.5577 | 0.6018 | 0.8763 |

　　接下来对 QoS 历史数据进行相空间重构，采用自关联函数法确定重构的嵌入维数 $m$ 和延迟时间 $\tau$，具体操作方法在 9.3.2 节中已详细介绍。

　　数据预处理完毕，接下来运用 9.3 节提到的建模方法，通过历史数据对 DBN 进行建模，并对未来值进行预测，通过模型评估标准对预测结果进行评估和比较。

### 9.4.3　实验结果与分析

　　为了评估本章提出的基于粒子群算法优化的 DBN 预测方法，本节实验中将该方法应用到上述几组 QoS 数据集（包括四组自测数据和两组开源数据）进行预测，同时使用时间序列预测方法、BP 神经网络预测方法和文献[22]提出的 HGA-RBFC 预测方法对数据集建模预测，并对结果进行分析对比。

　　1.　实验结果

　　实验数据分为两部分，第一部分为自测四个 Web 服务 QoS 属性中的响应时间和吞吐量，第二部分为一个开源服务的响应时间和吞吐量。每个数据集各收集了

2000 组数据。针对每组数据集，在建立模型时，用前 1900 组时间序列数据为样本
训练集进行建模，并预测后 100 个数据；得到预测结果后进行反归一化恢复数据，
自测数据的响应时间预测结果如图 9-20～图 9-23 所示。

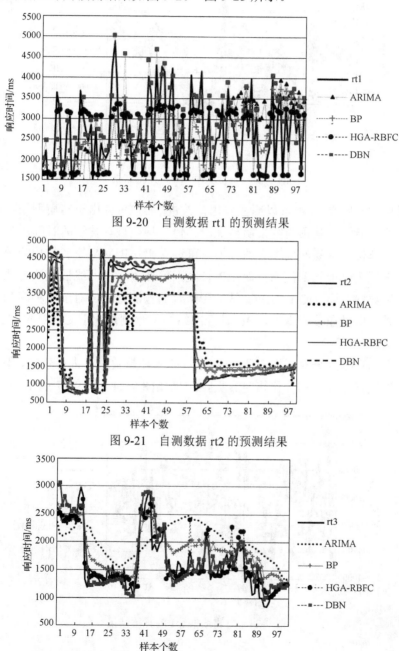

图 9-20　自测数据 rt1 的预测结果

图 9-21　自测数据 rt2 的预测结果

图 9-22　自测数据 rt3 的预测结果

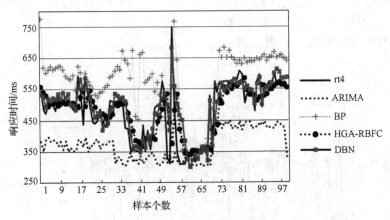

图 9-23　自测数据 rt4 的预测结果

　　从图 9-20～图 9-23 中可以明显看出，改进后的 DBN 由于其模型结构和对大数据优异的处理能力，其预测结果明显优于其他三种模型。传统的时间序列模型随着预测时间的延长，容易产生较大的误差。可以看出 ARIMA 模型的预测效果最为不佳，因为它不适用于长期预测；而 BP 神经网络作为一种非线性预测方法，较为适合训练此种数据；而 HGA-RBFC 是一种组合的预测方法，对于多种序列都能得到较好的效果。所以在该样本下，BP 神经网络模型预测是次于 DBN 和 HGA-RBFC 模型的方法。

　　以同样的数据划分对四组自测 Web 服务的吞吐量数据集进行建模，得到预测结果后进行指数操作并反归一化恢复数据，结果如图 9-24～图 9-27 所示。

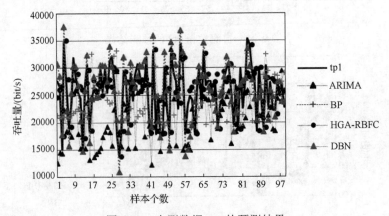

图 9-24　自测数据 tp1 的预测结果

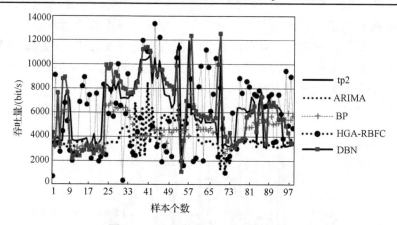

图 9-25　自测数据 tp2 的预测结果

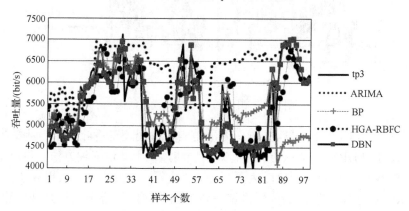

图 9-26　自测数据 tp3 的预测结果

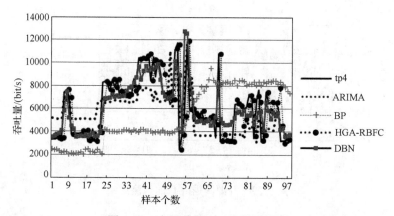

图 9-27　自测数据 tp4 的预测结果

　　从图 9-24～图 9-27 中可以看出，改进后的 DBN 模型在四种预测方法中，依然保持着较好的预测效果。改进后的 DBN 模型较其他几种预测方法能够更好地预测时间序列中的极值情况，因为使用改进后的多层深度学习模型能够更好地学习出时间序列的数据特征变化趋势，对极值点的特征进行更为准确的捕捉。而在 Web 服务 QoS 预测的实际需求中，其他模型往往不注意对这些极值点的特征进行学习，将其当作失效（错误）的数据并忽略，从而导致错误的预测。

图 9-28、图 9-29 是对两组开源数据 Domestic Air Line 服务的响应时间预测结果。

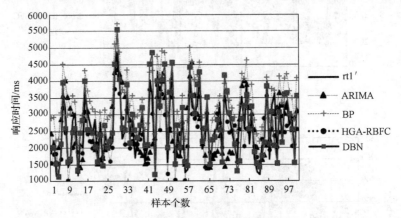

图 9-28　　开源数据 rt1' 的预测结果

由图 9-28 和图 9-29 可以看出，无论是响应时间还是吞吐量，自测数据还是开源数据，改进的 DBN 方法都能进行有效的预测，优于其他三种方法。可以看出，由于数据集中吞吐量时间序列值较为不平稳，跨度很大，因此也大大提高了预测难度。而 HGA-RBFC 模型对极值点的预测偏差较为明显，结果逊于其他几种预测方法。

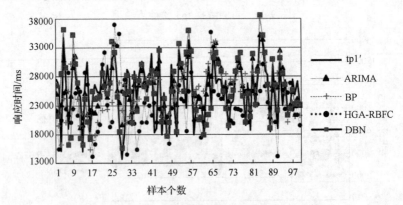

图 9-29　　开源数据 tp1' 的预测结果

## 2. 模型评估

对预测结果使用 MAE、RMSE 和 Pro 三个误差指标进行评估，四组自测数据的结果如表 9-8～表 9-12 所示。

表 9-8　自测数据 rt1 的误差值对比　　　　　（单位：%）

| 度量指标＼模型 | ARIMA | BP | HGA-RBFC | DBN | 最少提高 |
|---|---|---|---|---|---|
| MAE | 18.11 | 2.52 | 2.06 | 1.95 | 5.64 |
| RMSE | 18.62 | 6.59 | 2.50 | 2.10 | 19.04 |
| $Pro_{|error|<0.01}$ | 8.13 | 28.89 | 31.32 | 35.61 | 13.69 |

表 9-9　自测数据 rt2 的误差值对比　　　　　（单位：%）

| 度量指标＼模型 | ARIMA | BP | HGA-RBFC | DBN | 最少提高 |
|---|---|---|---|---|---|
| MAE | 13.17 | 1.67 | 0.48 | 0.41 | 17.07 |
| RMSE | 17.49 | 3.24 | 0.65 | 0.43 | 51.16 |
| $Pro_{|error|<0.01}$ | 10.46 | 48.75 | 58.23 | 72.37 | 4.41 |

表 9-10　自测数据 rt3 的误差值对比　　　　　（单位：%）

| 度量指标＼模型 | ARIMA | BP | HGA-RBFC | DBN | 最少提高 |
|---|---|---|---|---|---|
| MAE | 19.17 | 2.04 | 1.36 | 1.11 | 18.38 |
| RMSE | 20.36 | 7.24 | 1.79 | 1.23 | 31.28 |
| $Pro_{|error|<0.01}$ | 7.13 | 40.75 | 53.13 | 62.16 | 16.70 |

表 9-11　自测数据 rt4 的误差值对比　　　　　（单位：%）

| 度量指标＼模型 | ARIMA | BP | HGA-RBFC | DBN | 最少提高 |
|---|---|---|---|---|---|
| MAE | 17.64 | 22.12 | 1.59 | 1.40 | 11.95 |
| RMSE | 28.71 | 30.24 | 2.44 | 2.23 | 8.61 |
| $Pro_{|error|<0.01}$ | 6.13 | 31.75 | 51.13 | 54.37 | 6.33 |

表 9-12　四组自测数据吞吐量的误差值对比　　　　　（单位：%）

| Web 服务＼度量指标 | Domestic Flight Schedule | | | | |
|---|---|---|---|---|---|
| | ARIMA | BP | HGA-RBFC | DBN | 最少提高 |
| MAE | 3.26 | 2.18 | 0.93 | 1.13 | -17.70 |
| RMSE | 5.56 | 4.02 | 1.14 | 2.41 | -35.14 |
| $Pro_{|error|<0.01}$ | 22.68 | 35.83 | 57.68 | 49.11 | -8.57 |

续表

| Web 服务 | TV List | | | | |
|---|---|---|---|---|---|
| 度量指标 | ARIMA | BP | HGA-RBFC | DBN | 最少提高 |
| MAE | 3.68 | 3.27 | 4.01 | 2.68 | 27.17 |
| RMSE | 5.93 | 5.58 | 5.08 | 4.75 | 6.50 |
| $Pro_{|error|<0.01}$ | 18.36 | 23.47 | 15.36 | 45.21 | 92.62 |
| Web 服务 | Captcha Code | | | | |
| 度量指标 | ARIMA | BP | HGA-RBFC | DBN | 最少提高 |
| MAE | 2.15 | 1.17 | 0.94 | 1.14 | −18.66 |
| RMSE | 2.78 | 1.53 | 1.22 | 1.62 | −24.69 |
| $Pro_{|error|<0.01}$ | 49.13 | 57.66 | 67.13 | 57.64 | −14.13 |
| Web 服务 | RMB Instant Quotation | | | | |
| 度量指标 | ARIMA | BP | HGA-RBFC | DBN | 最少提高 |
| MAE | 5.85 | 5.07 | 2.47 | 1.88 | 23.89 |
| RMSE | 6.23 | 6.01 | 4.18 | 2.02 | 51.67 |
| $Pro_{|error|<0.01}$ | 8.43 | 11.26 | 49.43 | 55.73 | 12.75 |

从表 9-8 中可以看到对 Domestic Flight Schedule 服务的响应时间预测结果中，改进的 DBN 预测效果最好，其 MAE、RMSE 分别为 1.95%和 2.10%，有 35.61%的预测值结果的相对误差在 0.01 以下；HGA-RBFC 方法的表现仅次于 DBN 模型，MAE 和 RMSE 都控制在 3%以下；而 ARIMA 模型预测效果不理想，仅有 8.13%的预测值误差小于 1%。

从表 9-9 中可以看出，由于该组数据的吞吐量波动范围较小，由于同为神经网络模型，DBN 模型和 BP 神经网络的预测结果都较为理想，MAE 均控制在 2%以下。HGA-RBFC 模型的预测能力也达到了预期值，预测值相对误差在 0.01 以下的概率达到 58.23%，而 DBN 模型的概率则达到了 72.37%。从整体上看，DBN 模型能够提升预测表现，保持相对优良的预测性能。

从表 9-10 和表 9-11 中可以看到，改进的 DBN 模型依然维持着较好的预测表现。而传统的 ARIMA 模型的误差指标是最不理想的，其 MAE 值和 RMSE 值几乎均大于 BP 神经网络模型、HGA-RBFC 模型和改进的 DBN 模型，而 Pro 值均小于其他三个模型的 Pro 值。因此可以看出，一个好的网络结构设计是至关重要的。在改进的 DBN 模型中，通过设置的多层网络来训练模型，因此能够进行更精确的预测。

表 9-12 为对四组自测数据的吞吐量进行误差指标分析的结果。从中可以发现，本章提出的改进的 DBN 预测方法在 MAE 值、RMSE 值和 Pro 值三个误差指标上均优于 ARIMA 模型、BP 神经网络模型以及 HGA-RBFC 模型的误差指标。

表 9-13、表 9-14 为开源数据的一组响应时间和吞吐量进行误差指标分析的结果，从中可以看出，本章提出的改进的 DBN 预测方法不仅做到了接近文献[22]提出

的 HGA-RBFC 方法的预测效果，并在此基础上有显著的提高，在 MAE 值、RMSE 值和 Pro 值三个误差指标上均优于 ARIMA 模型和 BP 神经网络模型的误差指标。

表 9-13　开源数据响应时间的误差值对比　　　（单位：%）

| 度量指标 ＼ 模型 | ARIMA | BP | HGA-RBFC | DBN | 最少提高 |
|---|---|---|---|---|---|
| MAE | 2.89 | 3.80 | 2.06 | 1.31 | 54.67 |
| RMSE | 3.42 | 3.98 | 2.42 | 1.93 | 43.57 |
| $Pro_{|error|<0.01}$ | 37.84 | 19.59 | 52.84 | 56.79 | 4.25 |

表 9-14　开源数据吞吐量的误差值对比　　　（单位：%）

| 度量指标 ＼ 模型 | ARIMA | BP | HGA-RBFC | DBN | 最少提高 |
|---|---|---|---|---|---|
| MAE | 1.32 | 1.79 | 1.08 | 1.08 | 0 |
| RMSE | 1.98 | 2.03 | 1.98 | 1.74 | 12.12 |
| $Pro_{|error|<0.01}$ | 59.28 | 47.36 | 65.28 | 67.74 | 8.36 |

为了更加直观地比较这 4 种方法，表 9-15 为 4 种方法的平均整体误差对比。

表 9-15　4 种方法的预测精度对比　　　（单位：%）

| 排名 | MAE | RMSE | $Pro_{|error|<0.01}$ | 模型 |
|---|---|---|---|---|
| 1 | 1.41 | 1.79 | 57.67 | DBN |
| 2 | 1.70 | 2.12 | 53.18 | HGA-RBFC |
| 3 | 4.56 | 7.46 | 34.53 | BP |
| 4 | 8.72 | 11.11 | 22.76 | ARIMA |

由表 9-15 可以看出，从整体预测水平上说，本章提出的 DBN 模型预测效果是几种方法中最好的，其预测结果最接近真实值，MAE 为 1.41%，比预测效果最差的 ARIMA 模型预测精度提高了近 518%，比文献[22]中提出的最新的 HGA-RBFC 预测方法也提高了约 20.56%；其 RMSE 值为 1.79%，比表现最差的 ARIMA 模型预测的精度提高了约 520%，比 HGA-RBFC 预测模型提高了 18.43%；同样，DBN 方法的 $Pro_{|error|<0.1}$ 值最少提高了 8.43%，比 ARIMA 模型提高了 153.38%。作为一个时间序列预测模型，ARIMA 模型在短期预测中表现的结果较好，然而随着预测时间的延长，预测误差将变得越来越大。而 BP 神经网络由于受到其浅层学习结构的制约，相比较而言对 QoS 属性的预测效果有些差强人意。HGA-RBFC 模型作为一种组合预测模型，能够综合上一时间的预测结果对下一时刻的预测模型作出调整，因此在预测精度上仅次于 DBN 模型。

# 9.5　本 章 小 结

本章简要地介绍了需要用到的方法和理论，概括了一些基本方法的中心思想。深度学习理论包含多种模型，如前面提到的 RBM、DBN、自编码机等，深度学习的深层结构和良好的特征学习能力为准确预测 QoS 属性值提供了优质基础；通过小波变换，可以实现滤波去噪的目的；粒子群算法的思想简单，易于实现，计算效率高，可用于改进深度学习网络模型；GPU 强大的运算能力和分块思想能够大大提升运算速度，节省深度学习建模和预测的时间。同时利用四组自测数据和两组开源数据进行了 Web 服务 QoS 属性值的预测实验，证明了 9.3 节提出方法的有效性。将改进的 DBN 预测模型与 ARIMA 模型、BP 神经网络模型、HGA-RBFC 预测模型同时建模，通过对预测结果的误差分析发现，改进的 DBN 模型能够保持较低的平均绝对误差和均方根误差，同时维持了较为平稳的相对误差概率分布。这得益于采用多层网络结构来建立模型，增强了模型的特征学习能力。因此改进的 DBN 模型的预测结果更加符合实际需求。

## 参 考 文 献

[ 1 ] Huhns M N, Singh M P. Service-oriented computing: Key concepts and principles[J]. Internet Computing IEEE, 2005, 9(1): 75-81.

[ 2 ] Chen K, Zheng W M. Cloud computing: System instances and current research[J]. Journal of Software, 2009, 20(5): 1337-1348.

[ 3 ] 余凯, 贾磊, 陈雨强, 等. 深度学习的昨天、今天和明天[J]. 计算机研究与发展, 2013, 50(9): 1799-1804.

[ 4 ] Hinton G E, Salakhutdinov R R. Reducing the dimensionality of data with neural networks[J]. Science, 2006, 313(5786): 504-507.

[ 5 ] Ackley D H, Hinton G E, Sejnowski T J. A learning algorithm for Boltzmann machines[J]. Cognitive Science, 1985, 9(1): 147-169.

[ 6 ] Hinton G, Osindero S, Teh Y. A fast learning algorithm for deep belief nets[J]. Neural Computation, 1989, 18(7): 1527-1554.

[ 7 ] C.西德尼·伯罗斯, 拉米什 A.戈皮那思, 郭海涛, 等. Introduction to Wavelets and Wavelet Transforms: A Primer[M]. New Jersey: Prentice-Hall, 2005.

[ 8 ] 衡彤. 小波分析及其应用研究[D]. 成都: 四川大学, 2003.

[ 9 ] 杨芳明. 小波分析及其应用[M]. 北京: 机械工业出版社, 2005.

[10] Mallat S G. Multiresolution Representations and Wavelets[M]. Pennsylvania: University of Pennsylvania, 1988.

[11] 徐洁, 付强. 基于小波分析的脉搏波信号去噪[J]. 计算机仿真, 2012, 29(9):235-238.

[12] 罗益荣. 基于多层小波分析的图像融合技术研究[J]. 计算机应用与软件, 2012, 29(12): 108-112.

[13] 宋弘, 胡莲君, 曾晓辉,等. 小波变换在机器人语音识别系统中的应用[J]. 微计算机信息, 2009(32): 198-200.

[14] 李雅梅, 陈明霞, 杜晶. 小波理论在滚动轴承故障诊断中的应用[J]. 计算机系统应用, 2012, 21(7): 172-176.

[15] 李波. 基于小波分析和遗传神经网络的短时城市交通流量预测研究[D]. 北京: 北京交通大学, 2012.

[16] Hestenes M R, Stiefel E. Methods of conjugate gradients for solving linear systems[J]. Journal of Research of the National Bureau of Standards, 1952, 49(6): 409-436.

[17] Fletcher R, Reeves C M. Function minimization by conjugate gradients[J]. Computer Journal, 1964, 7(2): 149-154.

[18] Kennedy J, Eberhart R. Particle swarm optimization[C]//IEEE International Conference on Neural Networks. IEEE, 1995, 4: 1942-1948.

[19] 吕金虎. 混沌时间序列分析及其应用[M]. 武汉: 武汉大学出版社, 2002.

[20] Box G E P, Jenkins G M, Reinsel G C. Time series analysis. Forecasting and control[J]. 3rd ed. Journal of the Operational Research Society, 1976, 22(2):199-201.

[21] Zhang K, Li J, Chen G, et al. GPU accelerate parallel Odd-Even merge sort: An OpenCL method[C]//International Conference on Computer Supported Cooperative Work in Design. IEEE, 2011:76-83.

[22] 刘宗磊, 庄媛, 张鹏程. 基于径向基神经网络的 Web Service QoS 属性值组合预测方法[J]. 计算机与现代化, 2015(12): 52-56.

# 第 10 章　基于贝叶斯网络模型云服务 QoS 预测方法

云计算三层体系结构中的软硬件资源会对云服务 QoS 有一定的影响，但现有的云服务 QoS 预测方法均未考虑到。这些影响在云服务 QoS 预测的时候都是存在的，忽略这些影响可能导致预测结果和实际结果误差偏大。因此提出一种基于贝叶斯网络模型的云服务 QoS 预测方法。

首先收集云计算各个层次结构的软硬件资源和 QoS 属性数据集，进行合理的预处理，然后对贝叶斯网络进行训练。利用各变量之间的互信息构建贝叶斯网络，并进行参数学习，计算贝叶斯网络各个节点所对应的条件概率分布表。然后使用贝叶斯网络的预测推理算法对 QoS 属性数据进行预测和推理，最终获取云服务 QoS 的概率值。以响应时间和可用性为例，使用随机抽取的 10 组数据集作为模型预测样本进行实验。通过对贝叶斯网络模型（Bayesian Network Model，BNM）的云服务 QoS 预测方法与时间序列预测模型（ARIMA）、BP 神经网络预测模型、算术平均值预测模型等预测方法对比分析预测结果，使用 MRE、MAE、SSE、RMSE 四个误差指标对预测结果进行评估来验证提出的预测方法的准确性。实验结果表明基于贝叶斯网络模型的云服务 QoS 预测方法能够准确地预测云服务 QoS，并且准确率高于对比的预测方法。

## 10.1　引　　言

随着计算机技术的发展、网络带宽的不断提高和大数据的推广与应用，云计算的发展越来越成熟。云计算在教育、民生、医疗、企业电子商务和电子政务等方面正发挥着不可或缺的积极作用。云服务凭借其较高的可扩展性、可靠性、可用性和安全性等优势，给用户提供可靠优质的云服务。云计算通过动态的互联网提供云服务，因此云服务的 QoS 会随着网络环境、负载和时间等因素的变化而不断变化，容易致使云服务的 QoS 无法满足用户的需求，给用户造成不可挽回的损失。

针对上述问题，专家学者提出了许多云服务 QoS 保障方案。其中，很多方案通过预测方法来获取云服务在未来短时间内的 QoS 信息，根据预测的结果，分配下一个未来短时间内满足用户需求的云服务。但是预测方法的准确性不确定，有高有低，而且每种预测方法预测所需的 QoS 历史数据、消耗计算机的资源和时间也存在差异性，致使预测结果的效果和云服务的分配效果也是不同的。

怎样才能帮助用户选择并使用最符合用户需求的云服务 QoS 呢？在云计算环境

下，为了解决这个问题，应用预测技术对云服务的 QoS 进行预测是实现服务推荐的重要手段。本章提出一种新的 QoS 预测方法，考虑在云计算环境下影响 QoS 属性的底层软硬件资源因素，即结合云计算的三层体系结构中的软硬件资源，发现云服务 QoS 的单个 QoS 属性与底层软硬件资源之间存在一定的相关性，运用贝叶斯网络技术来预测云服务的 QoS。

## 10.2　预 备 知 识

预测是采用科学的方法和手段，通过分析对象的历史数据信息，研究对象本身所具有的规律，对事物的未来发展演变作出科学预判。本节将重点介绍几种在云服务 QoS 预测技术中常用的方法。

### 10.2.1　BP 神经网络预测模型

#### 1. BP 神经网络

BP 神经网络是一种多层前馈网络，由 Rumelhart 和 McCelland 为首的科学家小组于 1985 年提出[1]。BP 神经网络由三个部分组成。第一部分是输入层（input layer），作用是接收外界的输入信息，将其传递给隐含层。第二部分是隐含层（hidden layer），作用是对接收的信息进行处理，之后传到输出层。第三部分是输出层（output layer），作用是对隐含层的输出进行线性加权求取输出结果。复杂的 BP 神经网络可包含多个隐含层。BP 网络能够学习和存储大量的 input-output 映射关系模式，并且不需要事前描述这种映射关系的数学方程式。BP 神经网络的主要目的是反复纠正、调整网络的连接权值和阈值，使误差函数值最小化。

#### 2. BP 神经网络的结构

BP 神经网络的基本原理是使用输出误差来推断输出层的前一层的误差，然后再使用这个误差去推断更前一层的误差，这样层层反向传播下去，最后就获得了其他各层的误差估计值。BP 神经网络的学习过程中，输入层的目标是接收外界的输入信息，并将这个信息传递给隐含层，隐含层负责根据神经元网络之间的连接权值和传递的激活函数，将输入信息传到输出层，输出层进一步处理隐含层处理后的信息，从而产生最终信息的处理结果。如果输出正确的结果，即实际输出与期望输出相符合，那么将正确的结果和产生的结果比较，计算得到误差，再逆推对神经网络中的各连接权值进行反馈修正和调整，从而完成 BP 神经网络的学习过程。如果输出层的实际输出与期望输出不相符，即网络输出误差没有达到预设的精度或学习的次数，那么就反转进入反向传播过程，误差经由输出层向隐含层和输入层逐层反向传播。具体模型结构如图 10-1 所示。

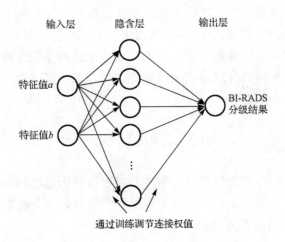

图 10-1　BP 神经网络模型结构图

### 3. BP 神经网络算法步骤

（1）初始化。在区间内对各层的连接权值和阈值设置一个很小的非零随机数，对可以接受的很小的目标误差、学习速率和预先设定学习次数 $M$ 等进行初始化。

（2）导入 $N$ 个学习的样本 $X$ 和其相应的期望输出结果，对第 $i$ 个样本进行处理。

（3）依次对各层实际输出值和期望输出值的误差进行计算。

（4）若 $i<N$，则转到第（2）步执行；若 $i=N$，则转到第（5）步执行。

（5）依次修正和调整各层的权值与阈值。

（6）根据新的权值对输出值和误差值重新计算。

（7）判断误差是否满足条件，若输出误差是小于目标误差值的，或者达到预先设定的学习次数，则训练过程结束，否则转到第（2）步执行。

## 10.2.2　算术平均值预测模型

通过算术平均值预测模型，可以求出一定观察期内预测目标的时间数列的算术平均值作为下一个时间的预测值，它是一种最简单的时序预测方法。使用实际云服务 QoS 算术平均值方法进行预测的公式如下：

$$AVG = \frac{\sum_{j=1}^{m} P_j}{N_i} \tag{10-1}$$

式（10-1）中，以响应时间为例，其中 $i \in (1,n), j \in (1,m)$，$N_i$ 的含义为第 $i$ 组响应时间数据的总数量，第 $i$ 组中的数据再分为 $m$ 组，$m$ 组中每小组的正常响应时间

的概率值为 $P_j$，AVG 就是云服务 QoS 算术平均概率值。

## 10.2.3　贝叶斯网络预测模型

### 1. 贝叶斯网络

贝叶斯网络是一个有向无环图（Directed Acyclic Graphs, DAG）。它是一种基于概率推理的数学模型[2]，即通过一些变量的概率信息，经过推理计算来获取其他变量的概率信息的过程。基于概率推理的贝叶斯网络（Bayesian network）[3,4]是为了解决复杂系统的不确定性和不完整性问题。贝叶斯网络由变量节点和连接节点的有向边组成。贝叶斯网络中的节点用来表示一个随机的变量，有向边表示变量之间的条件依存关系。贝叶斯网络可以使复杂问题中的变量关系用一个网络结构清晰明了地表示出来，用网络结构来反映问题领域中变量之间的依赖关系。

变量可以是一个随机的变量，或一个可观测量状态、属性和现象，或一个隐含变量，或一个未知的参量和假设等，总之，它可以表示所有问题的抽象化，具有一定的实际意义。贝叶斯网络的有向边描述各变量之间的条件依赖关系，箭头表示依赖关系的方向性，箭头所指向的节点依赖于发出的那一个节点（父节点）。其中，父节点表示原因，子节点表示结果。贝叶斯网络中每个变量节点都与一个条件概率函数有关联。节点之间没有连接，表示节点所对应的变量之间是条件独立的，定性描述对应的问题。网络中的每个节点相对于其父节点的所有可能的条件概率用一个条件概率表一一列出，定量描述对应的问题[5]。约定节点以箭头发出的那一个节点（父节点）为条件，与任一个非子节点是条件独立的。概率值的大小表示子节点和父节点之间的依赖关系强弱或者置信度大小，没有父节点的节点概率表示其先验概率。

### 2. 贝叶斯网络预测推理

贝叶斯网络的预测推理是在已知网络结构模型的情况下，根据一些变量的概率信息，使用贝叶斯估计法计算条件概率，然后使用贝叶斯网络推理引擎算法推理出想知道的节点所发生的概率值[6]。因此可以由贝叶斯网络中任何一个或者多个节点的值推理其他相关节点的值。

贝叶斯网络的预测推理包括 4 种推理模式：①预测推理，由原因推理（预测）结论，也就是已知一定的原因，或者部分证据，通过贝叶斯网络的推理计算，获得结果发生的概率；②诊断推理，由结论推知原因，即已知最后产生结果，通过贝叶斯网络的推理，找出致使该结果发生的原因，并计算原因发生的概率；③原因关联推理，推理计算出产生相同结果的不同原因之间的关联；④混合推理，将以上几种推理模式联合起来分析问题的原因和结果，该推理方法可用于求解贝叶斯网络中所有节点的概率分布情况。

贝叶斯网络的概率预测推理算法可分成两种：一种是精确推理；另外一种是近似推理。这两种推理都建立在贝叶斯网络基本性质的基础之上，目标是通过使用边缘概率分布的计算，来降低计算联合概率分布的复杂程度。精确推理算法适用于结构比较简单，规模较小且复杂度低的贝叶斯网络推理。近似推理算法在不改变结果正确性的情况下，简化了计算的复杂度，因此主要适用于网络结构规模较大、复杂度较高的的贝叶斯网络推理。

3. 贝叶斯网络联合概率推理算法

贝叶斯网络联合概率推理算法也就是联合树引擎推理法和团树传播算法，团树传播算法是把贝叶斯网络变换成一个联合树（junction tree）[4]来执行。贝叶斯网络工具箱提供了多种不同的推理引擎算法，有联合树引擎推理法、消元法、打分搜索法和基于依赖关系的学习方法等。它们在复杂度和精确度上也有不同的表现。联合树引擎推理法是所有精确推理引擎的基础，其推理结果精确，计算效率较高。贝叶斯网络联合概率推理算法的主要思想是将贝叶斯网络有向图转化为相应的联合树，接着通过联合树上的消息传递的过程，更新数值进行概率计算，完成对贝叶斯网络的预测推理运算。

# 10.3　云服务 QoS 预测方法

## 10.3.1　方法概述

现有的云服务 QoS 预测方法均未考虑到云计算三层体系结构中的软硬件资源对云服务 QoS 的影响，如基础设施层的 CPU 使用率、物理内存使用率和进程数等，这些影响在对云服务 QoS 预测的时候都是存在的，忽略云计算的三层体系结构中软硬件资源的影响，可能导致预测结果和实际结果不相符。本章提出的一种基于贝叶斯网络模型的云服务 QoS 预测方法，考虑了云计算三层体系结构中的软硬件资源，具体预测方法的总体结构框架图如图 10-2 所示。

在图中可以清晰地看到云服务三层体系结构。基础设施即服务层（Infrastructure as a Service，IaaS）提供 CPU、物理内存、网络等服务资源。平台即服务层（Platform as a Service，PaaS）是指将软件研发的平台作为一种服务，提供类似操作系统和开发工具的功能。PaaS 是基础设施层和软件即服务层之间相互依附的载体，它将开发的平台、提供的资源和存储的开发环境托管在云中，作为一种服务提供给用户使用。软件即服务层（Software as a Service，SaaS）是一种创新软件服务模式，通过网络或者分布式环境给用户提供软件应用服务。如图 10-2 中的 $S_1$、$S_2$ 和 $S_3$ 就是软件即服务层的资源，可分为可用性、响应时间、可靠性等。从基础设施层和平台层收集的数据是相似的，作为底层数据，收集软件即服务层的 QoS 属性的其中两个属性的数据，即响应时间和可用性作为上层数据。将收集的数据统一整理在数据集中进行贝叶斯网络模型训练，建立贝叶斯网络，接着对云服务 QoS 进行预测推理。

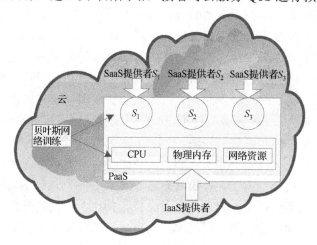

图 10-2　云服务 QoS 预测总体结构框架图

云服务 QoS 包含众多 QoS 的属性。本章仅对响应时间和可用性属性进行预测（其他属性的预测与此类似），并给出根据这两个属性计算云服务综合 QoS 值的方法[7]，即服务响应时间和服务可用性在贝叶斯网络模型中的相互影响和综合表现。云服务综合 QoS 值的计算方法为给定响应时间和可用性的权重 $W = \langle w_1, w_2 \rangle$，其中 $w_1 + w_2 = 1$，就可以计算出所有云服务 QoS 属性之一的综合 QoS 值 $= WP_i$，其中 $i$ 取值为 1、2。$P_1$ 表示响应时间的概率值，$P_2$ 表示可用性概率值。本章对响应时间和可用性的权重统一设置为 1/2，不对它们的权重影响大小细究。

本章提出一种基于贝叶斯网络模型的云服务 QoS 预测方法，主要包括 4 个步骤：①收集数据；②数据预处理；③贝叶斯网络模型训练；④云服务 QoS 预测。

## 10.3.2　方法流程

### 1. 收集数据

现实中，云服务的 QoS 数据涉及各大云服务提供商的商业机密和利益，因此很难实时获取到云服务 QoS 数据，本章采用搭建 Hadoop 集群的方式来模拟云服务平台。Hadoop 集群由一个主机和两个从机组成，代表了可以提供云服务的云平台，同时设置了多个应用任务代表用户的任务在上面运行。

　　实验中不仅考虑服务响应时间和服务可用性两个 QoS 属性，而且考虑每个 QoS 属性和底层（基础设施层和平台层）的硬件资源数据之间的相关性。响应时间表示的是服务消费者发出消息和接收到响应之间的时间间隔[8-10]，以毫秒为单位。可用性定义为本次服务是否成功响应，服务是否可供使用：0 表示本次服务成功响应，服务可用；1 表示本次服务不成功响应，服务不可用。虚拟机执行过程中，在基础设施层和平台层主要收集与硬件资源相关底层数据，即进程数、CPU 使用率、物理内存使用率等数据集。云平台的底层物理资源质量数据有很多（包括进程数、线程数、CPU 使用率、句柄数、物理内存使用率和物理内存大小等），我们只需要选取一般用户经常关注的、使用较多的并且比较容易获取和收集到的数据[11]。例如，选取进程数，因为进程是分配资源的度量单位，而线程是独立运行和调度的度量单位，并且由于线程几乎不拥有系统的资源，比进程更小，所以选取更有代表性的进程数。CPU使用率其实就是运行的程序和 CPU 资源比值，表示机器在某个时刻的运行状况。CPU 资源的使用情况不同，对云服务的 QoS 存在不同的影响。物理内存使用率可以衡量当前情况下所使用的物理资源占总资源的比例，而物理内存的总大小并不能说明当前情况下物理资源的使用情况，物理内存的使用大小虽然能说明当前的使用情况，但是并不能说明总的物理资源情况。因此本章选取三个有代表性的底层物理资源质量数据，即进程数、CPU 使用率、物理内存使用率，在应用层收集服务响应时间和服务可用性等资源数据。

　　2. 数据预处理

　　在本章提出的 QoS 数据的预测方法中，首先针对 QoS 单个属性结合底层硬件资源数据的相关性进行研究，即针对响应时间和进程数、CPU 使用率、物理内存使用率等硬件资源之间的相关性进行预测，还有可用性和进程数、CPU 使用率、物理内存使用率等硬件资源之间的相关性进行预测。对收集的数据进行预处理，方便计算处理。

　　首先清除无效的数据，以响应时间的数据为例说明，其箱线图如图 10-3 所示。箱线图使用响应时间数据中的五个特征值：最大值、最小值、中位数、上四分位数和下四分位数来直观地反映数据分布形态和范围。从图中可看出响应时间大于3000ms 与中位数相对误差较大，误差大于千倍，则需舍弃这些无效数据，因此应清除这一组的数据（响应时间、可用性、进程数、CPU 使用率、物理内存使用率）。

　　（1）响应时间（Rt）。响应时间应该在一个合理的变化量范围之内才是有效的，如图 10-3 所示，在箱线图上边缘和下边缘之内的响应时间均属于有效的响应时间。大于 3000ms 属于无效响应时间，小于 3000ms 且在箱线图之外的响应时间属于异常响应时间。

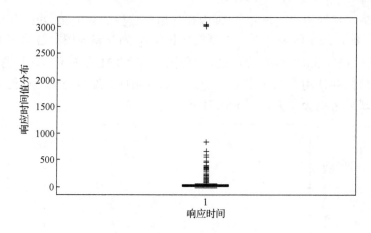

图 10-3　响应时间数据的箱线图

（2）可用性（Av）。可用性定义为本次服务是否成功响应，服务是否可用。可用 TRUE 表示本次服务成功响应，服务可用；用 FALSE 表示本次服务不成功响应，服务不可用。

（3）进程数（Pn）。当进程数变化量在合理的范围内时，系统比较稳定，出现异常的机会比较小，用 TRUE 表示出现异常机会比较小；当进程数达到 $N_1$ 时，系统出现反应延缓、未响应、死机等情况，异常机会变大，用 FALSE 表示出现异常机会比较大。

（4）CPU 使用率（Cr）。CPU 使用率某个时刻与下个时刻的变化量 $\Delta i$ 的箱线图如图 10-4 所示。CPU 使用率某个时刻与下个时刻的变化量 $\Delta i$ 为在箱线图上边缘和下边缘之内的数据，系统稳定，此时系统出现异常机会极小，用 TRUE 表示出现异常机会极小；当某时刻 CPU 使用率的变化量 $\Delta i$ 超过上边缘值时，说明 CPU 使用率变化异常，系统出现异常机会变大，用 FALSE 来表示。

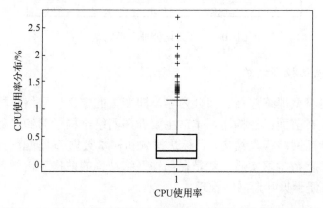

图 10-4　CPU 使用率某个时刻与下个时刻的变化量的箱线图

（5）物理内存使用率（Pr）。物理内存使用率数据的处理和 CPU 使用率一样，如图 10-5 所示。某个时刻与下个时刻的变化量 $\Delta j$ 为在箱线图上边缘和下边缘之内的数据，系统稳定，此时系统出现异常机会极小，用 TRUE 表示出现异常机会极小；当某时刻物理内存使用率的变化量 $\Delta i$ 超过上边缘值时，说明物理内存使用率变化异常，系统出现异常机会变大，用 FALSE 来表示。

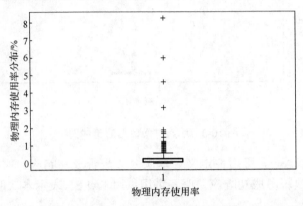

图 10-5　物理内存使用率某个时刻与下个时刻的变化量的箱线图

获取的数据统一格式化处理之后，方便计算统计，处理之后的数据格式如图 10-6 所示。

| Pn | Cr | Pr | Rt | Av |
|----|------|------|------|------|
| 42 | TRUE | TRUE | TRUE | TRUE |
| 42 | TRUE | TRUE | TRUE | TRUE |
| 42 | TRUE | TRUE | TRUE | TRUE |
| 42 | TRUE | TRUE | TRUE | TRUE |
| 42 | TRUE | TRUE | TRUE | TRUE |
| 42 | FALSE | TRUE | TRUE | TRUE |
| 43 | FALSE | FALSE | TRUE | TRUE |
| 43 | TRUE | TRUE | FALSE | FALSE |
| 43 | TRUE | TRUE | TRUE | TRUE |

图 10-6　格式化处理之后的数据

### 3. 贝叶斯网络模型训练

贝叶斯网络模型训练包括三部分内容，即变量的定义、网络结构学习和参数学习。变量的定义在前面已经描述，本节主要介绍网络结构学习和参数学习。结构学习就是构建贝叶斯网络模型结构，目标是找到和样本数据 $D$ 匹配度比较好的贝叶斯网络模型结构。参数学习实质上就是在已知网络结构的前提下，学习各个节点的概率分布表[5]，以便于贝叶斯网络推理。

1）构建贝叶斯网络模型结构

现有的贝叶斯网络结构学习方法主要有两类[12]。一类是打分搜索学习方法，目前打分搜索学习方法都是为了有向无环图有可行的解而进行学习的，其原理是依据搜索的策略和评分的准则，进行结构学习从而构建贝叶斯网络结构。另一类是基于依赖关系的学习方法，这类方法一般是利用统计学或者信息论的方法定量地分析变量之间的关联，来获取最适合的网络结构去表达这些关联。本章通过互信息（mutual information）的知识来挖掘各个变量和 QoS 属性之间的一种关联或者一种依赖关系，并使用这种关联来确定贝叶斯网络结构。

1948 年，香农首次将熵概念引进信息论中。在信息论中，熵是接收的每条消息中包含的信息的平均量，又称为信息熵。信息熵是表示对一个事件的不确定性程度或者信息量的度量[13]。在海量数据的信息世界中，熵的值越高，表示包含越多有用的传输信息；相反，意味着有用的传输信息越少[14]。根据熵的连锁规则有

$$H(X,Y) = H(X) + H(Y|X) = H(Y) + H(X|Y) \tag{10-2}$$

因此

$$H(X) - H(X|Y) = H(Y) - H(Y|X) \tag{10-3}$$

它们的差叫作 $X$ 和 $Y$ 的互信息，记作 $I(X;Y)$。

按照熵的定义展开可以得到

$$H(X) = -\sum_{x \in X} p(x) \log_2 p(x) \tag{10-4}$$

$$H(X|Y) = -\sum_{x \in X} \sum_{y \in Y} p(x,y) \log_2 p(x|y) \tag{10-5}$$

$$
\begin{aligned}
I(X;Y) &= H(X) - H(X|Y) \\
&= -\sum_{x \in X} p(x) \log_2 p(x) + \sum_{x \in X} \sum_{y \in Y} p(x,y) \log_2 p(x|y) \\
&= \sum_{x \in X} \sum_{y \in Y} p(x,y) \left( \log_2 p(x|y) - \log_2 p(x) \right) \\
&= \sum_{x \in X} \sum_{y \in Y} p(x,y) \log_2 \frac{p(x|y)}{p(x)}
\end{aligned}
\tag{10-6}
$$

因为

$$p(x|y) = \frac{p(x,y)}{p(y)} \tag{10-7}$$

所以

$$I = (X;Y) = \sum_{x \in X} \sum_{y \in Y} p(x,y) \log_2 \frac{p(x,y)}{p(x)p(y)} \tag{10-8}$$

互信息是信息论中一种有用的信息度量。它描述了某个变量取值对另一个变量取值的确定能力，也度量了两个事件集合之间的相关性。互信息可以看作从一个随机变量提取关于另一个随机变量的信息量，它不会超过另一个随机变量本身所包含的信息量，也可以说是一个随机变量由于已知另一个随机变量而减少的不肯定性和不确定性，其值越大，表明两个变量间有关系的可能性越强[15]。具体概念定义如下。

设两个随机变量 $(x,y)$ 的联合分布为 $p(x,y)$，边际分布分别为 $p(x)$、$p(y)$，互信息 $I(X;Y)$ 是联合分布 $p(x,y)$ 与乘积分布 $p(x)p(y)$ 的相对熵，即

$$I(X;Y) = \sum_{x \in X} \sum_{y \in Y} p(x,y) \log_2 \frac{p(x,y)}{p(x)p(y)}$$

$$I(X;Y|Z) = \sum_{i-1}^{r} \sum_{j-1}^{q} \sum_{k-1}^{s} p(x_i,y_j,z_k) \log_2 \left( \frac{p(x_i,y_j|z_k)}{p(x_i|y_j)p(y_j|z_k)} \right)$$

表示在已给条件 $Z$ 的情况下，$X$ 和 $Y$ 的互信息。其中，$r$、$q$、$s$ 表示 $X$、$Y$、$Z$ 的状态个数；$P(x_i,y_j,z_k)$ 为 $X$、$Y$、$Z$ 的状态为 $x_i$、$y_j$、$z_k$ 时的概率。

互信息 $I(X;Y)$ 和 $I(X;Y|Z)$ 具有如下性质。

（1）对称性，即 $I(X;Y) = I(Y;X)$ 和 $I(X;Y|Z) = I(Y;X|Z)$。

（2）非负性，即 $I(X;Y) \geqslant 0$ 和 $I(X;Y|Z) \geqslant 0$。当且仅当 $X$ 和 $Y$ 条件独立时，$I(X;Y) = 0$。相似地，当且仅当 $Z$、$X$ 和 $Y$ 条件独立时，$I(X;Y|Z) = 0$。

本章研究云服务 QoS 单个属性与软硬件资源之间的相关性，考虑两个 QoS 属性响应时间和可用性，因此进行两组训练，第一组是响应时间和软硬件资源，第二组是可用性和软硬件资源。随机从预处理过的数据集中抽取 10 段作为 10 组，每组 1000 条数据，共 10 组数据作为贝叶斯网络结构学习训练组。贝叶斯网络结构学习一般分为 5 个步骤：①各变量的值离散化；②建立无向图；③对无向图进行删剪；④建立有向图 $P^*$；⑤利用专家知识正确地判断贝叶斯网络结构。具体步骤如下。

（1）各变量的值离散化。由于收集的训练数据是完整的，而且收集的数据集中每个变量都是离散值，所以预处理过的数据集满足此条件。

（2）建立无向图。设一个数据集 $D$ 有 $n$ 个变量 $\{X_1, X_2, \cdots, X_n\}$，构建一个无向图表示为 $p\{\langle X_i, Y_j \rangle\}$，$j = 1, 2, \cdots, n$，并且 $i \neq j$。

设 $U = \{\langle X_1, X_2, \cdots, X_n \rangle\}$ 作为变量的全集，依次对每一对属性 $X_i, Y_i \in U$ 计算互信息量，其中 $x_i \neq x_j$。给定一个阈值 $e_1$，当 $I(X_i;Y_j) < e_1$ 时，连接 $X_i - Y_j$ 边，其中，$e_1$ 通常取一个很小的正数[16]。

分别用"$A$"表示进程数，"$B$"表示 CPU 使用率，"$C$"表示物理内存使用率，

"$D$" 表示响应时间，"$E$" 表示可用性。综合 10 组数据，各变量之间的互信息如表 10-1 和表 10-2 所示。

表 10-1　第一组：响应时间与软硬件资源的互信息

| $I(A;B)$ | $I(A;C)$ | $I(A;D)$ | $I(B;C)$ | $I(B;D)$ | $I(C;D)$ |
|---|---|---|---|---|---|
| 0.00474 | 0.01358 | 0.01613 | 0.00978 | 0.00126 | 0.00250 |

表 10-2　第二组：可用性与软硬件资源的互信息

| $I(A;B)$ | $I(A;C)$ | $I(A;E)$ | $I(B;C)$ | $I(B;E)$ | $I(C;E)$ |
|---|---|---|---|---|---|
| 0.00474 | 0.01358 | 0.00509 | 0.00978 | 0.00048 | 0.02005 |

这里设置参数 $e_1$=0.010，第一组响应时间与软硬件资源在执行过程中得到的无向图如图 10-7 所示。

第二组可用性与软硬件资源在执行过程中得到的无向图如图 10-8 所示。

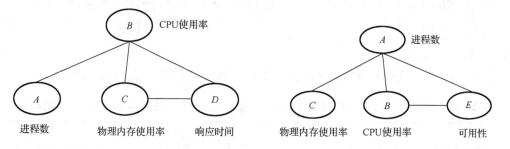

图 10-7　第一组无向图　　　　　　　　图 10-8　第二组无向图

（3）对无向图进行删剪。从上面所给的性质可得到当给出一个概率分布 $\Delta W$ 时，可以通过 $\mu = a\mu$ 来判断在给定条件 $Z$ 下，$X$ 和 $Y$ 条件独立。当出现 $\mu = \mu / a$ 时，在给定条件 $Z$ 的情况下，$X$ 和 $Y$ 是条件独立性的，因此将无向图中的 $\Delta W - y_i$ 边删除；否则判断 $X$ 和 $Y$ 是互相依赖的。

然而，在实际的计算中并没有一个真正的概率分布 $p(x)$，而是有一个基于样本数据集 $D$ 而计算的经验概率分布 $p_D(x)$ 来近似估计 $p(x)$，计算的 $I(X;Y|Z)$ 值是基于 $p_D(x)$ 的 $I_D(X;Y|Z)$ 的近似值，所以它的值总是大于 0 的[16]。通常给定一个阈值 $e_2$，$e_2$ 取一个很小的正数。如果有 $I(X;Y|Z)$ 小于 $e_2$，那么判定 $Z$，$X$ 与 $Y$ 是条件独立的；否则判定 $Z$，$X$ 与 $Y$ 是条件依存的。

在保证准确的基础上，对图 10-7 和图 10-8 的无向图进行合适的剪枝，设置 $e_2$=0.30，得到剪枝后的无向图结果如图 10-9 和图 10-10 所示。

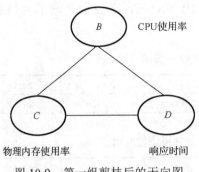

图 10-9　第一组剪枝后的无向图　　　　图 10-10　第二组剪枝后的无向图

（4）建立有向图 $P^*$。设存在边 $X_i \to Y_j$，如何确定边的方向？这里运用各属性变量与变量之间的互信息来判断变量之间边的方向。通常给定一个阈值 $e_3$（$e_3$ 取一个很小的正数）。

① 当 $\left| I(X_i, Y) - I(X_j, Y) \right| \leqslant e_3$ 时，存在 $X_i \to X_j$ 且 $X_j \to X_i$，即 $X_i \leftrightarrow X_j$。

② 当 $\left| I(X_i, Y) - I(X_j, Y) \right| > e_3$，且 $I(X_i, Y) > I(X_j, Y)$ 时，存在 $X_i \to X_j$，反之则存在 $X_j \to X_i$。

设置阈值参数 $e_3 = 0.020$，分析计算得出结果如表 10-3 和表 10-4 所示。

表 10-3　第一组响应时间与软硬件资源各变量之间的互信息绝对差值确定边的方向表

| | | | |
|---|---|---|---|
| $\left\| I(B;C) - I(D;C) \right\| = 0.00628$ | 大于 $e_3$ | $I(B;C) > I(D;C)$ | $B \to D$ |
| $\left\| I(B;D) - I(C;D) \right\| = 0.00124$ | 小于 $e_3$ | | $C \leftrightarrow B$ |
| $\left\| I(D;B) - I(C;B) \right\| = 0.00852$ | 大于 $e_3$ | $I(D;B) < I(C;B)$ | $C \to D$ |

表 10-4　第二组可用性与软硬件资源各变量之间的互信息绝对差值确定边的方向表

| | | | |
|---|---|---|---|
| $\left\| I(A;B) - I(E;B) \right\| = 0.00425$ | 大于 $e_3$ | $I(A;B) > I(E;B)$ | $A \to E$ |
| $\left\| I(A;E) - I(B;E) \right\| = 0.00461$ | 大于 $e_3$ | $I(A;E) > I(B;E)$ | $A \to B$ |
| $\left\| I(E;A) - I(B;A) \right\| = 0.00035$ | 小于 $e_3$ | | $B \leftrightarrow E$ |

依据表 10-3 和表 10-4 可知，在处理过程中可能存在 $X_i \to X_j$ 且 $X_j \to X_i$ 两条边都同时存在的情况，说明在贝叶斯网络中节点 $X_i$ 和 $X_j$ 存在互相依赖性。在这种情况下，这个训练数据集 $D$ 就会存在着多种可能性的贝叶斯网络结构。

（5）利用专家知识正确地判断贝叶斯网络结构。在实际建立网络模型的过程中，经常要综合运用多种方法，利用专家数据库知识正确地判断，充分发挥各自的优点，来确保建立网络模型的高效性和准确性。对第（4）步产生的多种可能性的贝叶斯网络结构进行评估,最终选择一个最有可能性的结果作为本章的目标贝叶斯网络结构。因此将如图 10-7 和图 10-8 所示的无向图转化为有向图,得到的贝叶斯网络结构如图 10-11 和图 10-12 所示。

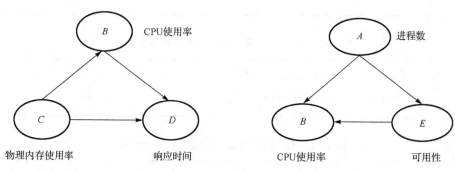

图 10-11　第一组贝叶斯网络结构图　　　　图 10-12　第二组贝叶斯网络结构图

图 10-11 是响应时间与软硬件资源各变量之间的贝叶斯网络结构,图 10-12 是可用性与软硬件资源各变量之间的贝叶斯网络结构。这样就完成了贝叶斯网络结构的构建,下面是贝叶斯网络结构的参数学习。

2)参数学习

构建贝叶斯网络模型结构和参数学习是贝叶斯网络模型训练的关键点也是难点所在,目的主要是构建出一个有向无环图并给出贝叶斯网络图中每个节点的分布参数,即贝叶斯网络各个节点所对应的条件概率分布表(Conditional Probability Distribution Table,CPT)。

因为收集到的是离散值,所以可使用统计学的方法来获取各个节点的条件概率分布。条件概率的公式为

$$P(AB) = P(A)P(B|A) = P(B)P(A|B) \tag{10-9}$$

即表示事件 $A$ 和事件 $B$ 同时发生的概率 $P(AB)$,等于在发生 $A$ 事件的条件下 $B$ 事件发生的概率乘以 $A$ 事件发生的概率。由条件概率公式推导出贝叶斯公式为

$$P(B|A) = P(A|B)P(B)/P(A) \tag{10-10}$$

贝叶斯网络是一个有向无环图,其节点表示一个随机的变量,有向边表示变量之间的条件依存关系[5]。箭头发出的节点存储本节点信息相当于其父节点的条件概率分布,概率分布表显示了变量之间的依赖关系的强弱,这其中充分使用了先验信息和样本知识的有机结合。以 5000 个样本数据为例,计算出如图 10-11 所示响应时间与软硬件资源各变量之间的贝叶斯网络的每个节点所对应的概率分布表如表 10-5～表 10-7 所示(其中,T=TRUE;F=FALSE)。

表 10-5　C（物理内存使用率）节点的概率分布表

| C | P(C=0) | P(C=1) |
|---|--------|--------|
|   | 0.0732 | 0.9268 |

表 10-6　B（CPU 使用率）节点的概率分布表

| C | P(B=0) | P(B=1) |
|---|--------|--------|
| F | 0.1123 | 0.8877 |
| T | 0.0544 | 0.8456 |

表 10-7　D（响应时间）节点的概率分布表

| B C | P(D=0) | P(D=1) |
|-----|--------|--------|
| F F | 0.1463 | 0.8537 |
| F T | 0.2937 | 0.7063 |
| T F | 0.2130 | 0.7870 |
| T T | 0.1310 | 0.8690 |

接着在 MATLAB 中输入各个节点的概率分布表构建贝叶斯网络，然后进行贝叶斯网络的预测推理。贝叶斯网络和贝叶斯统计的结合充分利用了领域知识和样本数据。那些从事实际的建模任务的研究者都明白先验信息或者领域知识在建模领域的重要性，尤其是在样本稀少或者数据获取困难的情况下，一些商业业务方面的专家系统是完全基于领域专家知识来建立贝叶斯网络的，这就是一个很好的例证。

4. 云服务 QoS 预测

本章云服务 QoS 预测和以往针对单个 QoS 属性预测的 QoS 数据预测的不同在于：云服务 QoS 的单个 QoS 属性与底层软硬件资源之间的相关性，通过互信息计算分析建立贝叶斯网络结构，利用贝叶斯网络模型来预测云服务的 QoS。综合底层硬件资源对上层 QoS 属性的影响，贝叶斯网络结构参数学习能够学习变量间的因果关系，逐层推理和预测。在数据分析过程中，因果关系有利于对问题领域中知识的理解，在干扰较多的时候，便于作出精确的推理和预测。本章贝叶斯网络模型的云服务 QoS 预测的算法设计如下。

（1）数据集预处理。

（2）利用互信息计算各变量之间的相关性。

（3）贝叶斯网络结构学习。

（4）确定贝叶斯网络模型结构。

（5）贝叶斯网络各个节点参数学习，由条件概率的公式：

$$P(AB) = P(A)P(B \mid A) = P(B)P(A \mid B)$$

推导出贝叶斯公式：$P(B \mid A) = P(A \mid B)P(B)/P(A)$，计算各个节点的条件概率分布情况。

（6）计算贝叶斯网络各节点变量的联合概率，节点 $x$ 的联合概率公式为

$$P(x) = \prod_{i \in I} P(x_i \mid x_{\mathrm{pa}(i)})$$

（7）在 MATLAB 中输入各节点的概率和条件概率分布，建立贝叶斯网络模型结构图。

（8）在可以输入证据的功能函数中，输入证据节点的值。

（9）输入想要预测的那个节点编号。

（10）使用贝叶斯网络工具箱中提供的联合树推理引擎，运行推理函数，得到在父节点影响下，待分析的节点概率信息情况，实现贝叶斯网络的预测推理运算。

该算法的时间复杂度为 $O(N)$。在 MATLAB 中使用贝叶斯网络工具箱中提供的联合树推理引擎机制，将贝叶斯网络转化为联合树，降低计算难度。然后通过联合树上的消息传递的过程，更新数值进行概率计算，完成对贝叶斯网络的预测推理运算，主要贝叶斯网络推理代码如下。

```
bnet=mk_bnet(dag,node_sizes, 'names',{ 'Dᵢ', 'Bᵢ', 'Cᵢ' },'discrete',
discrete_nodes)
%建立贝叶斯网络结构
%然后输入各节点的条件概率分布
engine=jtree_inf_engine(bnet)
%使用联合树推理引擎机制，将网络有向图转化为联合树，利用联合树上消息
%传递的过程，更新数值，进行条件概率分布的计算
%输入证据，运用联合树引擎推理法，实现贝叶斯网络的预测推理
evidence=cell(1,N); %N 是离散节点数
evidence{Cᵢ}=2; %1=False , 2=True
evidence{Bᵢ}=2
[engine,loglik]=enter_evidence(engine,evidence)
%enter_evidence 执行一个双通道的信息传递模式
%第一次返回结合着证据的引擎的变量，第二次返回证据的对数似然的变量
m=marginal_nodes(engine,Dᵢ)
%这是推理 P(Dᵢ=TRUE| Bᵢ=TRUE, Cᵢ=TRUE)的概率
P=m.T(2)
%m 是一个网络结构
%T 是包含着一个节点概率分布的多维数组
```

本章使用的是贝叶斯网络最常用的一种精确推理算法：贝叶斯网络联合概率推

理算法，又称团树传播算法来推理预测云服务 QoS。先使用 Java 工具运用贝叶斯公式[3,4,6]计算条件概率：

$$P(b \mid a) = \frac{P(a \mid b) P(b)}{P(a)}$$
（10-11）

其中，$b$ 表示贝叶斯网络中的某个节点；$a$ 表示 $b$ 节点的父节点；$P(b \mid a)$ 表示在发生 $a$ 的条件下 $b$ 发生的概率。经过反复学习得到每个节点的概率分布表之后，在 MATLAB 中输入各个节点的概率分布表构建贝叶斯网络。贝叶斯网络各变量的联合概率分布等于其每个节点的以其父为条件概率的乘积[6]，节点 $x$ 的联合概率计算公式可以表示为

$$P(x) = \prod_{i \in I} P(x_i \mid x_{\mathrm{pa}(i)})$$
（10-12）

其中，$I$ 代表网络图中所有节点的集合，且令 $x = (x_i) \in I$ 为其有向无环图中的某一节点 $i$ 所代表的随机变量，$\mathrm{pa}(i)$ 表示节点 $i$ 的"因"。证据的传播可以从父节点推理到子节点，同时也可以从子节点推理到父节点，使这种方法非常有效地进行预测和诊断。在 MATLAB 中建立贝叶斯网络结构，输入各节点的条件概率分布，然后使用 engine=jtree_inf_engine(bnent)将贝叶斯网络有向图转化为联合树，使用贝叶斯网络中联合树引擎推理法，预测推理得到在父节点影响下待分析节点的概率信息情况。

## 10.4　实验及结果分析

本节使用提出的基于贝叶斯网络模型的云服务 QoS 预测方法，根据单个 QoS 属性和底层（基础设施层和平台层）的硬件资源数据之间的相关性，利用互信息建立贝叶斯网络模型，对云服务 QoS 属性中的响应时间和可用性进行预测，并将该方法的预测结果与时间序列预测模型、BP 神经网络预测和算数平均预测模型的预测结果进行对比，采用了四种评价指标对各种预测模型结果的准确性进行分析对比。

### 10.4.1　实验软硬件环境

本章使用的云平台是在 Linux 系统下，进行 Hadoop 安装部署，搭建分布式需要若干计算机集群，这里只搭建了一个由三台机器组成的小集群，在一个 Hadoop 集群中有以下角色：Master、Slave1 和 Slave2，处理器 Intel®Core™ Duo -E CPU，内存 4GB RAM。其中运行的环境为：操作系统为 Ubuntu14.04 64 位，JDK 版本为 oracle-jdk1.7，Hadoop 版本为 2.4.0，通信环境为 OpenSSH。修改 hosts 文件，设置三个集群节点的 IP 地址别名，并且将用户名设置为相同。配置环境变量之后，简单的云计算平台就搭建好了。

贝叶斯网络预测推理算法实现所用的编程语言为 MATLAB，版本为 MATLAB R2012a，收集实验数据、数据预处理和贝叶斯网络模型训练使用的编程语言是 Java 语言。

## 10.4.2　实验工具箱

贝叶斯网络工具箱（Bayesian Networks Toolbox，BNT）是 MATLAB 语言编制的，并且是网络图形模型，支持很多种概率分布。实现了贝叶斯网络模型的结构学习、参数学习、精确推理和近似推理以及贝叶斯网络的多种推理算法等。

贝叶斯网络结构学习方法主要有 K2 算法、期望最大化（Expectation Maximization，EM）算法、马尔可夫链蒙特卡罗（Markov Chain Monte Carlo，MCMC）和基于约束的方法等。在数据完整的条件下，贝叶斯网络参数学习方法主要有最大似然参数估计 learn_params()和贝叶斯方法 bayes_update_params()两种方法。数据缺失的情况下使用最大期望算法来计算贝叶斯网络参数。贝叶斯网络结构学习和参数学习函数库具体如图 10-13 工具箱中的文件所示。

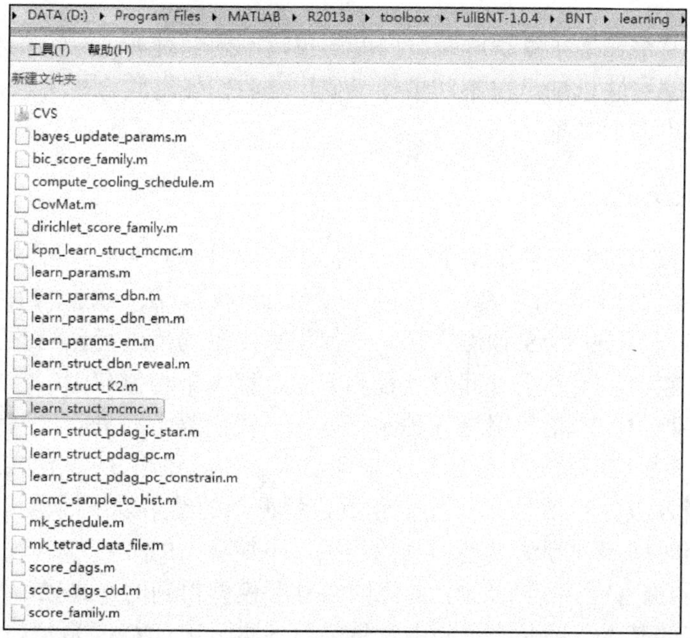

图 10-13　BNT 中结构学习和参数学习函数库

构建贝叶斯网络之后，使用贝叶斯网络工具箱中的推理引擎机制进行推理和预测。贝叶斯网络工具箱中提供多种推理算法：联合树引擎推理法、消元法、全局联合树推理法、信念传播推理法等，具体如图 10-14 所示。

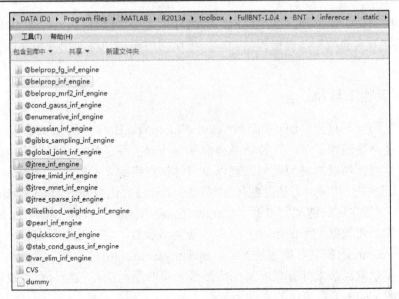

图 10-14    BNT 中多种不同的推理引擎

这些推理引擎算法在复杂度和精确度上也有不同的表现,因此 BNT 提供了多种不同的推理引擎算法以满足在不同条件下使用。我们使用联合树引擎推理法,它是所有精确推理引擎的基础。

## 10.4.3    验证方案

文献[7]、文献[17]～文献[19]是基于时间序列分析的 QoS 预测方法,文献[1]、文献[20]、文献[21]中使用了 BP 神经网络预测 QoS 的方法,文献[22]中邵凌霜等提出了一种 Web 服务的 QoS 预测方法,将使用算术平均值进行预测的方法与之提出的方法进行比较。鉴于基于时间序列预测方法、算术平均值和 BP 神经网络预测方法领域的重要地位,本章使用这几种预测方法与我们提出的贝叶斯网络模型的云服务 QoS 预测方法(BNM)进行比较,来证明本章提出预测方法的准确性。

(1)使用云服务 QoS 算术平均值预测模型得到的结果以下简称 AVG。

(2)使用时间序列预测模型得到的结果以下简称 ARIMA。

(3)使用文献[1]中提到的 BP 神经网络预测模型得到的结果以下简称 BP。

验证方案的基本思路是,实验中收集云服务实际运行 QoS 数据作为真实值,将其预处理之后用贝叶斯公式直接计算出上层云服务 QoS 的单个属性概率值,即响应时间、可用性在每组中的概率值,后面将此方法得到的概率值称为真实概率。然后使用本章提出的一种基于贝叶斯网络模型的云服务 QoS 预测方法和上述陈述几种方法所预测的结果相比较。接着根据不同方法的预测值与真实值之间的误差,判断不同方法的优劣和精确度[22]。

每组预测结束之后，记录数值如下。

（1）$rd_i$：每组的真实值。

（2）$hp_i$：使用本章提出的 BNM 方法得到的预测值。

（3）$bp_i$：使用 BP 神经网络方法得到的预测值。

（4）$ap_i$：使用算术平均值方法得到的预测值。

因此，可以得到每组真实值与几种不同预测方法的预测值之间的差值，即每种预测方法在各组的误差值。在文献[7]中提出了一种基于误差值之和的验证标准，即设有 $j$ 个组，在第 $i$ 组中，第 $k$ 种预测方法（$1 \leqslant k \leqslant 4$）的误差值为 $e_i = |hp_i - rd_i|$，则第 $k$ 种方法的所有待预测组误差 $E_i = \sum_{i=1}^{n} e_i$ 值越大，说明其总体的误差越大，确切地表示了偏离真实值的实际大小。然而，这种基于误差值之和的验证方法有其不足之处，即某种方法可能在大多数待预测的组误差都优于其他的方法，但是因为在少数组的误差过大，致使该方法最终的平均误差值大于其他方法。

本章比较各种不同的预测方法的评价指标为 MRE、MAE、RMSE 和 SSE 等四种评价指标。

## 10.4.4　实验设置

### 1. 实验数据设置

对云服务来说，它所部署的具体物理环境（如 CPU、内存、网络资源等）并非仅服务于它，这是一个不可避免的问题，因此在实验过程中尽量减少其他服务的使用；同时也减少外部访问该服务的并发数量，使其反过来对这些物理资源的 QoS 属性的影响降低。目前本章考虑的是这种基于理想情形所做出的实验结果支持本章的理论模型，在以后的研究学习中将进一步考虑和研究这个问题的实际情形。

网上有很多公开的关于 QoS 的数据集，但是在云计算环境下三层体系结构中的上层云服务的 QoS 与底层软硬件资源的数据集却找不到。为了验证本章提出的预测方法，我们搭建了 Hadoop 云平台，收集相关数据进行实验，并把数据集公开在 GitHub 平台上[①]。本章使用真实的数据集，收集整理了 22000 条数据，对这些数据集预处理之后，随机从预处理过的数据集中抽取 10 段作为 10 组，每组 1000 条数据，这 10 组数据作为实验的分组。按照实验要求，对这 10 组数据分别进行实验以尽可能地反映实际应用中 QoS 数据的真正情况。本章将以其中一个云服务 QoS 属性响应时间为例来说明该预测方法的实现过程，并证明其可行性和准确性。

---

2. 实验评价指标

目前已有许多指标用来评估模型的预测效果和准确性，如 MAE、RMSE 已经用来评估 SLA 违例预测精度[23,24]。为了直观和全面地对比几种预测方法的准确性，本章采用了四种误差评价指标来评估预测模型的精确度，四种误差评价指标有 MRE、MAE、SSE 以及 RMSE 等，这些指标用来量化预测值的误差，其公式分别如下。

1）MRE 为

$$MRE = \frac{1}{N}\sum_{i=1}^{N}\frac{|y_i - y_i'|}{y_i} \tag{10-13}$$

其中，$N$ 为预测时段中总体的个数；$y_i$ 为第 $i$ 个实际值；$y_i'$ 为与之对应的第 $i$ 个预测结果值。MRE 是相对误差的平均值，通常使用绝对值，即用平均相对误差绝对值表示。MRE 的大小反映了预测结果值偏离实际值的程度。

2）MAE 为

$$MAE = \frac{1}{N}\sum_{i=1}^{N}(y_i - y_i')^2 \tag{10-14}$$

MAE 和 MRE 的大小值同样都是反映预测值偏离实际值的程度大小。与 MRE 相比，MAE 因为差值被平方，所以 MAE 更能够细致地反映预测值误差的实际状况。

3）SSE 为

$$SSE = \sum_{i=1}^{N}(y_i - y_i')^2 \tag{10-15}$$

其中，$N$ 为预测时段中总体的个数；$y_i$ 为第 $i$ 个实际值；$y_i'$ 为与之对应的第 $i$ 个预测结果值。SSE 的值表明了总体绝对误差的大小，SSE 结果越小，误差也就越小，越能够反映预测值准确率高。

4）RMSE 为

$$RMSE = \frac{1}{N}\sqrt{\sum_{i=1}^{N}(y_i - y_i')^2} \tag{10-16}$$

RMSE 的值不仅表明了绝对误差的大小，而且表明了预测结果的稳定性，能够更好地衡量预测结果的精确度。

显然，上述四种误差评价指标的值越小，表明越接近真实值，模型预测的结果越准确，更能够确切地反映出预测值接近真实值的准确程度。

### 10.4.5　实验结果与分析

为评估本章提出的基于贝叶斯网络模型的云服务 QoS 预测方法, 本节实验将该方法应用到上述随机选取的 10 组 QoS 数据集中进行预测, 同时使用时间序列预测方法、算术平均值预测方法和 BP 神经网络预测方法对数据集建模预测, 并对结果进行分析对比。

#### 1. 实验结果比较

将随机抽取的 10 组数据进行贝叶斯网络模型训练得到的贝叶斯网络结构如图 10-11 和图 10-12 所示, 接着预测云服务 QoS。下面分别从云服务 QoS 的属性响应时间和可用性这两个属性计算云服务综合 QoS 值。并将预测结果与其他三种预测方法的预测结果进行分析比较。

##### 1）响应时间预测结果

图 10-15、图 10-16 和图 10-17 是预测云服务 QoS 属性响应时间的结果比较图。图 10-15 是使用本章提出的 BNM 预测方法, 直接获取云服务 QoS 单个属性的真实结果的概率值和 AVG 预测方法对响应时间的预测结果概率值比较图。从图中可以看出, 本章提出的 BNM 预测方法比基于 AVG 的预测方法结果更接近真实概率值。基于 AVG 的预测方法只能粗略计算下一个预测值的平均值, 估计预测结果大致的走向趋势, 但没有考虑近期数据的变动趋势, 导致不能准确预测下一个值, 因此计算出预测的概率值与真实的情况往往误差较大。

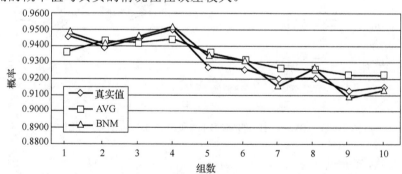

图 10-15　BNM、AVG 的响应时间预测结果以及真实值相比较

图 10-16 是使用 BNM, 直接获取云服务 QoS 单个属性真实结果的概率值和 ARIMA 对响应时间的预测结果概率值比较图。从图中可以看出, 本章提出的 BNM 预测方法比 ARIMA 所得结果更接近真实概率值。ARIMA 预测下一个要预测的值时准确率较高, 即适合短期趋势的预测, 并适合实时预测, 但是随着预测时间的不断增加和延长, 预测未来多个时间段的值时, 预测值与真实值渐渐地相差较多, 误差也会变得越来越大, 因此准确率也会变得较低。

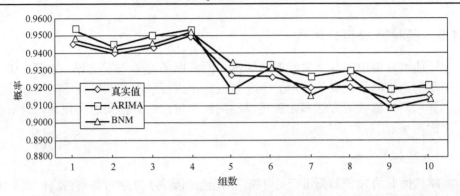

图 10-16　BNM、ARIMA 的响应时间预测结果以及真实值相比较

图 10-17 是使用 BNM，直接获取云服务 QoS 单个属性真实结果的概率值和 BP 神经网络预测模型对响应时间预测结果的概率值比较图。从图中可以看出，本章提出的 BNM 预测方法比 BP 神经网络预测模型所得结果更接近真实概率值。BP 神经网络预测有较强的自学习能力，但是选择学习速率却很困难。不仅如此，BP 神经网络迭代步数较多，其算法存在收敛速度慢的问题，而且预测结果是不稳定的，始终在一个极值上下波动。

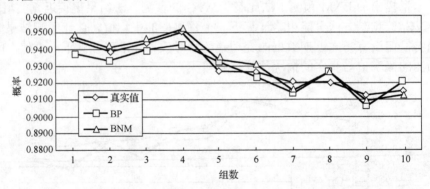

图 10-17　BNM、BP 的响应时间预测结果以及真实值相比较

2）可用性预测结果

以与预测响应时间相同的方法预测可用性，图 10-18、图 10-19 和图 10-20 是预测可用性结果概率值比较图。从图中可以看出，本章提出的 BNM 预测方法比 AVG、ARIMA 和 BP 神经网络预测模型所得预测可用性结果更接近真实概率值。

从图 10-18 可以看出，AVG 预测方法只能粗略估计大约的趋势，不能准确预测。当第 1 组到第 4 组数据趋势变化不明显时，用 AVG 预测结果还较为准确，当第 4 组到第 8 组数据趋势变化较明显时，还用 AVG 预测方法，预测结果就不准确了。BNM 预测方法由于考虑更多因素的因果关系，且能够充分利用先验知识和专家知识的优点，预测的结果更准确，更接近真实的概率值。

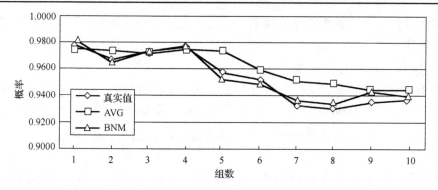

图 10-18　BNM、AVG 的可用性预测结果以及真实值相比较

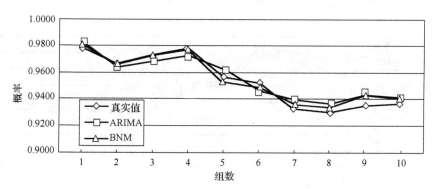

图 10-19　BNM、ARIMA 的可用性预测结果以及真实值相比较

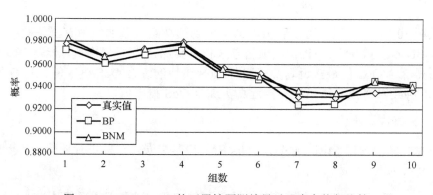

图 10-20　BNM、BP 的可用性预测结果以及真实值相比较

从图 10-19 可以看出，BNM 预测方法更接近真实的概率值。ARIMA 的时间序列预测方法预测未来多个时间段的值时，准确率就降低了。BNM 预测方法能够有效地对信息的相关关系进行表达与融合，从而 BNM 预测方法预测结果更精确。

从图 10-20 可以看出，BP 神经网络预测结果与真实概率值相差较大，第 1 组到第 7 组 BNM 预测结果与真实概率值基本重合。这是由于 BNM 本身就是将多元知识图解为可视化的一种概率推理模型，恰当地表达了网络各节点变量间的依存关系以及条件相关关系。

3）综合 QoS 值预测结果

图 10-21 是四种预测方法和直接获取云服务 QoS 的综合 QoS 值的概率值比较图，综合 QoS 值预测结果反映了四种预测方法的平均综合预测水平。云服务综合 QoS 值的计算方法为给定响应时间和可用性的权重 $W = \left\langle \frac{1}{2}, \frac{1}{2} \right\rangle$，其中 $w_1 + w_2 = 1$，因此可以计算出所有云服务 QoS 属性之一的综合 QoS 值 $P = \frac{1}{2} \times P_1 + \frac{1}{2} \times P_2$，$P_1$ 表示响应时间的概率值，$P_2$ 表示可用性概率值，结果如图 10-21 所示。

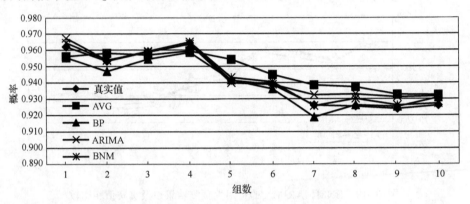

图 10-21　综合 QoS 值预测结果比较

从图 10-21 中很明显可以看出，第 1 组到第 7 组五条曲线中有三条曲线非常接近，即 BNM 预测方法、ARIMA 预测方法和真实综合 QoS 概率值，但是 BNM 预测方法所得综合 QoS 值最接近真实云服务 QoS 属性的综合 QoS 概率值。AVG 预测结果和 BP 神经网络预测结果最不接近真实综合 QoS 概率值。

2. 实验结果评估

对预测结果使用 MRE、MAE、SSE、RMSE 四个误差指标进行评估，如表 10-8～表 10-10 所示。

表 10-8　10 组数据响应时间的 MRE、MAE、SSE、RMSE 值对比

| 度量指标 | 响应时间 | | | |
|---|---|---|---|---|
| | BNM | AVG | BP | ARIMA |
| MRE | 0.00345 | 0.00666 | 0.00615 | 0.00601 |
| MAE | $1.3655 \times 10^{-5}$ | $4.3848 \times 10^{-5}$ | $3.5278 \times 10^{-5}$ | $3.9241 \times 10^{-5}$ |
| SSE | 0.000137 | 0.00044 | 0.00035 | 0.00039 |
| RMSE | 0.001169 | 0.002094 | 0.001878 | 0.019809 |

表 10-9　10 组数据可用性的 MRE、MAE、SSE、RMSE 值对比

| 度量指标 | 可用性 | | | |
|---|---|---|---|---|
| | BNM | AVG | BP | ARIMA |
| MRE | 0.00303 | 0.00951 | 0.00583 | 0.00523 |
| MAE | $1.2 \times 10^{-5}$ | $2.9 \times 10^{-4}$ | $3.4 \times 10^{-5}$ | $2.9 \times 10^{-5}$ |
| SSE | 0.00012 | 0.00290 | 0.00034 | 0.00029 |
| RMSE | 0.00109 | 0.00539 | 0.00187 | 0.00170 |

表 10-10　10 组数据综合 QoS 值的 MRE、MAE、SSE、RMSE 值对比

| 度量指标 | 综合 QoS 值 | | | |
|---|---|---|---|---|
| | BNM | AVG | BP | ARIMA |
| MRE | 0.00196 | 0.00809 | 0.00424 | 0.00373 |
| MAE | $4.0 \times 10^{-6}$ | $7.0 \times 10^{-5}$ | $2.2 \times 10^{-5}$ | $2.1 \times 10^{-5}$ |
| SSE | $4.0 \times 10^{-5}$ | $7.0 \times 10^{-4}$ | $2.2 \times 10^{-4}$ | $2.1 \times 10^{-4}$ |
| RMSE | 0.00063 | 0.00265 | 0.00149 | 0.00145 |

从表 10-8 中可以看出，对响应时间的预测结果进行四个误差指标计算后，发现 BNM 云服务 QoS 预测结果的四个误差指标是最小的，精确度较高。虽然 ARIMA 预测方法、AVG 预测方法和 BP 神经网络预测方法能够预测下一时刻的值，但预测精度不是很高，而 BNM 是概率推理模型，能够预测下一时刻的值是优质的云服务的概率，只要预测优质的云服务的概率较高，都可以给用户提供高质量的云服务，就不必关心是哪一个值。由于 RMSE 的值越小，表明预测结果趋势越稳定，所以基于 BNM 云服务 QoS 预测方法预测的结果稳定性也较高。

从表 10-9 中可以看出，对可用性的预测结果进行四个误差指标计算后，发现 BNM 云服务 QoS 预测结果的四个误差指标也是最小的。而且本章提出的 QoS 预测方法比其他三种预测方法所预测的结果的 RMSE 要小很多，说明 BNM 预测 QoS 属性概率值波动范围较小，稳定性好。

从表 10-10 中可以看出，对综合 QoS 值的预测结果进行四个误差指标计算后，发现 BNM 云服务 QoS 预测结果误差是最小的，其次是 ARIMA 预测方法和 BP 神经网络预测方法，最后是 AVG 预测方法。而综合 QoS 值体现了响应时间和可用性的综合作用与表现，四个误差指标体现预测方法的精确度和误差情况，结果表明 BNM 云服务 QoS 预测方法能够非常精确地预测云服务 QoS 的概率值。

为了直观方便地描述相对误差、绝对误差以及相对误差分布、绝对误差分布的情况，下面采用误差箱线图进行比较分析，图 10-22～图 10-24 是相对误差箱线图，而图 10-25～图 10-27 是绝对误差箱线图。

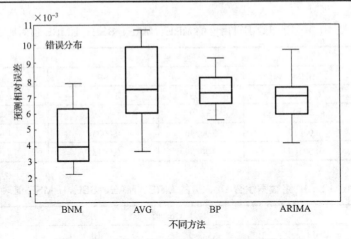

图 10-22　响应时间预测结果的相对误差箱线图

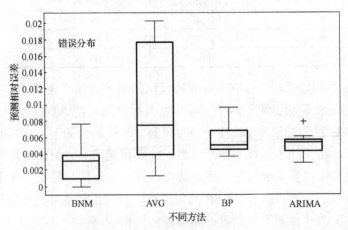

图 10-23　可用性预测结果的相对误差箱线图

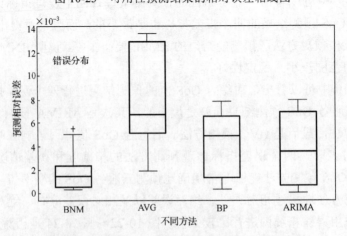

图 10-24　综合 QoS 值预测结果的相对误差箱线图

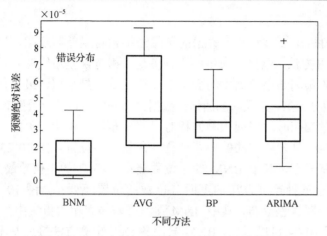

图 10-25　响应时间预测结果的绝对误差箱线图

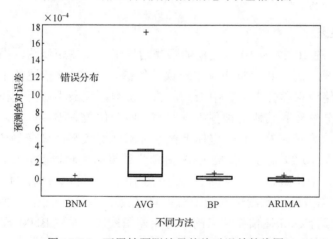

图 10-26　可用性预测结果的绝对误差箱线图

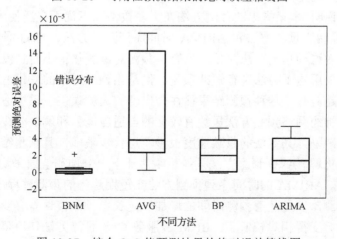

图 10-27　综合 QoS 值预测结果的绝对误差箱线图

1）相对误差

图 10-22～图 10-24 为 10 组数据的预测结果相对误差箱线图，横坐标表示四种云服务 QoS 预测方法，纵坐标表示相对误差值。相对误差箱线图是使用四种云服务 QoS 预测方法的预测结果数据中的五个统计特征值：最小值、最大值、中位数、上四分位数和下四分位数，来反映预测结果数据分布的中心位置以及散布范围。图 10-22 描述各个模型对响应时间序列预测的相对误差分布，其中 BNM 的中位数最小，上四分位数和其他三种预测方法的下四分位数在差不多位置。图 10-23 描述对可用性预测的相对误差分布，其中 BNM 的中位数最小，AVG 的中位数最大，BNM 的上四分位数比其他三种预测方法的下四分位数的位置还要小。图 10-24 描述对综合 QoS 值预测的相对误差分布，其中 BNM 预测误差区间相对更集中，且中位数最小。从图 10-22～图 10-24 可以看出，BNM 云服务 QoS 预测方法接近基本模型中最优模型的相对误差分布。

2）绝对误差

图 10-25～图 10-27 为 10 组数据的预测结果绝对误差箱线图，横坐标表示四种云服务 QoS 预测方法，纵坐标表示绝对误差的值。图 10-25 描述各个模型对响应时间序列预测的绝对误差分布，其中 BNM 的中位数不仅最小，而且在误差区间偏下的位置，上四分位数和其他三种预测方法的下四分位数差不多位置。图 10-26 描述对可用性预测的绝对误差分布，整体上误差区间都比较窄，只有 AVG 预测方法误差区间最大。图 10-27 描述对综合 QoS 值预测结果的绝对误差分布，明显 BNM 误差区间最集中，中位数最小。从图 10-25～图 10-27 中可以看出，本章提出的 BNM 云服务 QoS 预测方法的预测结果的绝对误差比较小，准确性较高，而且观察响应时间、可用性和综合 QoS 值预测结果的绝对误差箱线图，发现 BNM 云服务 QoS 预测方法的预测结果的稳定性也是比较好的。

以上分析说明，本章提出的预测方法在大多数情况下优于广泛使用的 AVG 预测方法、BP 神经网络预测方法和 ARIMA 时间序列预测方法。AVG 预测方法的预测结果最差，因为这种预测方法简单，只有当预测对象变化很小而且没有明显的变化趋势时，可以采用这个方法进行短期预测，但是当预测对象的变化值变大而且有了较明显的变化趋势时，这种预测结果往往会出现较大的误差，不再适合使用。通过实验发现，BP 神经网络预测方法虽然有较强的自适应能力和解决非线性函数问题的能力，但也有缺陷，其算法的收敛速度很慢，迭代步数多，且预测结果也不稳定，得不到全局最优解。AVG 预测方法只能粗略估计下一个预测值的平均值，不能准确预测下一个值。ARIMA 的时间序列预测方法在短期趋势的预测过程中准确率较高，并适合实时预测，但是随着预测时间的增加和延长，预测值误差会变得越来越大，因此准确率就会变得相对较低了。BNM 云服务 QoS 预测方法使用范围广，解释了

QoS 随着时间推移而变化的规律，可以预测 QoS 的概率值，且预测的准确率较高，但是不能预测具体的值，较难找到适合的概率模型。通过比较相对误差箱线图，发现本章提出预测方法的准确性比较高。通过比较绝对误差箱线图，发现本章提出的 BNM 预测云服务 QoS 结果比较稳定，因为贝叶斯网络的有向边变量之间的依赖或者因果关系，用条件概率来表达关系强度。

## 10.5　本 章 小 结

本章利用 10 组数据对云服务 QoS 单个属性和云计算体系结构的软硬件资源之间的相关性进行了云服务 QoS 的预测实验，证明了预测方法的准确性。使用本章提出的方法（BMN）与云服务 QoS 算术平均值（AVG）、BP 神经网络预测模型（BP）、时间序列预测模型（ARIMA）和直接获取云服务 QoS 单个属性的真实值结果进行预测结果比较，并且使用了四种误差评价指标来评估预测模型的精确度，即 MRE、MAE、SSE、RMSE。同时对相对误差和绝对误差进行箱线图分析，表明了本章提出的 BNM 云服务 QoS 预测方法的准确性且具有良好的稳定性。因此基于 BNM 的云服务 QoS 预测方法的预测结果更加符合实际需求。

目前的研究成果尚存在一些不足之处，需要进一步研究。数据处理的规则应该更精细，从而使训练贝叶斯网络的条件概率更加精确，这样就可以有效地提高贝叶斯网络模型预测云服务 QoS 的准确度；可以考虑更多的底层硬件资源数据和单个云服务 QoS 属性的相关性；也可以多增加几个 QoS 属性结合底层硬件资源来预测云服务 QoS，同时复杂度增加了很多；本章考虑的是单个 QoS 属性和底层（基础设施层和平台层）的硬件资源数据之间的相关性，还可以研究多元的 QoS 属性之间的相关性，构建模型预测云服务 QoS，详细讨论见本书第 13 章。

### 参 考 文 献

[ 1 ] JingG L, Du W T, Guo Y Y. Studies on prediction of separation percent in electrodialysis process via BP neural networks and improved BP algorithms[J]. Desalination, 2012, 291: 78-93.

[ 2 ] 李丽华, 丁香乾, 贺英, 等. 基于 Tabu 搜索的贝叶斯网络在烟叶香型评价中的应用[J]. 计算机应用与软件, 2012, 29(3): 225-227.

[ 3 ] Wu G, Wei J, Qiao X, et al. A bayesian network based qos assessment model for web services[C]// IEEE International Conference on Services Computing. IEEE, 2007: 498-505.

[ 4 ] Murphy K, Mian S. Modelling gene expression data using dynamic Bayesian networks[J]. Probabilistic Graphical Models, 1997(7): 077201.

[ 5 ] 赵越, 茹婷婷. 分层贝叶斯网络模型研究[J]. 轻工科技, 2011(8): 128.

[ 6 ] Chang G F. Using bayesian networks to measure web service QoS[C]//International Conference on Communication, Electronics and Automation Engineering, 2013: 1233-1238.

[ 7 ] 华哲邦, 李萌, 赵俊峰, 等. 基于时间序列分析的 Web Service QoS 预测方法[J]. 计算机科学与探索, 2013, 7(3): 218-226.

[ 8 ] 郑晓霞, 赵俊峰, 程志文, 等. 一种 Web Service 响应时间的动态预测方法[C]//中国计算机学会全国软件与应用学术会议, 2009: 1570-1574.

[ 9 ] Menasc D A. QoS issues in Web services[J]. IEEE Internet Computing, 2002, 6(6): 72-75.

[10] Vallamsetty U, Kant K, Mohapatra P. Characterization of e-commerce traffic[J]. Electronic Commerce Research, 2003, 3(1): 167-192.

[11] 曹子元, 邱建利, 孙徐仁. Win32 下物理内存分配和直接访问的实现[J]. 测控技术, 2001, 20(01): 46-47.

[12] Heckerman D, Geiger D, Chickering D M. Learning Bayesian networks: The combination of knowledge and statistical data[J]. Machine Learning, 1995, 20(5): 197-243.

[13] Vetschera R. Entropy and the value of information[J]. Central European Journal of Operations Research, 2000(3): 195.

[14] Kullback S. Information theory and statistics[M]. New Jersey: Wiley, 1959.

[15] 刘乐乐, 田卫东. 基于属性互信息熵的量化关联规则挖掘[J]. 计算机工程, 2009, 35(14): 38-40.

[16] 王越, 谭暑秋, 刘亚辉. 基于互信息的贝叶斯网络结构学习算法[J]. 计算机工程, 2011, 37(7): 62-64.

[17] 陈伟, 陈继明. 基于贝叶斯模型的云服务服务质量预测[J]. 计算机应用, 2016, 36(4): 914-917.

[18] Box G E P, Jenkins G N, Reinsel G C. Time Series Analysis: Forecasting and Control[M]. New Jersey: Wiley, 2008.

[19] 徐国祥. 统计预测与决策[M]. 3 版. 上海: 上海财经出版社, 2008.

[20] Liu K, Wang H, Xu Z. A Web service selection mechanism based on QoS prediction[J]. Computer Technology and Development, 2007, 17(8): 103-105.

[21] Gao Z D, Wu G F. Combining QoS-based service selection with performance prediction[C]//IEEE International Conference on e-Business Engineering. IEEE Computer Society, 2005: 611-614

[22] 邵凌霜, 周立, 赵俊峰, 等. 一种 Web Service 的服务质量预测方法[J]. 软件学报, 2009, 20(8): 2062-2073.

[23] Cavallo B, Di Penta M, Canfora G, et al. An empirical comparison of methods to support QoS-aware service selection[C]//International Workshop on Principles of Engineering Service-Oriented Systems, 2010: 64-70.

[24] Leitner P, Michlmayr A, Rosenberg F, et al. Monitoring, prediction and prevention of SLA violations in composite services[C]//IEEE International Conference on Web Services. IEEE Computer Society, 2010: 369-376.

# 第 11 章　基于多元时间序列的 Web 服务 QoS 预测方法

为了准确并多步预测 Web 服务的 QoS，方便用户选择更好的 Web 服务，本章提出了一种基于多元时间序列的 QoS 预测方法 MulA-LMRBF。充分考虑多个 QoS 属性之间的关联，采用平均位移法确定相空间重构的嵌入维数和延迟时间，将 QoS 属性历史数据映射到一个动力系统中，近似恢复多个 QoS 属性之间的多维非线性关系。还将短期服务提供商 QoS 广告数据加入数据集中，采用 LM 算法改进的 RBF 神经网络预测模型，动态更新神经网络的权重，提高预测精度，实现 QoS 动态多步预测。通过网络开源数据和自测数据的实验表明，本章方法与传统方法相比有较好的预测效果，更适合动态多步预测。

## 11.1　引　　言

随着 Web 服务技术的快速发展和应用，网络上出现很多功能相似的 Web 服务，在选择满足用户需求的 Web 服务的过程中，非功能性需求往往被人们忽视[1]。近几年来，作为非功能性因素的 QoS 开始逐步被人们重视[2]。Web 服务由 Internet 提供，因为网络环境等因素的变化而受到影响，因此真实网络的 QoS 具有非线性、动态多变的特点，选择服务前有效地提供 QoS 信息显得格外重要[3,4]。

目前，越来越多的研究人员开始致力于 Web 服务的 QoS 预测技术，在服务功能满足用户需求的情况下，为用户选择服务或避免服务故障提供了技术支持。现有的预测模型根据预测技术可以分为基于结构方程（structural equation）的 QoS 预测方法[5,6]、基于相似度的 QoS 预测方法[7,8]、基于人工智能的 Web 服务 QoS 预测方法[9,10]和基于时间序列的 QoS 预测方法[11]。

当前 Web 服务的 QoS 预测方法存在的问题归纳如下。

（1）QoS 属性间的相互影响考虑不充分。QoS 属性主要包括响应时间、吞吐量、可靠性、可用性、价格等[12]，它们之间存在错综复杂的关系。例如，当响应时间变大时吞吐量变小，可扩展性对可靠性也产生影响，属性间的关系无法用准确的公式模型表示[6]，自行构建的关系式往往随着数据样本的改变而发生变动，大部分都是针对目标属性的历史数据预测未来值，存在 QoS 属性信息不足的缺点，影响预测周期和准确性。

（2）预测步长较小，多步预测效果不好。随着技术的提升，Web 服务 QoS 的整体发展趋势随服务提供商的策略变化具有动态多变的特性，直接利用目标属性的历史数据进行多步直接预测不能保证预测的精确度。对于企业或用户长期使用的 Web 服务，需要多步预测未来 Web 服务的质量，因此多步预测具有重要的研究意义。

（3）动态性差。Web 服务 QoS 属性值具有动态多变的特点，目前大多数模型根据历史数据建立固定模型，没有考虑随数据的更新，动态改变模型参量，在实际预测中缺乏实用性，只适合静态预测。

为了解决目前 QoS 预测方法存在的上述问题，本章提出了一种新颖的基于多元时间序列的 Web 服务 QoS 预测方法，简称 MulA-LMRBF。一方面，对于用户长期使用的 Web 服务，从较长远的角度预测服务质量，分析服务的性能；另一方面，单元时间序列只有一个属性，包含的非线性系统信息较少，适合短期单步预测稳定且功能简单的服务。多元时间序列中包含较多的 QoS 信息，相空间重构后比单元时间序列包含更多的系统动态信息，因此采用多元时间序列实现 QoS 动态多步预测。总体来说，本章贡献主要包括如下四个方面。

（1）针对问题（1），考虑 QoS 属性间存在复杂的联系，采用相空间重构方法，将时间序列上每个 QoS 属性历史数据映射到一个动力系统中，近似恢复序列原来的多维非线性系统。重构后的时间序列包含更多 QoS 属性动态信息，属性之间的关联可以通过非线性系统描述，使预测更具有动态性和准确性。

（2）针对问题（2），因为短期 QoS 广告数据（advertisement data）是根据服务未来的趋势发布的，代表当前 QoS 属性值的走向。将模拟生成的短期服务提供商的 QoS 广告数据加入预测数据集中，辅助实现多步预测，提高预测精度。

（3）针对问题（3），利用 LM 算法改进的 RBF（Levenberg-Marquardt Radial Basis Function，LMRBF）神经网络模型[13,14]实现动态预测，该模型以黑盒模式比较准确地描述输入变量与预测变量之间的复杂关系，利用 LM 最优化算法训练权值，提高运算效率，但是迭代训练权值的运算不够优化。本章进一步优化 LMRBF 方法，减小了时间开销和空间开销，相对准确地预测属性值。针对 QoS 属性值动态多变的特点，在未来预测过程中，每采集一个新样本，动态更新神经网络参数，从而实现动态预测。

（4）在提出方法的基础上，利用开源数据集和自测数据实现相关实验。实验验证了相空间重构和广告数据对预测的影响以及 MulA-LMRBF 方法在多步动态预测中的有效性，与其他方法比较，在预测准确度方面有明显提高。

11.2 节介绍方法运用的背景知识和相关的理论基础；11.3 节介绍本章提出的预测方法 MulA-LMRBF；11.4 节给出实验设计和结果分析；11.5 节对本章工作加以总结和展望。

# 11.2　预 备 知 识

本章用到的预备知识包括时间序列、RBM 神经网络、相空间重构和 LM 算法等。时间序列和 RBM 神经网络的详细介绍见 7.3.3 节和 7.3.5 节。本节主要介绍相空间重构和 LM 算法。

## 11.2.1　相空间重构

非线性时间序列可以看作由确定的非线性系统产生的，相空间（phase space）是描述系统运动和演变最有力的工具之一，越来越多的研究人员选择相空间重构（phase-space reconstruction）处理非线性时间序列，近似恢复序列构成的动力系统。相空间重构最早是由 Takens[15]提出的，相空间重构定理认为系统中任意变量的发展都是由与之相互作用的其他变量决定的，相关变量的信息隐含在任一其他变量的发展过程中，选择恰当的嵌入维数就可以重构序列的原系统[13,16]。

样本个数为 $N$，属性个数为 $M$ 的多元时间序列表示为 $X=\{X_1, X_2, \cdots, X_i, \cdots, X_N\}$，其中 $i \in \{1,2,\cdots,N\}$。多元时间序列 $X$ 的每个数据样本代表每个时间点的值，表示为 $X_i = \{x_{i,1}, x_{i,2}, \cdots, x_{i,j}, \cdots, x_{i,M}\}$，其中 $j \in \{1,2,\cdots,M\}$，$j$ 表示第 $j$ 个属性，$X_i$ 表示第 $i$ 个时间点的样本数据，$x_{i,j}$ 表示第 $i$ 个时间点处第 $j$ 个属性的值。

多元时间序列相空间重构就是在原序列 $X$ 的基础上，对每个属性嵌入恰当的嵌入维数 $m$ 和延迟时间 $\tau$。重构后的时间序列 $X'$ 表示为 $X'=\{X_1', X_2', \cdots, X_i', \cdots, X_N'\}$，其中 $X_i'$ 表示 $X_i$ 重构后的序列，可以表示为 $X_i' = \{x_{i,1}, x_{i-\tau_1,1}, \cdots, x_{i-(m_1-1)\tau_1,1}, \cdots, x_{i,2}, x_{i-\tau_2,2}, \cdots, x_{i-(m_2-1)\tau_2,2}, \cdots, x_{i,j}, x_{i-\tau_j,j}, \cdots, x_{i-(m_j-1)\tau_j,j}, \cdots, x_{i,M}, x_{i-\tau_M,M}, \cdots, x_{i-(m_M-1)\tau_M,M}\}$，其中 $m_j$ 表示第 $j$ 个属性的嵌入维数，$\tau_j$ 表示第 $j$ 个属性的延迟时间。

当选择的嵌入维数和延迟时间恰当时，$X_i$ 满足非线性关系，即多元时间序列存在关系方程 $f$ 使得 $X_{i+1}' = f(X_i')$。多元时间序列 $X$ 通过相空间重构，包含序列随时间变化的动态信息，时间点数据间形成相对稳定的关系，每个时间点代表动态关系系统中的一个分量，因此 $X'$ 就可以近似地代表原时间序列的非线性动力系统。为多元时间序列相空间重构确定合适的 $m$ 和 $\tau$ 一直是复杂系统研究的重点，主要分为嵌入维数和延迟时间综合考虑法以及分别考虑两个参数的方法。

平均位移法[17]是同时考虑嵌入维数和延迟时间的相空间重构方法，思想是通过引入平均位移，给每个属性一个假设嵌入维数 $m$，求延迟时间 $\tau$。

平均位移的求解公式为

$$\langle S_m(\tau_j) \rangle = \frac{1}{N} \sum_{t=1}^{N} \sqrt{\sum_{i=0}^{m-1} (x_{t-i\tau_j, j} - x_{t, j})^2} \tag{11-1}$$

即随机给某一属性赋值嵌入维数 $m$，求对应的 $\langle S_m(\tau_j) \rangle$。原始的平均位移法原则是，当 $\langle S_m(\tau_j) \rangle$ 的增长斜率第一次降为初始值的 40%时，对应的点为所求的延迟时间。本章采用前人改进的平均位移法[18]，即随着 $\tau_j$ 值增加，$\langle S_m(\tau_j) \rangle$ 的第一个峰值点对应的 $\tau_j$ 就是所求的延迟时间。

## 11.2.2　LM 算法

LM[19]是一种使用广泛的最优化方法，是牛顿法和梯度下降法（gradient descent）的折中，通过迭代调整未知变量，求解二阶函数 $f(W)$ 的最优值，具有收敛速度快的优点。

令 $W$ 为 $L$ 个变量组成的向量，$W=[w_1, w_2, \cdots, w_i, \cdots, w_L]$。求解最优值的过程中，作用于向量 $W$ 的最优调整量 $\Delta W$ 的计算公式为 $\Delta W = (H + \lambda I)^{-1} g$，其中 $H$ 为多元函数 $f(W)$ 二阶偏导构成的 Hessian 矩阵，可以表示为

$$H = \begin{bmatrix} \dfrac{\partial^2 f}{\partial w_1^2} & \cdots & \dfrac{\partial^2 f}{\partial w_1 \partial w_L} \\ \vdots & & \vdots \\ \dfrac{\partial^2 f}{\partial w_L \partial w_1} & \cdots & \dfrac{\partial^2 f}{\partial w_L^2} \end{bmatrix} \tag{11-2}$$

$I$ 为与 $H$ 同维的单位矩阵，$\lambda$ 为正则系数，$g$ 为函数的梯度向量。为了化简由 Hessian 矩阵计算带来的复杂性，采用近似二阶偏导，忽略二阶以上的导数项代替二阶偏导[20]。假设二阶函数 $f(W)$ 的优化是由如下代价函数产生的：

$$f(W) = \frac{1}{2N} \sum_{t=1}^{N} [d_t - g(X_t, W)]^2 \tag{11-3}$$

其中，$d_t$ 表示真实值；$g(X_t, W)$ 是 $d_t$ 的逼近函数，那么 $f(W)$ 的近似二阶偏导数项可以表示为

$$\frac{\partial^2 f}{\partial w_i \partial w_j} \approx \sum_{t=1}^{N} \left( \frac{\partial g(X_t, W)}{\partial w_i} \cdot \frac{\partial g(X_t, W)}{\partial w_j} \right) \tag{11-4}$$

其中，$i \in \{1, 2, \cdots, L\}$；$j \in \{1, 2, \cdots, L\}$；$N$ 是训练样本个数。在迭代训练的过程中，除了每次计算权值调整量 $\Delta W$，也为正则系数 $\lambda$ 分配足够大的值，保证 $H + \lambda I$ 正定，尽快收敛到最优解[20]。

## 11.3　一种基于多元时间序列的 Web 服务 QoS 预测方法

本章提出了一种基于多元时间序列的 Web 服务 QoS 预测方法 MulA-LMRBF，流程描述如图 11-1 所示。用户或企业需要长期使用的 Web 服务可能由于动态的 Internet 变化产生短期或周期性的 QoS 变化，甚至发生服务故障，从长远角度动态地预测服务的 QoS，为用户未来使用并选择 Web 服务提供真实可靠的服务质量数据。MulA-LMRBF 方法充分利用 QoS 属性的历史数据并在线动态地预测未来属性的具体值，主要概括为三个步骤。

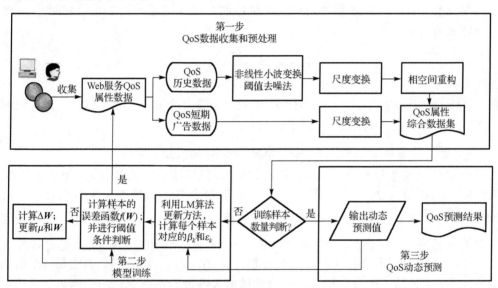

图 11-1　MulA-LMRBF 总体结构图

（1）QoS 数据收集和预处理。确定数据使用的 QoS 属性个数，剔除缺失值样本，选择完整的 QoS 属性样本作为实验数据。收集的数据包括历史数据和短期广告数据，分别对两部分数据进行预处理，历史数据处理包括数据噪声处理、尺度变换和相空间重构，广告数据仅进行尺度变换，从而形成综合的 QoS 数据集。

（2）模型训练。在确定神经网络隐层节点的条件下，采用改进方法训练神经网络隐含层和输出层间的权值 $W$，进一步优化 $W$ 的更新计算过程，达到高效训练的效果。

（3）QoS 动态预测。每采集一个新样本，经过数据预处理后，计算更新权值的相关变量，调整一次权值 $W$，动态多步预测未来值。

### 11.3.1　数据收集和预处理

参考文献[21]和文献[22]中的方法，收集完整的 QoS 属性数据，分别对历史数据和广告数据两部分进行预处理，具体预处理由以下步骤组成。

1）QoS 历史数据（history data）噪声处理

QoS 历史数据含有大量噪声，噪声会随时间演化和后续计算造成精度损失，并且相空间重构时间序列模型对数据噪声很敏感，含噪声数据会严重影响预测准确度，因此采用非线性小波变换阈值去噪法[23-25]（nonlinear wavelet transform threshold denoising approach）处理 QoS 历史数据。

2）数据尺度变换（scale transformation）

神经网络输入变量在[0，1]或[−1，1]时，网络运算效果较好[9]，因此对数据进行尺度变换处理，将 QoS 属性历史数据和 QoS 广告数据都控制在[0，1]范围。尺度变换公式为

$$x_{i,j} = \frac{x_{i,j} - (x_{.,j})_{\min}}{(x_{.,j})_{\max} - (x_{.,j})_{\min}} \qquad （11\text{-}5）$$

其中，$i \in \{1,2,\cdots,N\}$；$j \in \{1,2,\cdots,M\}$；$x_{.,j}$ 表示 QoS 第 $j$ 个属性的所有值；$(x_{.,j})_{\max}$ 表示 $x_{.,j}$ 的最大值；$(x_{.,j})_{\min}$ 表示 $x_{.,j}$ 的最小值。

3）历史数据相空间重构（phase-space reconstruction）模型

对 QoS 历史数据相空间重构，首先采用平均位移法确定重构的嵌入维数 $m$ 和延迟时间 $\tau$，$m$ 从[1，30]取值，用式（11-1）计算每个 QoS 属性的 $m$ 对应的 $\langle S_m(\tau_j) \rangle$，取 $\langle S_m(\tau_j) \rangle$ 到达第一个峰值对应的 $\tau$。然后均衡多个属性的 $m$ 对应的 $\tau$ 值，选择所有属性的 $m$ 对应 $\tau$ 达到平稳状态区间之内的值作为相空间重构的嵌入维数和延迟时间。

QoS 历史数据多元时间序列表示为 $Q = \{Q_1, Q_2, \cdots, Q_i, \cdots, Q_N\}$，其中第 $i$ 个数据 $Q_i = \{q_{i,1}, q_{i,2}, \cdots, q_{i,j}, \cdots, q_{i,M}\}$，第 $j$ 个属性的嵌入维数为 $m_j$，延迟时间为 $\tau_j$。重构后的时间序列表示为 $Q' = \{Q_1', Q_2', \cdots, Q_i', \cdots, Q_N'\}$，其中第 $i$ 个数据 $Q_i'$ 表示 $Q_i$ 重构后的时间序列，表示为

$$\begin{aligned}
Q_i' = \{ & q_{i,1}, q_{i-\tau_1,1}, q_{i-2\tau_1,1}, \cdots, q_{i-(m_1-1)\tau_1,1}, \\
& q_{i,2}, q_{i-\tau_2,2}, q_{i-2\tau_2,2}, \cdots, q_{i-(m_2-1)\tau_2,2}, \\
& \cdots \\
& q_{i,j}, q_{i-\tau_j,j}, q_{i-2\tau_j,j}, \cdots, q_{i-(m_j-1)\tau_j,j}, \\
& \cdots \\
& q_{i,M}, q_{i-\tau_M,M}, q_{i-2\tau_M,M}, \cdots, q_{i-(m_M-1)\tau_M,M} \}
\end{aligned} \qquad （11\text{-}6）$$

其中，$i \in \{1,2,\cdots,N\}$，相空间重构时选择的数据样本个数为 $N$。QoS 共有 $M$ 个属性，分别为每个属性计算合适的 $m$ 和 $\tau$，例如，假设某一 Web 服务的响应时间（Response Time，RT）属性的嵌入维数为 2，延迟时间为 1，可靠性（Reliability，R）的嵌入

维数为 2，延迟时间为 2，在 $t$ 时刻去噪和尺度变换后的数据 $Q_t$ 为 $Q_t$ ={ RT$_t$，$R_t$ }，$Q_t$ 相空间重构后为 $Q_t'$ ={ RT$_t$，RT$_{t-1}$，RT$_{t-2}$，$R_t$，$R_{t-2}$，$R_{t-4}$ }。重构后的 $Q_t'$ 充分利用历史数据样本，近似恢复 RT 和 R 属性共同的原数据关系系统，比原数据 $Q_t$ 包含更多 QoS 属性的动态信息，因此我们将相空间重构后的历史数据用于 QoS 的动态多步预测。

4）QoS 综合数据集（QoS integrated data set）

经过处理的 QoS 历史数据和 QoS 广告数据组合成 QoS 综合数据集 $X$，表示为 $X$={ $X_1$，$X_2$，$\cdots$，$X_i$，$\cdots$，$X_N$ }，作为预测模型的输入样本。$X_i$ =[ $Q_i'$，$A_i'$ ]$^{\mathrm{T}}$，$A_i$ ={ $a_{i,1}$，$a_{i,2}$，$\cdots$，$a_{i,j}$，$\cdots$，$a_{i,M}$ }，$A_i'$ =[ $a_{i,1}'$，$a_{i,2}'$，$\cdots$，$a_{i,j}'$，$\cdots$，$a_{i,M}'$ ]，其中 $Q_i'$ 表示处理后的历史数据，$A_i'$ 表示经过处理的广告数据，$i \in \{1,2,\cdots,N\}$，$j \in \{1,2,\cdots,M\}$，$N$ 为样本个数，$M$ 为 QoS 属性个数。继续上例，假设 $t$ 时刻广告数据为 $A_t$ ={ ART$_t$，AR$_t$ }，尺度变换后为 $A_t'$ ={ ART$_t'$，AR$_t'$ }，因此 $t$ 时刻的综合数据表示为 $X_t$ =[ RT$_t$，RT$_{t-1}$，RT$_{t-2}$，$R_t$，$R_{t-2}$，$R_{t-4}$，ART$_t'$，AR$_t'$ ]。

## 11.3.2　LM 算法改进的 RBF 神经网络预测模型

LMRBF 主要利用 LM 算法的最优化思想，训练网络隐含层与输出层的权值 $W$。QoS 综合数据集的数据作为输入，隐含层节点个数固定不变，输出层节点为 1，因此隐含层与输出层权值最优时，网络的实际输出值与真实值最接近。我们利用 LMRBF 网络的优点并进一步改进，实现高效训练和动态预测的目标，提高预测精度。

RBF 神经网络模型[26]的输入为 $X_i$，输出为 $Y_i$，隐含层激励函数选择高斯函数，其公式为

$$\phi(X_i, C_k) = \exp\left(-\frac{\|X_i - C_k\|^2}{2\sigma_k^2}\right) \qquad (11\text{-}7)$$

其中，$i \in \{1,2,\cdots,N\}$，$N$ 表示样本个数；$k \in \{1,2,\cdots,L\}$，$L$ 表示隐含层节点数；$\phi(r)$ 为隐含层激励函数；$C_k$ 为 RBF 神经网络隐含层中心；$\sigma_k$ 为第 $k$ 个隐含层节点的扩展常数，其求解公式为

$$\sigma_k = \lambda d_k \qquad (11\text{-}8)$$

$$d_k = \min(\|c_k - c_t\|), \quad k \neq t \qquad (11\text{-}9)$$

$d_k$ 是第 $j$ 个隐含层节点与其他隐含层节点的最小距离，$j \in \{1, 2, \cdots, L\}$，$t \in \{1, 2, \cdots, L\}$，$\lambda$ 是重叠系数，$\sigma_k$ 是第 $k$ 个隐含层节点的扩展常数。RBF 神经网络输出层公式为

$$Y_i = \sum_{k=1}^{L} w_k \phi(X_i, C_k) = \sum_{k=1}^{L} w_k \exp\left(-\frac{\|X_i - C_k\|^2}{2\sigma_k^2}\right) \tag{11-10}$$

其中，$i \in \{1, 2, \cdots, N\}$，$W$ 是隐含层与输出层的权值向量矩阵，$W = [w_1, w_2, \cdots, w_L]^\mathrm{T}$；$Y_i$ 为输出层函数；$w_k$ 为第 $k$ 个隐含层节点与输出节点之间的权值。

1）模型训练阶段

模型训练（model training）的目的是满足误差函数 $f(W)$ 尽可能小，直到预测精度满足阈值条件。当不满足阈值条件时，迭代更新 $W$ 的值，使得 $f(W)$ 达到阈值 $\delta$ 的要求，即 $f(W) > \delta$ 时，更新权值 $W$。误差函数 $f(W)$ 的计算公式为

$$f(W) = \frac{1}{2N} \sum_{i=1}^{N} s_i^2 = \frac{1}{2N} \sum_{i=1}^{N} (Y_i - T_i)^2 \tag{11-11}$$

其中，$T_i$ 表示样本真实值；$Y_i$ 表示 RBF 神经网络的实际输出值；$s_i$ 表示第 $i$ 个样本的预测误差，则 $N$ 个训练样本的预测值与真实值的误差矩阵 $S = [s_1, s_2, \cdots, s_i, \cdots, s_N]$。

利用 LM 算法训练 RBF 权值 $W$ 的过程，如算法 11.1 所示，训练样本训练时，$W$ 迭代更新的公式为

$$W = W + \Delta W \tag{11-12}$$

$$\Delta W = (J^\mathrm{T} J + \mu I)^{-1} \cdot J^\mathrm{T} S \tag{11-13}$$

即每次迭代通过调整神经网络隐含层与输出层的权值，使得网络的输出值最大限度地接近数据的真实值。式（11-13）中，权值 $W$ 的调整量 $\Delta W$ 利用近似二阶导数 $J^\mathrm{T} J$ 代替原来复杂的 Hessian 矩阵计算，$f(W)$ 的 Jacobian 矩阵 $J$ 为

$$J = \begin{bmatrix} \dfrac{\partial(s_1)}{\partial w_1} & \dfrac{\partial(s_1)}{\partial w_2} & \cdots & \dfrac{\partial(s_1)}{\partial w_L} \\ \dfrac{\partial(s_2)}{\partial w_1} & \dfrac{\partial(s_2)}{\partial w_2} & \cdots & \dfrac{\partial(s_2)}{\partial w_L} \\ \vdots & \vdots & & \vdots \\ \dfrac{\partial(s_N)}{\partial w_1} & \dfrac{\partial(s_N)}{\partial w_2} & \cdots & \dfrac{\partial(s_N)}{\partial w_L} \end{bmatrix} \tag{11-14}$$

正则化系数 $\mu$ 的取值在 LM 算法优化未知参量的过程中起决定性的作用，第 $n$ 次迭代训练，如果 $f(W)$ 值大于第 $n-1$ 次迭代 $f(W)$ 的值，参数值 $\mu = \mu\alpha$（$\mu > 0$，$\alpha > 1$）；否则 $\mu = \mu / \alpha$，并更新权值 $W$。

虽然采用 LM 算法改进 RBF 神经网络训练权值可以快速地收敛到最优解，通过分析迭代更新公式（式（11-12）～式（11-14））可知，计算权值调整量 $\Delta W$ 需要耗费复杂的开销，矩阵 $J$ 需要存储所有训练样本的神经网络输出函数，才能计算 $J^\mathrm{T} J$

和 $J^TS$，因此优化网络训练的主要工作集中到 Jacobian 矩阵的存储以及与它相关的矩阵计算上。Wang 等[13]采用 LM 算法改进极限学习机（Extreme Learning Machine，ELM）神经网络，通过公式改进进一步优化预测模型，本章启发性地从 Jacobian 矩阵和相关矩阵计算等方面优化 MulA-LMRBF 动态预测模型。

（1）矩阵 $J$ 是由全部训练样本输出函数相关的偏导项构成的，因此需要所有训练样本经过一次模型计算才可以进行权值调整。我们将预处理后的 $N$ 个训练样本分为 db（data block，db≥1）长度的若干段，当样本量达到 db 时，计算一次误差函数 $f(W)$ 的值并判断 $f(W)$ 的阈值条件，满足条件则代表本段样本训练结束，否则继续迭代，直到 $f(W) \leqslant \delta$。重复执行上述步骤，判断新 db 个样本的 $f(W)$ 是否满足阈值条件，直到全部训练样本训练结束。

（2）权值调整过程中，计算 $J^TJ$ 的时间复杂度为 $O(n^3)$，$J^TS$ 的时间复杂度为 $O(n^2)$，空间复杂度为 $O(n^2)$，进一步简化计算，Jacobian 矩阵中的偏导项 $\partial(s_j) / \partial w_j$ 进一步化简为

$$\frac{\partial(s_i)}{\partial w_j} = \frac{\partial(Y_i - T_i)}{\partial w_j} = \frac{\partial\left(\sum_{k=1}^{L} w_k \phi(X_i, C_k)\right)}{\partial w_j} = \frac{\partial(w_j \phi(X_i, C_j))}{\partial w_j} = \phi(X_i, C_j) \quad (11\text{-}15)$$

因此矩阵 $J$ 可以化简为 $\boldsymbol{\Gamma}$ 的形式：

$$J = \begin{bmatrix} \phi(X_1, C_1) & \phi(X_1, C_2) & \cdots & \phi(X_1, C_L) \\ \phi(X_2, C_1) & \phi(X_2, C_2) & \cdots & \phi(X_2, C_L) \\ \vdots & \vdots & & \vdots \\ \phi(X_N, C_1) & \phi(X_N, C_2) & \cdots & \phi(X_N, C_L) \end{bmatrix} = \boldsymbol{\Gamma} \quad (11\text{-}16)$$

可以看出，$\boldsymbol{\Gamma}$ 是由神经网络隐含层的输出函数构成的，每行代表一条样本经过网络模型的隐含层输出。

（3）采用化简矩阵 $\boldsymbol{\Gamma}$ 计算权值调整量 $\Delta W$，根据 $\boldsymbol{\Gamma}$ 矩阵的特点，依次化简 $J^TJ$ 和 $J^TS$ 的计算。

① 优化计算 $J^TJ$，可以用如下公式表示：

$$J^TJ = \boldsymbol{\Gamma}^T\boldsymbol{\Gamma} = \sum_{k=1}^{N} \boldsymbol{\varepsilon}_k^T \boldsymbol{\varepsilon}_k \quad (11\text{-}17)$$

$$\boldsymbol{\varepsilon}_k = \begin{bmatrix} \phi(X_k, C_1) & \phi(X_k, C_2) & \cdots & \phi(X_k, C_L) \end{bmatrix} \quad (11\text{-}18)$$

② 类比上述优化 $J^TS$ 的计算：

$$J^TS = \boldsymbol{\Gamma}^TS = \sum_{k=1}^{N} \boldsymbol{\varepsilon}_k^T s_k \quad (11\text{-}19)$$

$$\boldsymbol{\beta}_k = s_k \left[ \phi(X_k, C_1) \quad \phi(X_k, C_2) \quad \cdots \quad \phi(X_k, C_L) \right]^{\mathrm{T}} \qquad (11\text{-}20)$$

其中，$\boldsymbol{\varepsilon}_k$ 是第 $k$ 个样本对应的隐含层输出向量；$s_k$ 表示第 $k$ 个样本的预测误差。

根据①、②的总结，$\boldsymbol{W}$ 训练过程不需要等到所有训练样本经过模型输出，进行复杂的矩阵计算，$\boldsymbol{J}^{\mathrm{T}}\boldsymbol{J}$ 和 $\boldsymbol{J}^{\mathrm{T}}\boldsymbol{S}$ 的时间复杂度分别降为 $O(n^2)$ 和 $O(n)$。每当一个样本经过预测模型时，就保存其隐含层输出和预测误差，并计算 $\boldsymbol{\varepsilon}_k^{\mathrm{T}}\boldsymbol{\varepsilon}_k$ 和 $\boldsymbol{\beta}_k$，累加计算便得到 $\boldsymbol{J}^{\mathrm{T}}\boldsymbol{J}$ 和 $\boldsymbol{J}^{\mathrm{T}}\boldsymbol{S}$，每次只需存储一个样本的 $\boldsymbol{\varepsilon}_k$ 和 $\boldsymbol{\beta}_k$，空间复杂度降为 $O(n)$，经过参量调整最后更新权值 $\boldsymbol{W}$。整体算法的简要描述如算法 11.1 所示。

**算法 11.1　LM 算法改进的 RBF 神经网络**

初始化：$f(\boldsymbol{W})=0$，$\boldsymbol{\varepsilon}_k=0$，$\boldsymbol{\beta}_k=0$；db，$L$，$\mu$，向量 $W$，$S$ 随机赋值；

输出：更新后的权值 $W$；

```
 1:  f(W₁) = f(W);
 2:  Calculate εₖ and βₖ;
 3:  When  count=db  do
 4:    Calculate f(W), W;
 5:    while  f(W) > δ  do
 6:       f(W₂) = f(W);
 7:       Calculate ΔW;
 8:       if   f(W₂) > f(W₁)
 9:          μ = αμ;
10:       else  μ = μ/α;
11:          Update  W, W=W+ΔW;
12:       Calculate f(W);
13:  end while
```

2）动态预测

本章采用 LM 算法改进 RBF 神经网络训练权值 $\boldsymbol{W}$，在时间复杂度、权值调整量计算等方面有明显改进。在模型动态预测阶段，延续训练阶段采用改进算法训练权值的思想，输入新数据动态更新权值 $\boldsymbol{W}$。每次权值调整的过程中，正则化系数 $\mu$ 不断调整的作用在于，当 $\mu$ 趋近于 0 时，方法近似于训练速度快的高斯牛顿法，权值调整量 $\Delta\boldsymbol{W}$ 调整地缓慢；当 $\mu$ 取值很大时，方法近似于梯度下降法，$\Delta\boldsymbol{W}$ 调整幅度大，每迭代成功一步，$\mu$ 值减小并逐步回归到高斯牛顿法。

为了使模型动态长期地预测 QoS 属性值，训练结束后，当采集到一条在线数据时，计算其对应的 $\boldsymbol{\varepsilon}_k$ 和 $\boldsymbol{\beta}_k$，计算最新的 db 个样本的误差函数 $f(\boldsymbol{W})$，判断阈值条件，当不满足时，根据误差函数 $f(\boldsymbol{W})$ 的增减情况调整参数 $\mu$ 以及权值 $\boldsymbol{W}$。随着在线数据的采集，模型参数不断更新，适应动态、非线性的 QoS 预测要求，从而提高了预测的准确性。

# 11.4 实验及结果分析

## 11.4.1 实验设置

本章实验数据主要有四个部分，第一部分①和第二部分数据②来源于开源数据集的不同 Web 服务数据，第三部分是笔者自己收集的数据，第四部分是短期 QoS 广告数据。上述数据主要包含响应时间（RT）和吞吐量（Throughput，T）两个 QoS 属性，利用这两个属性的数据预测未来响应时间。实验环境为 Intel® Core™ i5-4200U CPU@1.60GHz,4.00GB RAM,Windows 7, MATLAB 7.11。

其中第一部分数据的采集时间是每天 8：00 到 17：00，连续每 15min 记录一次 Web 服务的响应时间和吞吐量，共收集了 4 个 Web 服务的 QoS 数据，取每个 Web 服务的连续 2000 条数据实验。以其中一个服务 RMB Instant Quotation（简称 RMB）为例分析实验过程和结果，如图 11-2（a）所示，为 RMB 数据的曲线图。第二部分数据主要来自 142 台分布式计算机的 4532 个真实 Web 服务的 QoS 数据，选择部分 Web 服务的完整数据进行实验。第三部分为作者采集的数据，选择不同的 Web 服务 ID，每个 Web 服务的采集时间间隔为 10min，每个 ID 记录了 2000 多个样本，选择 MobileCode 为例进行实验，原数据如图 11-2（b）所示。由于本章选择的 Web 服务 QoS 属性数据大部分都是早期采集的，所以本实验第四部分数据主要通过模拟生成 QoS 的响应时间广告数据，根据 QoS 属性呈现非线性、动态的特点以及 Web 服务

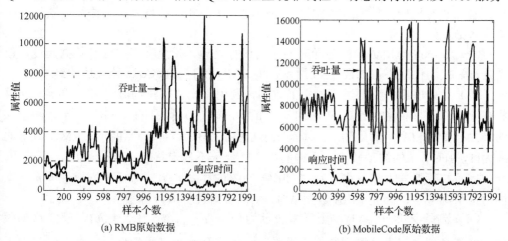

(a) RMB原始数据　　(b) MobileCode原始数据

图 11-2　RMB 和 MobileCode 原始数据

① https://sourceforge.net/projects/qosmonitoring/files.
② http://more.datatang.com/data.

呈现的间断性优化的趋势，在原数据的曲线图上，以一天为周期添加若干趋势线，与真实数据的拟合度控制在 50%～70%。

实验通过 RMSE 进行分析，更直观地比较不同方法的预测结果：

$$RMSE = \sqrt{\frac{1}{N}\sum_{i=1}^{N}(Y_i - T_i)^2} \qquad (11\text{-}21)$$

其中，$Y_i$ 为第 $i$ 个预测值；$T_i$ 为第 $i$ 个真实值；$N$ 表示样本数量。RMSE 可以表示预测相对误差的大小，还能够反映预测的稳定性。

## 11.4.2　实验过程

希望通过实验证明使用相空间方法构建属性关系，采用广告数据提高了多步预测的准确度，从而验证多元时间序列适合多步和中长期动态预测，并通过对比实验阐明该预测模型的准确性。

从数据集中选择 300 组 Web 数据实验后，本章分别介绍基于响应时间的单元时间序列 LMRBF 预测方法（Step Forecasting with Levenberg-Marquardt Radial Basis Function，S-LMRBF）、基于响应时间和吞吐量的多元时间序列相空间重构的 LMRBF 预测方法（Multiple Step Forecasting with Levenberg-Marquardt Radial Basis Function，Mul-LMRBF）、基于响应时间和吞吐量的多元时间序列相空间重构和带广告数据的 LMRBF 预测方法（MulA-LMRBF）三组实验，通过对比观察相空间重构和广告数据对多元多步预测的影响，验证 QoS 多元时间序列在进行多步、中长期动态预测时，比单元时间序列预测精度高。与传统静态 RBF 神经网络预测方法[26,27]和 ARMA 预测方法[28]进行比较，证明本章方法在精确度、动态多步预测方面比传统方法好。简单步骤描述如下。

（1）将 QoS 历史数据的多元时间序列进行处理，减少噪声并变换数据尺度，数据处理后扰动性减小。如图 11-3 所示，为 RMB 和 MobileCode 处理后的结果。

（2）对处理后的数据进行相空间重构，利用平均位移法同时考虑 $m$ 和 $\tau$，计算 $m$ 在[1，40]范围内的每个 $m$ 对应的 $\tau$，如图 11-4（a）和图 11-4（b）所示，随着 $m$ 的增加，重构相空间满足的 $\tau$ 整体呈减小趋势。如图 11-4（a）所示，RMB 数据的 $m$ 为[1，3]时，$\tau$ 的波动较大，重构的相空间处于不稳定状态；当 $m>10$ 时，一方面相空间重构耗费样本量过多，耗费 40%～50%的样本，另一方面不同属性的 $m$-$\tau$ 图的对应值不稳定，因此 RMB 数据从[4，8]范围内选择嵌入维数。

（3）选择步长 $\eta(\eta \geqslant 1)$，则样本表示为$\{X_i，T_{i+\eta}\}$，$i \in \{1,2,\cdots,N\}$，建立预测模型进行模型训练，当达到训练样本数量时，动态预测未来属性值。本章方法仅限于一定阈值范围内的多步预测，当 $\eta$ 超过范围时，不能达到预测精度要求；同时，当 $\eta$ 很短时，数据进行相空间重构的优势不明显。因此，实验总结平均最佳多元时间序列预测步长的适用范围为[2，8]。

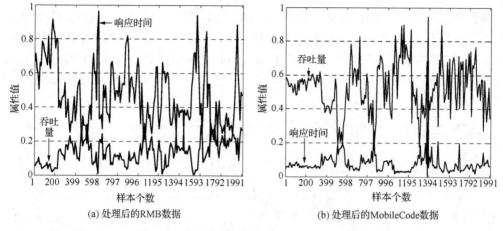

(a) 处理后的RMB数据　　　　　　　　　(b) 处理后的MobileCode数据

图 11-3　处理后的 RMB 和 MobileCode 数据

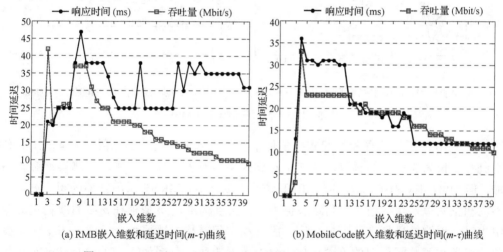

(a) RMB嵌入维数和延迟时间(m-τ)曲线　　　(b) MobileCode嵌入维数和延迟时间(m-τ)曲线

图 11-4　RMB 和 MobileCode 嵌入维数和延迟时间（$m$-$\tau$）曲线

## 11.4.3　实验结果与分析

### 1. 相空间重构和广告数据对预测的影响

为证明相空间重构对动态多步预测的影响，以及广告数据对预测精度的影响，进行若干组实验分析验证。以 RBM 数据为例，取 1000 个训练样本，300 个测试样本，$m$ 在[3，8]范围内取值，分别进行单步和多步预测实验。如图 11-5 所示，截取不同相空间重构下单步预测的 150 个测试样本进行对比实验。

图 11-5（a）为单步预测结果，可以看出 S-LMRBF 预测结果拟合度较高，因此说明 QoS 单元时间序列的信息可以实现单步预测。图 11-5（b）为 300 个测试样本

单步预测的 RMSE，其中 $m=0$ 表示 S-LMRBF 的 RMSE 对应值，$m$ 在[3，17]范围内的取值分别代表不同 $m$ 对应的相空间重构情况，从 RMSE 值可以看出，单步预测时，Mul-LMRBF 的误差值明显大于 S-LMRBF，MulA-LMRBF 比 Mul-LMRBF 的预测误差值小，略大于 S-LMRBF 预测误差。因此可以说明，当预测步长较短时，相空间重构和广告数据对预测准确性影响不大。

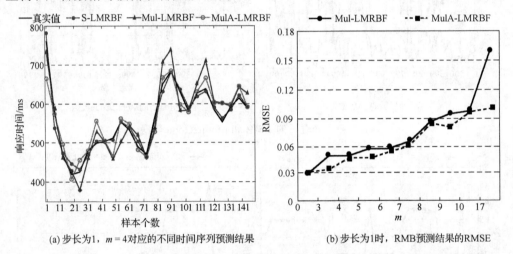

(a) 步长为1，$m = 4$ 对应的不同时间序列预测结果　　　(b) 步长为1时，RMB预测结果的RMSE

图 11-5　RMB 的预测结果和 RMSE 值

图 11-6 所示为不同相空间重构条件下多步预测的对比实验结果。$m=4$，6，8 分别进行步长为 3 和 5 的预测，从 6 个对比结果中看出，步长增加，预测误差都会增加，但 MulA-LMRBF 和 Mul-LMRBF 预测结果比 S-LMRBF 预测结果的拟合好。取不同相空间重构参数值，预测结果也不同，当重构维数 $m$ 取值在 $m$-$\tau$ 曲线稳定的范围内时，预测结果具有较高拟合度。因此相空间重构参数要综合考虑 $m$ 和 $\tau$ 两个参数，取参数值共同稳定的范围，如 RMB 数据的适合范围为[4，8]，MobileCode 的适合范围为[5，10]。MulA-LMRBF 的拟合结果优于 Mul-LMRBF，广告数据进一步提高了预测精度，因此采用服务提供商提供的相对真实可靠的广告数据进行 QoS 多步预测，会进一步提高预测精度。

### 2. 多元对预测步长的影响

相空间重构和广告数据的实验，充分证明了恰当的相空间和广告数据会提高多步预测精度。以相空间重构 $m$ 在[3，10]范围内的值为例，通过实验调整步长，观察随步长增加单元（S-LMRBF）、无广告多元（Mul-LMRBF）、带广告多元（MulA-LMRBF）三种预测的 RMSE 变化情况。从数据集中选择若干个完整的 Web 服务 QoS 数据分别进行对比实验，实验证明多步预测时，MulA-LMRBF 的 RMSE 值最小，Mul-LMRBF 和 MulA-LMRBF 多步预测的 RMSE 值普遍优于 S-LMRBF 预测结果。

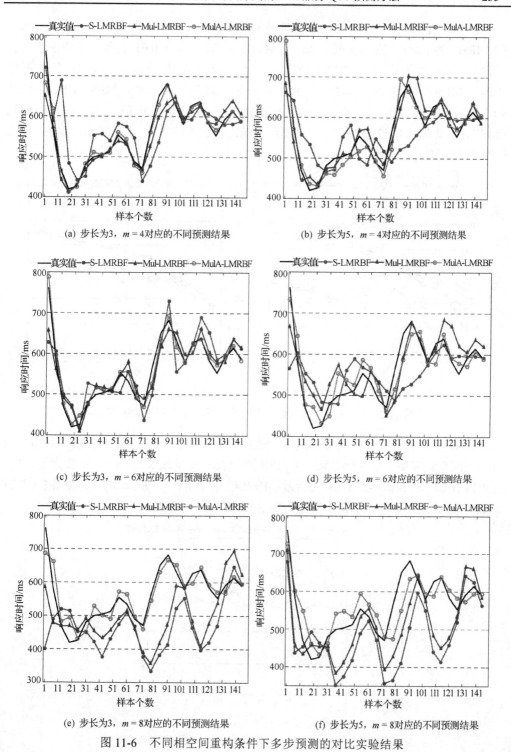

图 11-6　不同相空间重构条件下多步预测的对比实验结果

　　图 11-7 是 RMB 数据的 300 个测试样本的多步预测 RMSE 示例。当步长<3 时，S-LMRBF 的 RMSE 值明显低于 Mul-LMRBF 和 MulA-LMRBF 的值，说明小步长范围内，单元时间序列可以实现较高的精度预测。步长≥3 时，所有预测的 MulA-LMRBF 明显优于其他预测的 RMSE，其中 $m$=4 时，Mul-LMRBF 优于 S-LMRBF；$m$=6 时，步长在[3，9]及大于 10 范围内 Mul-LMRBF 小于 S-LMRBF 的 RMSE，因此加入广告的 MulA-LMRBF 一直比未加入广告数据的 Mul-LMRBF 预测结果的 RMSE 小。

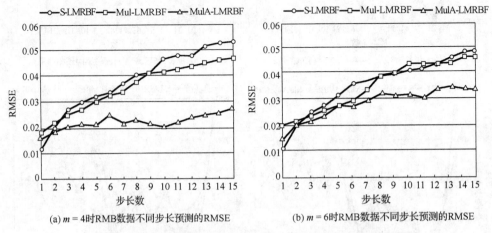

(a) $m$ = 4时RMB数据不同步长预测的RMSE　　　　(b) $m$ = 6时RMB数据不同步长预测的RMSE

图 11-7　RMB 数据的 300 个测试样本的多步预测 RMSE 示例

　　图 11-8 所示为 MobileCode 数据预测 RMSE 对比图，选择 $m$-$\tau$ 曲线平稳范围内的相空间重构参数。以 $m$=5 为例，RMSE 随步长变大呈增长趋势，当步长大于 1 时，Mul-LMRBF 和 MulA-LMRBF 的预测 RMSE 总体上优于 S-LMRBF，Mul-LMRBF 在[2，5]步长范围内的 RMSE 明显小于 S-LMRBF 的 RMSE 值。

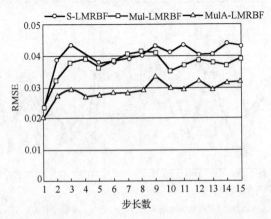

图 11-8　$m$=5 时 MobileCode 不同步长预测的 RMSE

　　从第二组数据堂数据中选择 258 组 QoS 数据完整的 Web 服务进行实验,统计 $m$ 在[3,10]范围内不同步长取值的 RMSE 值。如图 11-9 所示,为 $m=4$ 时,258 组实验的平均 RMSE。当步长在[3,7]范围时,MulA-LMRBF 预测误差明显优于 Mul-LMRBF 和 S-LMRBF,与 S-LMRBF 相比,MulA-LMRBF 的 RMSE 平均减小 19%,Mul-LMRBF 比 S-LMRBF 平均降低了 16%。因此说明多元时间序列更适合多步长预测,可靠的广告数据会提高预测的准确度。根据实验统计,模型的平均最佳多步预测步长范围是[2,8]。

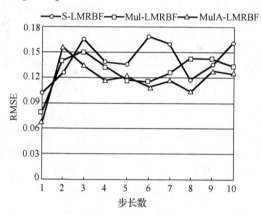

图 11-9　$m=4$ 时 258 组 Web 服务的不同步长预测的平均 RMSE

### 3. 对比实验

　　对比传统 RBF 神经网络模型、ARMA 模型和本章提出的 MulA-LMRBF 预测模型,步长分别取 1、3 和 5,分析预测值和实际值的拟合情况,以及预测的 RMSE。

　　以 RMB 数据集为例,首先用 S-LMRBF 单步预测结果对比传统 RBF 神经网络、ARMA 单元单步预测结果,如图 11-10(a)所示;然后用 $m=6$ 对应的 Mul-LMRBF 多步预测结果对比传统 RBF 神经网络、ARMA 多元多步预测结果如图 11-10(b)所示,多步预测的 RBF 和 ARMA 都采用响应时间和吞吐量两个属性的历史数据。S-LMRBF 和 MulA-LMRBF 分别对应不同步长预测值。

　　表 11-1 为 RMB 数据预测结果的 RMSE,综合分析 MulA-LMRBF 都优于 RBF 和 ARMA 的预测结果。表 11-2 为自测的 MobileCode 数据 300 个样本点的对比实验 RMSE 统计值,步长分别取 1、3、5,多元取 $m=6$ 进行相空间重构。从表中可以看出,相比其他方法,MulA-LMRBF 和 S-LMRBF 的 RMSE 值都比较小,具有更好的预测精度。

　　为进一步验证方法的通用性,将方法应用在数据集二收集到的 258 个完整的包含响应时间和吞吐量的 Web 服务数据,表 11-3 为预测结果的平均 RMSE。通过对比实验进一步证明了 MulA-LMRBF 和 S-LMRBF 的 RMSE 值最小，特别是在多步长预测时，MulA-LMRBF 要明显优于 S-LMRBF。因此进一步证明了本章提出的 MulA-LMRBF 预测精度优于传统的 RBF 和 ARMA 方法，并且在动态和多步预测时，具有更好的预测效果。

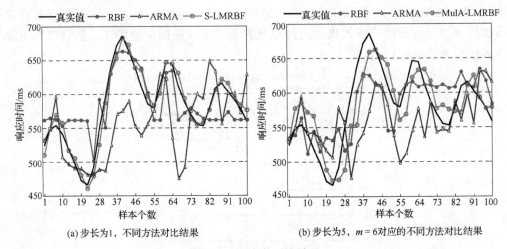

(a) 步长为1, 不同方法对比结果　　　(b) 步长为5, $m=6$对应的不同方法对比结果

图 11-10　实验对比结果

表 11-1　RMB 数据预测结果 RMSE 指标比较

| 服务 | RMB Instant Quotation | | | |
|---|---|---|---|---|
| 方法 | RBF | ARMA | S-LMRBF | MulA-LMRBF |
| 步长=1 | 0.0827 | 0.1193 | 0.0115 | 0.0142 |
| 步长=3 | 0.0955 | 0.1473 | 0.0247 | 0.0211 |
| 步长=5 | 0.1159 | 0.2062 | 0.0311 | 0.0276 |

表 11-2　MobileCode 数据预测结果 RMSE 指标比较

| 服务 | MobileCode | | | |
|---|---|---|---|---|
| 方法 | RBF | ARMA | S-LMRBF | MulA-LMRBF |
| 步长=1 | 0.1004 | 0.1431 | 0.0236 | 0.0203 |
| 步长=3 | 0.1592 | 0.1942 | 0.0435 | 0.0294 |
| 步长=5 | 0.1274 | 0.2251 | 0.0378 | 0.0280 |

表 11-3　第二组 Web 预测平均 RMSE 指标比较

| 服务 | 258 组 Web 服务（平均） | | | |
|---|---|---|---|---|
| 方法 | RBF | ARMA | S-LMRBF | MulA-LMRBF |
| 步长=1 | 0.1208 | 0.1597 | 0.1021 | 0.0688 |
| 步长=3 | 0.1735 | 0.1605 | 0.1659 | 0.1369 |
| 步长=5 | 0.2059 | 0.2172 | 0.1369 | 0.1220 |

# 11.5　本　章　小　结

现有 Web 服务 QoS 预测方法存在预测周期短、动态能力差、属性之间相互影响考虑不足等问题，针对上述问题，本章提出了一种基于多元时间序列的 QoS 预测方法：MulA-LMRBF。首先，该方法考虑多个 QoS 属性之间的关系，采用相空间重构描述并恢复各个属性值在时间变化中存在的非线性、动态系统，刻画属性间存在的关联。然后利用服务广告数据近似表示属性值的未来趋势，将历史数据和广告数据共同组成预测的综合数据集，实现多步长周期预测。为了克服传统模型训练速度慢、动态性差等缺点，最后采用 LM 算法改进的 RBF 神经网络模型，随在线样本输入，模型参数动态更新，实现动态预测的目的。

在未来的工作中，将重点考虑以下几个问题，一是现有的计算相空间重构嵌入维数和延迟时间的方法并不完善，目前运用的平均位移法可以提高预测的准确性，但是否达到重构时的参数最优，还没有充分验证，值得进一步研究；二是本章方法只选择网络权值为动态参数，动态性还不够完备，隐含层节点个数等方面可以进一步改进和优化；三是目前只考虑响应时间和吞吐量两个 QoS 属性来预测响应时间，后期会进一步改进模型，可同时预测多个 QoS 属性值。

## 参 考 文 献

[1]　Ma Y, Wang S G, Sun Q B, et al. Web service quality metric algorithm employing objective and subjective weight[J]. Journal of Software, 2014,25(11):2473-2485.

[2]　Grunske L. Specification patterns for probabilistic quality properties[C]//ACM/IEEE International Conference on Software Engineering. IEEE, 2008:31-40.

[3]　Ma H, Zhu H, Hu Z, et al. Multi-valued collaborative QoS prediction for cloud service via time series analysis[J]. Future Generation Computer Systems, 2016, 68:275-288.

[4]　Chen L, Feng Y, Wu J, et al. An enhanced QoS forecasting approach for service selection[C]// IEEE International Conference on Services Computing. IEEE, 2011:727-728.

[5]　Brier E, Clavier C, Olivier F. Correlation power analysis with a leakage model[J]. Lecture Notes in Computer Science, 2004, 37(22):16-29.

[6]　Le T H, Clédière J, Canovas C, et al. A proposition for correlation power analysis enhancement[J]. Lecture Notes in Computer Science, 2006, 4249(6):174-186.

[7]　Shao L, Zhang J, Wei Y, et al. Personalized QoS prediction for web services via collaborative filtering[C]//IEEE International Conference on Web Services. IEEE, 2007:439-446.

[8] Shao L, Zhang J, Wei Y, et al. Web service QoS forecasting[J]. Journal of Software, 2009, 20(8):2062-2073.

[9] Wang X, Zhu J, Shen Y. Network-aware QoS forecasting for service composition using geolocation[J]. IEEE Transactions on Services Computing, 2015, 99:630-643.

[10] Fanjiang Y Y, Yang S, Kuo J Y. Search based approach to forecasting QoS attributes of web services using genetic programming[J]. Information and Software Technology, 2016, 80:158-174.

[11] Hua Z, Meng L I, Zhao J, et al. Web Service QoS forecasting approach based on time series analysis[J]. Journal of Frontiers of Computer Science and Technology, 2013, 7(3):218-226.

[12] Wang S, Hsu C H, Liang Z, et al. Multi-user web service selection based on multi-QoS forecasting[J]. Information Systems Frontiers, 2014, 16(1):143-152.

[13] Wang X, Han M. Improved extreme learning machine for multivariate time series online sequential forecasting [J]. Engineering Applications of Artificial Intelligence, 2015, 40:28-36.

[14] Ming Z X, Liang N G. An improved RBF network on-line learning algorithm[C]//International Symposium on Information Science and Engineering, IEEE Computer Society, 2009:547-552.

[15] Takens F. Detecting Strange Attractors in Turbulence[M]. Berlin: Lecture Notes Math, 1981:366-381.

[16] Yin Y, Shang P. Forecasting traffic time series with multivariate forecasting approach[J]. Applied Mathematics & Computation, 2016, 291: 266-278.

[17] Rosenstein M T, Collins J J, Luca C J D. Reconstruction expansion as a geometry-based framework for choosing proper delay times[J]. Physica D Nonlinear Phenomena, 1993, 73(1-2): 82-98.

[18] Lin J. Modification of average displacement approach for selection of time-delay in phase space reconstruction of speech signals[J]. Journal of National University of Defense Technology, 1999, 21: 59-62.

[19] Bilski J, Smoląg J, Żurada J M. Parallel approach to the Levenberg-Marquardt learning algorithm for feedforward neural networks[C]//International Conference on Artificial Intelligence and Soft Computing. Berlin: Springer, 2015:3-14.

[20] Haykin S S. Neural Networks and Learning Machines[M]. 3rd ed. New York: Pearson, 2009.

[21] Ye Z, Mistry S, Bouguettaya A, et al. Long-term QoS-aware cloud service composition using multivariate time series analysis[J]. IEEE Transactions on Services Computing, 2016, 9(3):1.

[22] Mani A, Nagarajan A. Understanding quality of service for web services:Improving the performance of your web services[EB/OL]. http://www-128.ibm.com/developerworks/ebservices/library/ws-quality.html[2016-12-1].

[23] Azzalini A, Farge M, Kai S. Nonlinear wavelet thresholding: A recursive approach to determine

the optimal denoising threshold[J]. Applied & Computational Harmonic Analysis, 2005, 18(18): 177-185.

[24] Yuan D B, Cui X M, Wang G, et al. Research on denoising of GPS data based on nonlinear wavelet transform threshold approach[J]. Advanced Materials Research, 2012: 446-449, 926-936.

[25] Han M, Liu Y, Xi J, et al. Noise smoothing for nonlinear time series using wavelet soft threshold[J]. IEEE Signal Processing Letters, 2007, 14(1):62-65.

[26] Zhang P, Sun Y, Li W, et al. A combinational QoS-prediction approach based on RBF neural network[C]//IEEE International Conference on Services Computing. IEEE, 2016:577-584.

[27] Sun J. An original RBF network learning algorithm[J]. Chinese Journal of Computers, 2003, 26(11):1562-1567.

[28] Rojas I, Valenzuela O, Rojas F, et al. Soft-computing techniques and ARMA model for time series prediction[J]. Neurocomputing, 2008, 71(4-6):519-537.

# 第 12 章　Web 服务 QoS 监控工具

目前大多数的监控方法只是单一地提出该监控方法的改进之处，无法实现为用户提供一个 Web 服务 QoS 监控工具来解决监控方法单一性问题，为了实现这一目标，本章设计与实现了一种 Web 服务 QoS 监控工具，主要包括五个监控方法：基于传统思想的 Chan 监控方法、基于假设检验思想的 SPRT 监控方法和 ProMo 监控方法、基于贝叶斯思想的 iBSRM 监控方法和 wBSRM 监控方法。并且考虑多个 QoS 对 Web 服务的影响，用户可以根据需要选择考虑的 QoS 属性，而且多个监控方法可以随机选择，监控结果以折线图的形式动态展示出来，折线图更能表现监控结果的变化趋势，满足多个监控方法相互比较的需求。

根据 Web 服务 QoS 监控方法的实现原理和算法，将上述功能主要运用 Java 语言来实现，而且为了使监控结果展示效果更加突出，使用 FusionCharts 图表插件动态展示监控结果，用户可以直接看出监控结果的特征，还可以通过方法对比，进行实验分析。为了方便广大用户使用该工具，本章将其部署到云服务器上，并采用 B/S 架构，将功能实现部分放在云服务器端，整个工具展示和操作部分放在浏览器端完成，用户只需要打开浏览器，输入固定的地址，便可轻松使用该工具，提高了其灵活性、安全性、资源复用性等。

## 12.1　引　言

实时监控是研究 Web 服务的有效方法，服务监控即监控 Web 服务的 QoS 属性，如服务的可用性、安全性、性能等质量属性，该属性值反映了服务提供者与服务请求者之间的期望对比，提高该值能够保持业务的竞争力，QoS 是描述服务性能的关键指标，在满足用户的需求下，提供高质量的服务是当今服务存在的最大目标[1]。

另外，随着 Web 服务研究的不断深入，出现了许多 Web 服务 QoS 监控方法，最初的研究方法是引入固定的服务质量标准，如果服务满足该概率属性，则服务有效，反之亦然。后来随着技术的发展，出现了一些监控技术，如序贯概率比检验，计算满足服务质量的样本数与总样本之间的比率，然后将该值与属性需求概率进行对比，得出监控结果；概率属性监控框架，引入连续随机逻辑的可监控子集，使用假设检验技术，首先对样本作出假设，然后通过假设检验技术对该假设作出判断，最后得出监控结果；贝叶斯统计运行时监控技术，根据贝叶斯公式，选择一个合适的先验概率，再计算后验概率，得出贝叶斯因子，然后根据假设检验技术，得出监控结果。后来还考虑了服务的影响因子，对其进行加权求值。

目前提出的 Web 服务监控方法，运用统计监测方法监测概率属性，这些方法使用不同的策略来表明该系统是否满足概率属性，但是这些方法都会有自己的优缺点，还没有一个完整的工具将这些方法整合起来，多个监控方法取长补短，比较不同方法的监控效果，而且所有的监控数据都是使用固定的数据集，不能满足用户的随机需求，单一的数据得出的监控结果也不完全具有公正性，因此实现一个 Web 服务的 QoS 监控方法工具，满足用户现实性需求，成为研究 Web 服务的关键任务。本章开发了一个原型工具和系统，将多个监控方法放在一个工具中，实现了一种支持多个 Web 服务 QoS 监控方法的工具。

## 12.2　Web 服务 QoS 监控工具的设计

### 12.2.1　Web 服务 QoS 监控工具的整体设计

为了节省用户对该工具使用所花费的时间，提高 Web 服务的研究质量，本节主要介绍 Web 服务 QoS 监控工具的架构、总体结构、功能结构和本工具的操作流程，方便用户总结和使用。

#### 1. Web 服务 QoS 监控工具的架构

本工具根据 Web 服务 QoS 监控方法的算法，在 Eclipse 中编写 Java 代码，运用 Java 语言来实现这些方法，并且利用 B/S 架构，将整个工具实现的部分放在服务器端，而整个工具的界面展示和操作部分放在浏览器端实现，并且所有方法的监控结果也在网页中展示，为了进一步方便用户使用，本章采用云服务器，将工具部署到云端服务器，帮助用户实现即需即用、灵活高效地使用 IT 资源，用户只需要输入固定的地址就可访问该工具，方便使用[2]。如图 12-1 所示，将 Web 服务 QoS 监控工具的运行环境部署在云服务器上，运行结果展示放在浏览器端，实现浏览器端和服务器端交互的形式，在服务器端配置相应的 Java 运行环境，使监控方法得以实现，监控结果以折线图的形式展示在浏览器端，减轻了服务器端的压力，并且更易于体现监控结果的变化趋势。

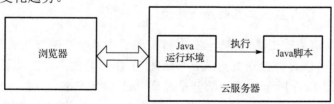

图 12-1　Web 服务 QoS 监控工具架构

## 2. Web 服务 QoS 监控工具的总体结构

图 12-2 为 Web 服务 QoS 监控工具的总体结构，工具采用 B/S 架构，工具的界面展示、操作等过程在浏览器端实现，服务器端完成工具的实现部分，从图中可以清晰地看出从浏览器端到服务器端实现 Web 服务 QoS 监控的全过程。在浏览器端，用户需要动态导入监控数据，导入系统中后，系统会对数据进行相应的预处理，预处理完之后的数据可看成（0，1）分布，即满足 QoS 标准的样本设定为 1，不满足 QoS 标准的样本设定为 0，然后根据每个监控方法的不同算法进行计算。该系统中主要包含五个监控方法，用户可以随机选择，也可以选择多个方法，进行监控结果比较，而得出的监控结果看成（−1，1）分布，即监控样本满足 QoS 属性标准的结果为 1，不满足 QoS 属性标准的结果为−1，最后得出的监控结果以折线图的形式展示。在服务器端，采用腾讯云服务器，将实现该 Web 服务 QoS 监控方法工具的整个系统部署在云服务器，并保证系统的正常运行，云服务器是一个服务器集群，用户可以弹性配置云主机，具有高密度、高扩展性的特征，使用云服务器，能够有效解决高峰时间段的速度问题，提高了资源利用率，方便了用户的访问，节约了系统的总成本，而且软件运行环境更安全，提高了代码的可维护性。

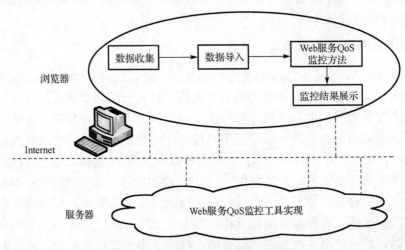

图 12-2　Web 服务 QoS 监控工具的总体结构

## 3. Web 服务 QoS 监控工具的功能结构

为了解决目前监控工具的单一性，本章实现了将多个监控方法放在一个工具中，增加了 Web 服务 QoS 监控研究方式，Web 服务 QoS 监控工具的功能部分主要包括两个部分，如图 12-3 所示，第一部分是选择 Web 服务 QoS 监控方法，主要包含基于传统思想的 Chan 监控方法、SPRT 监控方法、ProMo 监控方法、iBSRM 监控方法、wBSRM 监控方法等五个监控方法，用户可以随机选择监控方法，每个监控方法根据其算法得出有效的监控结果；第二部分是监控方法的结果展示，结果以折线图的形式在 Web 端展示，并且可以对多个监控方法进行监控结果的对比和分析。

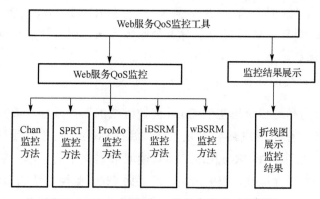

图 12-3　Web 服务 QoS 监控工具的功能模块

**4. Web 服务 QoS 监控工具的操作流程**

为了提高 Web 服务的研究效率，便于用户理解和使用，本节介绍 Web 服务 QoS 监控工具的操作流程，如图 12-4 所示，首先，需要考虑影响 Web 服务的 QoS 属性，收集研究 Web 服务所需要的真实数据，本章主要选择服务器信息、用户信息、响应时间、吞吐量等数据集，数据的格式需要按照一定的标准，一般每个数据之间需要用空格隔开，为了保证数据的参照完整性，数据集之间必须相互关联，而且要保证数据集的精度和真实性；其次，将收集好的数据导入工具中，每个数据集中的内容都是相互对应的，而且要保证数据导入的正确性，以确保 Web 服务监控的有效性；再次，用户可以根据需要选择监控方法，而且可以选择多个监控方法进行 Web 服务 QoS 监控；最后，根据用户所选择的监控方法运行算法，得出监控结果，并以折线图的形式展示，用户可以根据折线图的趋势对监控方法进行对比分析。

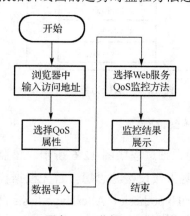

图 12-4　Web 服务 QoS 监控工具的操作流程图

## 12.2.2　Web 服务 QoS 监控方法的详细设计

本节主要介绍该工具包含的 Chan 监控方法、SPRT 监控方法、ProMo 监控方法、iBSRM 监控方法、wBSRM 监控方法等五个监控方法在服务器端和浏览器端的详细实现过程，并画出相应的流程图展示。

1. Chan 监控方法的详细设计

图 12-5 所示为基于传统思想的 Chan 监控方法的监控过程，该方法的实现主要在服务器端完成。首先用户需要设定 QoS 属性标准，服务质量属性的值 QoS_VALUE、概率属性 BETA，ReadLine()函数读取数据集中的样本。然后判断每个样本是否满足该 QoS 属性标准，如果满足，则根据 Chan 监控方法的算法，使用 PCTL计算概率属性，通过计算满足 QoS 属性标准的样本在总样本之间的比例，然后与之前定义的概率属性标准进行比较，判断是否满足 QoS 属性标准，得出监控结果；如果不满足，则将不满足的样本数加 1 并且保存在数组中，浏览器端主要是完成整个操作过程以及将监控结果以折线图的形式展示的过程。该方法实现了动态监控 Web服务的非功能属性，并且该方法对样本进行计算得出监控结果的速度比较快，提高了监控效率。

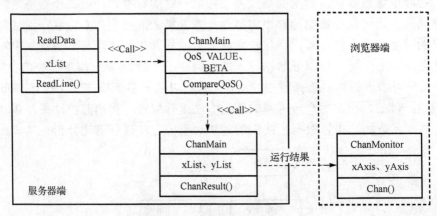

图 12-5　监控方法的详细设计

2. SPRT 监控方法的详细设计

SPRT 监控方法实现的详细过程如图 12-6 所示，该监控方法的具体实现代码主要放在服务器端来完成。基于假设检验思想，首先根据样本 xList 的值判断是否满足 QoS 属性标准，设定 QriHypothesis、AlterHypothesis 两个假设，并且选择合适的概率属性值，然后根据 SPRT[3]算法计算样本的概率似然比，根据计算结果得出概率属性范围，在显著性水平 $\alpha$ 和 $\beta$ 下，计算 $A$、$B$ 的值，接着对样本进行判断，最后将得出的监控结果在浏览器端展示。

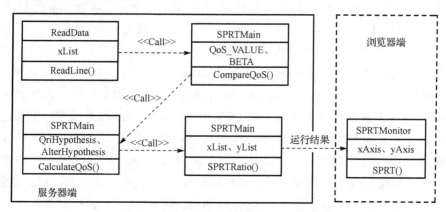

图 12-6　SPRT 监控方法的详细设计

### 3. ProMo 监控方法的详细设计

ProMo 监控方法实现的详细过程如图 12-7 所示，服务器端首先根据读取的 QoS 属性的数据 xList，对样本设定 QriHypothesis、AlterHypothesis 两个假设，然后根据连续随机逻辑（Continuous Stochastic Logic，CSL）定义概率属性，并且计算得出原假设和备择假设相应的概率属性值，根据序贯概率比检验算法[4]的计算结果得出概率属性范围，在显著性水平 $\alpha$ 和 $\beta$ 下，计算 $A$、$B$ 的值，然后将样本计算得出的概率属性值与 $A$、$B$ 的值进行比较，最后得出的监控结果在 Web 端展示。

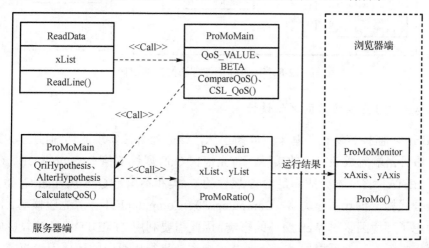

图 12-7　ProMo 监控方法的详细设计

#### 4. iBSRM 监控方法的详细设计

iBSRM 监控方法实现的详细过程如图 12-8 所示，服务器端首先根据 QoS 属性的值 QoS_VALUE、QoS 属性概率 BETA，将样本分成满足 QoS 属性的 $C_0$ 类和不满足 QoS 属性的 $C_1$ 类。贝叶斯思想是计算满足 QoS 属性标准的样本的概率，因此，利用贝叶斯 BSRM[5]算法，ComputeplC0、ComputeplC1 计算样本的先验概率，然后根据先验概率，函数 ComputeplPreC0、ComputeplPreC1 计算后验概率和后验概率之比 $K$ 值，由于 $K$ 值是计算得出的真实 QoS 属性概率与 QoS 概率属性标准的比值，所以可以根据 $K$ 值判断样本是否满足 QoS 属性标准，如果 $K>1$，说明真实 QoS 属性概率大于 QoS 概率属性标准，如果 $K<1$，说明真实 QoS 属性概率小于 QoS 概率属性标准，如果 $K=1$，则不能判断，最后将监控结果保存在 xList 和 yList 数组中，通过 JSON 数组传递到浏览器端，然后利用前端插件动态展示监控结果。

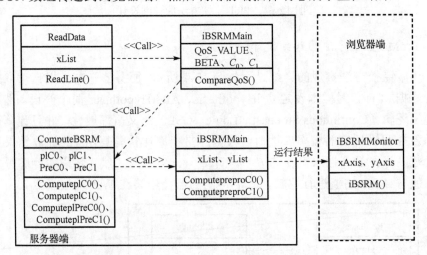

图 12-8　iBSRM 监控方法的详细设计

#### 5. wBSRM 监控方法的详细设计

wBSRM 监控方法也是基于贝叶斯思想，该监控方法实现的详细过程如图 12-9 所示，服务器端完成该方法的实现。首先根据 QoS 属性的值 QoS_VALUE、QoS 属性概率 BETA，将样本分成满足 QoS 属性的 $C_0$ 类和不满足 QoS 属性的 $C_1$ 类，利用贝叶斯公式构造贝叶斯分类器，ComputeplC0、ComputeplC1 计算先验概率，因为该方法考虑了环境因素对 Web 服务的影响，因此需要利用 TF-IDF()函数计算影响因子权值得出权值表，然后根据 ComputeWi()函数计算得出对应的环境因素权值，得出加权朴素贝叶斯公式[6]，接着通过 ComputePreC0 和 ComputePreC1 计算后验概率之

比 $K$ 值，根据 $K$ 值判断样本是否满足 QoS 属性标准，最后将监控结果保存在 yList 数组中，然后以 JSON 数组的形式传递到前端，wBSRM()函数接收后台传递的数据，以折线图的形式展示监控结果，将样本数据 xAxis 作为横坐标的值，监控结果 yAxis 在 $y$ 轴显示，不同监控结果采用不同的样式动态展示。

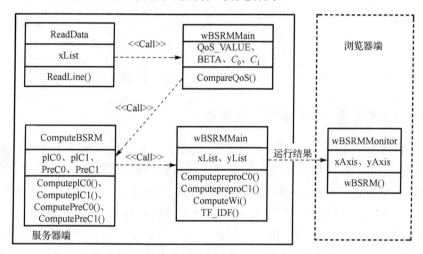

图 12-9　wBSRM 监控方法的详细设计

## 12.2.3　Web 服务 QoS 监控工具的数据形式

　　为了方便用户使用该工具，本章的数据没有放在特定的数据库中，将 Web 服务 QoS 数据格式设置为 txt 格式。为了保证数据的精确性，响应时间、吞吐量数据精确到小数点后三位，数据之间以空格隔开，每种数据表中的数据量大于 3000 条，满足了样本需求量大的要求。本工具的实现需要导入四种数据集，如图 12-10 所示，rtmatrix.txt 中存放了响应时间数据集，数据形式如图 12-11 所示，tpmatrix.txt 中存放了吞吐量数据集，userlist.txt 中存放了用户信息数据集，wslist.txt 中存放了服务器信息数据集，并且每个数据集中的每条数据都是一一对应的，即服务器信息表中的第一条数据对应其他三个表中的第一条数据，这样的关联数据更有利于对 Web 服务的研究以及监控方法的实现。

| | | | |
|---|---|---|---|
| rtmatrix.txt | 2017/1/4 17:12 | 文本文档 | 11,101 KB |
| tpmatrix.txt | 2017/1/4 17:13 | 文本文档 | 12,125 KB |
| userlist.txt | 2017/1/4 17:14 | 文本文档 | 19 KB |
| wslist.txt | 2017/1/4 17:14 | 文本文档 | 531 KB |

图 12-10　Web 服务 QoS 数据集

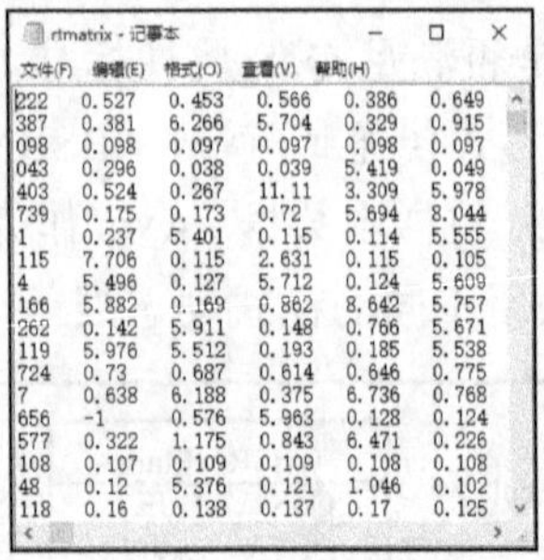

图 12-11　Web 服务响应时间数据集存储形式

## 12.2.4　Web 服务 QoS 监控工具界面

Web 服务 QoS 监控工具界面是在 Web 端展示，并且为了方便用户访问该工具，将其部署到腾讯云服务器上，用户只需要在浏览器端输入该固定地址，访问地址为 http://webserviceqos.me:8080/Test/main/Main.jsp，便可轻松使用该工具。打开浏览器，输入上述地址，便可看到如图 12-12 所示的 Web 服务 QoS 监控工具整体界面，由于影响 Web 服务的 QoS 属性有很多，用户可以根据需要在下拉菜单中选择考虑的属性，并将对应的数据集导入。前两行按钮用来导入该工具所需数据集，包括用户信息、服务器信息、响应时间、吞吐量等数据集，第三行的五个按钮分别为 Web 服务 QoS 监控方法，包括 Chan 方法、iBSRM 方法、wBSRM 方法、SPRT 方法、ProMo 方法等，监控结果在最下面的区域以折线图的形式显示。从图中可以看出，该结果的横纵坐标以及标题都详细标出了，而且当鼠标放在某个点时，该点的信息也会详细显示，包括该点的坐标值和该点是哪种监控方法，为了方便用户展示监控结果，该图也可以根据需要手动下载高清监控结果图片，下载时只需要单击按钮☰，下载需要的图片格式即可。

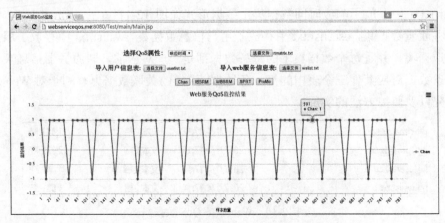

图 12-12　Web 服务 QoS 监控工具界面

## 12.3　Web 服务 QoS 监控工具的实现

根据前面对 Web 服务 QoS 工具的介绍，本节主要描述该工具的实现过程，Web 服务 QoS 监控方法主要由 Java 语言开发实现，监控结果展示界面在 Web 端展示，主要用到 HTML、JavaScript 语言来实现，并且为了方便用户访问该工具，将其部署到腾讯云服务器上，用户只需要在浏览器端输入该固定地址，便可轻松使用该 Web 服务 QoS 监控工具。

### 12.3.1　开发环境及工具

为了让用户对整个工具的开发过程更加了解，本节主要介绍整个工具实现的开发环境和开发工具，并附有相关截图。

1. 开发环境

为了方便用户使用，本节将该工具部署在云服务器上，在众多云服务器中选用腾讯云，因为腾讯云资源配置比较灵活，可以快速申请云主机、域名，云主机的配置大概是 CPU 1 核、内存 1GB、带宽 1MB、赠送系统盘 Linux 20GB/Windows 50GB。根据申请的域名，可以自己设定一个地址，以便在 Web 端快速有效地访问 Web 服务 QoS 监控工具，一切准备工作完成后，需要将自己的项目放在云服务器中。首先需要连接远程桌面，按快捷键 Win+r 打开运行，输入命令 mstsc，这样就得到了连接远程桌面的窗口，然后输入自己的计算机名即外网 IP，单击"连接"按钮，输入自己注册的账号和密码，最后单击"确定"按钮，便可进入云服务器界面。

进入云服务器界面后，会发现跟自己计算机的桌面没什么区别，有自己的磁盘、网络等，因为要把自己的项目放入该服务器中，而项目是用 Java 语言实现的，因此需要安装 Tomcat，安装 JDK，配置环境变量，本工具安装的 Tomcat 版本是 8.0，用户可以根据自己的需要安装。图 12-13 所示为云服务器的桌面。

图 12-13　云服务器的桌面

### 2. 开发工具

为了方便用户使用，本工具采用 B/S 架构，将客户端的实现放在浏览器端，系统的开发和维护都集中在服务器端。由于本工具的实现主要使用更通用的 Java 语言，所以实现工具主要是 Eclipse，Eclipse 是基于 Java 的可扩展开发平台，在 Eclipse 开发工具中实现 Java 更加简单、方便，而且运行速度快，占用内存少，操作简单，是目前 Java 开发中比较倾向的开发工具。

## 12.3.2　Web 服务 QoS 监控工具的程序结构

图 12-14　工具的程序结构

Web 服务 QoS 监控方法主要由 Java 语言开发实现，监控结果展示界面在 Web 端展示，主要用 HTML、JavaScript 语言来实现，其中监控方法实现中包括 Chan、SPRT、ProMo、iBSRM、wBSRM 等五个 Java 包，每个监控方法的实现代码放在相应的包中，Web 端监控结果展示部分主要包括 js、main 两个文件夹，由于监控结果的折线图展示用到 Highcharts 框架，所以 js 文件夹主要存放该框架的 JS 代码以及相应的一些配置文件，main 文件夹主要包括监控结果展示的 HTML 代码，详细结构如图 12-14 所示。

## 12.3.3　Web 服务 QoS 监控工具的数据结构

本节主要介绍工具的数据结构，其中主要用到的数据结构为用户位置数据、服务器位置数据、QoS 数据集中的吞吐量和 QoS 数据集中的响应时间数据。

按照关系数据库表、字段及字段特性的层次结构，本章设计关系数据库模式的数据结构。User 类中存储了 Web 服务 QoS 监控数据用户的 ID、用户的 IP 地址、用户的国家、用户的经度、用户的纬度、服务器的 ID、服务器的地址、供应商名称、服务器国家、QoS 数据集中的响应时间、QoS 数据集中的吞吐量等信息。

Web 服务 QoS 监控的数据结构如下所示。

```
1: public class User{
2: private User ID ;                    //用户的 ID
3: private User IP address;             //用户的 IP 地址
4: private User country;                //用户的国家
5: private User longitude;              //用户的经度
```

```
6: private User latitude;              //用户的纬度
7: private WS ID;                      //服务器的 ID
8: private String WSDL address;        //服务器的地址
9: private Provider name;              //供应商的名称
10: private Provider country;          //服务器的国家
11: private Response time;             //QoS 数据集中的响应时间
12: private Throughput;                //QoS 数据集中的吞吐量
13: }
```

## 12.3.4　Web 服务 QoS 监控方法的实现与分析

本节主要介绍 Web 服务 QoS 监控方法的实现模块，并且以一组真实数据为例，进行不同监控方法的结果展示，定义的 Web 服务 QoS 属性标准为"响应时间小于 3s 的概率大于 0.8"，其中五个监控方法实现的 Java 包以及主要函数如表 12-1 所示，每个 Java 包的主函数以 Main 作为函数命名的开头，其他方法函数名主要以算法或者框架名称命名，方便用户理解和使用。

表 12-1　Web 服务 QoS 监控方法实现的 Java 包以及主要函数

| 监控方法 | Java 包 | 主要函数 |
| --- | --- | --- |
| Chan 方法 | Chan 包 | Main_Chan( ) |
| SPRT 方法 | SPRT 包 | Main_SPRT( ) |
| ProMo 方法 | ProMo 包 | Main_ProMo( )、CSL( ) |
| iBSRM 方法 | iBSRM 包 | Main_iBSRM()、PrePro_C0( )、P1C0( ) |
| wBSRM 方法 | wBSRM 包 | TFIDF_Main( )、Wi_C0( )、PrePro_C0( )、P1C0( )、 |

### 1. 基于传统思想的 Chan 监控方法

Chan 监控方法核心代码如下所示，QoS_VALUE、BETA 分别代表服务质量属性值和概率属性标准，将横、纵坐标的值分别存放在 xList 和 yList 数组中，readLine() 读取用户导入的数据集中的数据，然后根据定义的 QoS 属性标准，判断数据是否满足 Web 服务的概率属性标准，如果满足，则监控结果为 1，不满足为 −1，将监控结果以 JSON 数组的形式传到前端的 HTML 页面中，Web 端读取该值，得出监控结果以折线图展示，如图 12-15 所示。

```
1: Public class Main_Chan{
2: private static final double BETA=0.8;       //定义概率属性标准
3: private static double QoS_VALUE=3.0;        // QoS 属性值要求
4: ArrayList xList=new ArrayList();            //定义横坐标值
5: ArrayList yList=new ArrayList();            //定义纵坐标值
```

```
6: String[] split=null;
7: boolean flag=true;
8: String str=br.readLine();                    //读取数据集中一整行信息
9: ArrayList<String> list=new ArrayList<String>();
10: ArrayList<String> listtrue=new ArrayList<String>();
11: int j=0;
//把数据集信息单独放在一个数组中
12: while(str!=null && !"".equals(str.trim())){
13: split=str.split("\r\n");
14: str=br.readLine();
15: list.add(split[0]);
16: }
//计算满足 QoS 属性标准的样本数与总样本的比值
17: for(int i=0; i<list.size();i++){
18: if(list.get(i)>=QoS_VALUE){
19: Listtrue.add(i);
20: double m=(listtrue.size())/(list.size());
//判断是否满足概率属性标准
21: If(m>BETA){
22: yList.add(m);
23: }}}
```

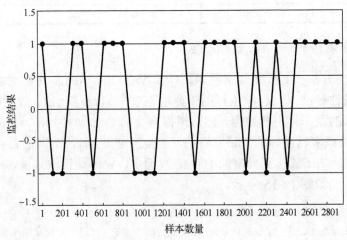

图 12-15　Chan 方法监控结果

　　该组实验是对传统的 Web 服务 QoS 监控方法进行验证,通过导入真实的 Web 数据,根据传统思想的 Chan 监控方法的算法,得出相应的监控结果。本次实验是对 3000 条左右的数据进行训练,从图中可以看出整个监控结果的波动性很大,该数据集中不满足 QoS 属性标准的服务很多,而且由于所选数据集比较多,已经造成部分失真,对于自定义 Web 服务 QoS 概率属性标准为 0.8 也不具有科学性和权威性。

　　2. SPRT 监控方法

　　SPRT 监控方法核心代码如下所示,首先需要根据 QoS 属性标准,设置原假设 $H_0$、备择假设 $H_1$ 以及 $P_0$ 和 $P_1$ 的值,然后根据序贯概率比公式,计算 $A$ 和 $B$ 的值,最后根据概率似然比的大小来判断接受哪个假设,若接受假设 $H_0$ 则监控结果为 1,若接受假设 $H_1$ 则监控结果为 $-1$,如果实际的服务质量属性的值与服务质量属性标准的值比较接近,则监控结果将超出监控范围,即不能判断时监控结果为 0,然后将监控结果保存在 yList 数组中。

```
1: public class Main_SPRT{
//根据公式定义 A、B 两个元素的值
2: double A=Math.log((1-β)/α);
3: double B=Math.log(β/(1-α));
//通过计算概率似然比判断监控结果
4: if(A < F+list.get(j)*Math.log(P1/P0)+(1-list.get(j))*(Math.log
((1-P1)/(1-P0)))){
5: xList.add(Double.valueOf(j));
6: yList.add(C1);   //接受备择假设
7: }else if (B > F+list.get(j)*Math.log(P1/P0)+(1-list.get(j))*(Math.
log((1-P1)/(1-P0)))){
8: xList.add(Double.valueOf(j));
9: yList.add(C0);   //接受原假设
10: }else{
11: xList.add(Double.valueOf(j));
12: yList.add(C2);   //继续监控
13: }}
```

　　图 12-16 为 SPRT 方法的监控结果,从图中可以看出,有较多为 0 的监控结果,表示假设不能判断,因为 SPRT 方法要求设定的概率属性标准必须为常量,当实际的概率值与设置的概率属性值相近时,监控结果为 0,属于监控失效状态,也就是超出监控范围,因此选择一个合适的 QoS 属性标准也是关键问题。

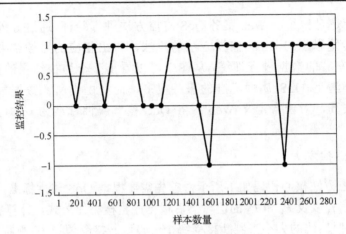

图 12-16　SPRT 方法的监控结果

### 3. ProMo 监控方法

ProMo 监控方法核心代码如下所示，该方法也是基于假设检验思想，使用可监视的子概率逻辑 CSL，并基于最初开发的 SPRT，首先根据用户需求，选择 $P_0$、$P_1$，本章根据 QoS 属性标准选择 $P_0$ =0.9，$P_1$ =0.75，其中满足原假设 $H_0$：$P \geqslant P_0$，备择假设 $H_1$：$P \leqslant P_1$，然后通过公式计算 $A$、$B$，用到了序贯概率比方法，计算假设的正确性，需要根据 $C_0$、$C_1$ 判断样本中符合 QoS 标准的样本数，为了减少不能监控的范围，利用伯努利思想计算操作特性 $E$ 的值，然后根据计算的似然比，得出监控结果。

```
1: public class Main_ProMo{
//根据公式定义 A、B 两个元素的值
2: double A=Math.log((1-β)/α);
3: double B=Math.log(β/(1-α));
//通过计算 C0、C1 得出正确的样本数
4: C0=(B-Math.log((1-P1)/(1-P0)))/Math.log((P1*(1-P0))/(P0*(1-P1)))
5: C1=(A-Math.log((1-P1)/(1-P0)))/Math.log((P1*(1-P0))/(P0*(1-P1)))
//根据假设检验技术验证满足概率属性的样本
6: L(P0)=1-α;
7: L(P1)=β;
8: L=(A-1)/(A-B);
9: E=(L*B+(1-L)*A)/(P*Math.log(P1/P0)+(1-P)*Math.log((1-P1)/(1-P0)));
10: }}
```

图 12-17 为 ProMo 方法的监控结果，通过监控结果折线图可以看出，部分监控结果不能判断，原因可能是概率属性标准和真实的监控概率属性比较接近，即监控结果超出监控范围，总体来说该监控结果还是比较稳定的，而且该算法的精确度相

对较高，监控结果比较准确，可以看出该服务的大部分样本都满足该服务质量属性标准，可以判断该服务的有效性相对较好。

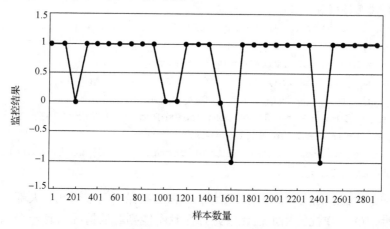

图 12-17　ProMo 方法的监控结果

### 4. iBSRM 监控方法

iBSRM 监控方法核心代码如下所示，iBSRM 监控方法首先需要对导入的数据进行训练，根据 QoS 属性标准，将样本分成满足 QoS 属性标准的 $C_0$ 类和不满足 QoS 属性标准的 $C_1$ 类，然后根据贝叶斯公式计算先验概率 pXiC0、pXiC1，得到贝叶斯分类器，然后根据计算的似然比得出后验概率之比，得出监控结果。后验概率如果大于 1，则满足 QoS 属性标准，如果小于 1，则不满足 QoS 属性标准。

```
1: public class Main_iBSRM{
//将样本分为 C0、C1 类
2: public double computePlCX(int nC0Xl, int nC0){
3: return (nC0Xl*1.0+1)/(nC0+2);}
4: public double computePlCX(int nC1Xl, int nC1){
5: return (nC1Xl*1.0+1)/(nC1+2); } //为了避免出现分母为零的情况，使用平滑
                                   处理
//根据贝叶斯公式计算先验概率
6: double pXiC0=Math.pow(plC0, temp)*Math.pow (1 - plC0, (1 - temp));
7: double pXiC1=Math.pow (plC1, temp)*Math.pow ( (1 - plC1), (1 - temp));
8: public static double computePro_C0(double[][] tpData, int x, int
   n) {
//根据 C0 计算似然概率，为后面计算后验概率做准备
9: double c=x*1.0/n;
10: if (c>=BETA) {
11: nC0++;}
```

```
12: double pro_C0=(nC0*1.0+1)/(n+2);
13: return pro_C0;}
```
//计算 C0 后验概率
```
14: public static double computeAftPro_C0(double plC0, int a, int b,
15: ArrayList<UserBean> userList,
16: ArrayList<WebServiceBean> webServiceList,
17: double[][] tpData, int x, int n, int[][] tp) {
18: double pro_C0=computePro_C0(tpData, x, n);
19: prePro_C0=prePro_C0+newComputePrePro_C0().computePrePro_CX(plC0,
    a, b, userList, webServiceList, tp);
20: double pC0X=new ComputePCiX().computePCiX(pro_C0, prePro_C0);
21: return pC0X; }}}
```

图 12-18 为 iBSRM 方法的监控结果，根据监控结果可以看出，大部分服务都满足这个标准，QoS 属性的稳定性比较好，而且不能判断的情况只有一个，可能是由于环境因素导致的。与其他监控方法相比，监控结果的有效性比较高，而且准确性也相对较好。

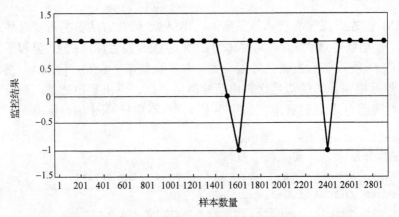

图 12-18　iBSRM 方法的监控结果

### 5. wBSRM 监控方法

wBSRM 监控方法核心代码如下所示，根据 QoS 属性标准，将样本分成满足 QoS 属性标准的 $C_0$ 类和不满足 QoS 属性标准的 $C_1$ 类，训练时根据贝叶斯公式计算先验概率 prePro_C0、prePro_C1，然后计算后验概率 pro_C0、pro_C1，得出贝叶斯因子，监控时考虑环境因素的影响，利用 TF-IDF 算法得出影响因子权值，调用权值表信息，进而得出监控结果。

```
1: public class Main_wBSRM{
```
//根据贝叶斯公式计算后验概率

```
 2: public static double computeAftPro_C1(double p1C1, int a, int b,
 3: ArrayList<TFIDF_UserInformation> userList,
    ArrayList<TFIDF_WebServiceInformation> webServiceList,
    HashMap<HashMap<String, String>, Double> ll2Wi_C1, double[][]
    tpData, int x, int n, int[][] tp) {
 4: double pro_C1=computePro_C1(tpData, x, n);
 5: double RprePro_C1=new TFIDF_ComputePrePro_C1().computePrePro_
    CX(p1C1, a, b,userList, webServiceList, ll2Wi_C1, tp);
 6: recordpreProC1.add(RprePro_C1);
 7: if(n>shortMonlength){
 8: prePro_C1=prePro_C1+RprePro_C1-recordpreProC1.
    get(n-shortMonlength);
 9: }else{
10: prePro_C1=prePro_C1+RprePro_C1;}
11: double pC1X=new TFIDF_ComputePCiX().computePCiX(pro_C1,
    prePro_C1);
12: return pC1X;}
//利用 TF-IDF 算法计算环境因子的权值
13: int nCi=0;     //记录所有 C0 或 C1 的个数
14: while(c1Iterator.hasNext()){
15: Entry<HashMap<String, String>, Integer> entry=c1Iterator.next();
16: nCi += entry.getValue();}
17: Iterator<Entry<HashMap<String, String>, Integer>>
    numIterator=ll2Num.entrySet().iterator();
18: while(numIterator.hasNext()){
19: Entry<HashMap<String, String>, Integer> entry=numIterator.next();
20: if(ll2C1.containsKey(entry.getKey())){
21: int nCiRi=ll2C1.get(entry.getKey());
22: int nRi=entry.getValue();
23: double wi=nCiRi*1.0/nCi*Math.log(n/nRi);
24: ll2W1Temp.put(entry.getKey(), wi);
25: }else{
26: ll2W1Temp.put(entry.getKey(), preset_value1);  }}}
```

图 12-19 为 wBSRM 方法的监控结果，根据计算得出的后验概率 $k$ 值得出监控结果，如果 $k>1$ 则接受假设，监控结果为 1，如果 $k<1$ 则拒绝假设，监控结果为 $-1$，如果 $k=1$，则无法判断，监控结果为 0。从图中可以看出，环境因素对 Web 服务的影响还是明显的，该监控方法基本上对每个样本都能得出准确的结果，提高了监控的有效性。

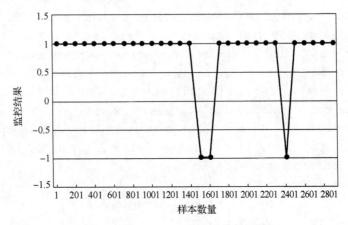

图 12-19　wBSRM 方法的监控结果

## 12.3.5　Web 服务 QoS 监控工具的 Web 端实现

对于每种监控方法的结果采用 Web 端展示，Web 端展示大大减轻了服务器的压力，随着前端技术的不断提升，折线图的样式更加丰富，用户体验度更高。在浏览器端，用户只需要输入固定的地址，导入自己所需监控的数据，得出的监控结果将通过折线图的形式动态展现出来。该折线图用到了一个 Highcharts 插件，它是一种简单便捷的图表库，可以对不同的折线详细描绘，当鼠标放到某一点时，该点的信息也作出详细解释。并且为了使监控结果更加准确，避免特殊数据，对得出的监控结果采用跳跃式展示，即对得出的监控结果每隔几个显示一个值，这样避免了一些误差较大的数据影响整个监控结果。

Web 端实现核心代码如下所示。

```
1: function wbsrm(){
2: var url="/Test/data?action=wbsrm";
3: $.ajax({
4: type:"post",                              //请求方式
5: url:url,                                  //发送请求地址
6: dataType:"json",
7: success:function(data,textStatus){        //请求成功后的回调函数有两个参数
8: data1=data.jsonx;                         //X 轴数据
9: data2=data.jsony;                         //Y 轴数据
10: $('#container').highcharts({
11: title: {                                 //设置折线图 title
12: text: 'Web 服务 QoS 监控结果',},
13: xAxis: {                                 //定义 X 轴信息
14: categories: data1 },                     //传递 X 轴值
```

```
15: yAxis: {                        //定义 Y 轴信息
16: title: {
17: text: '监控结果'  },},            //设置 Y 轴 title 信息
18: legend: {                        //设置折线图样式
19: layout: 'vertical',
20: align: 'right',
21: verticalAlign: 'middle',
22: borderWidth: 0},
23: series: data2                    //将监控结果传递到 Y 轴显示
24: });} });
```

监控结果是以 JSON 数据的格式传递到前端展示的，data1 接收 $X$ 轴样本信息，data2 接收 $Y$ 轴监控结果信息，并且设置折线图的 title 值，legend 为设置折线图的样式，多个折线图用不同的颜色显示，而且每条折线都可以选择性地显示或不显示，可以更清楚地展现每种方法的监控结果对比。

## 12.3.6　不同监控方法的比较与分析

为了比较多个监控方法的有效性，本节主要分析 Web 服务 QoS 监控方法的监控结果，根据满足概率属性标准的监控结果为 1，不满足概率属性标准的监控结果为 –1，不能判断的监控结果为 0 的标准，在模拟环境下先验证监控方法的正确性，再从不同 Web 服务和不同 QoS 属性标准两个方面进行对比分析，找出每个方法的优缺点，以供用户借鉴。

### 1. 模拟数据集环境下不同监控方法的对比分析

为了验证工具中包含的五个监控方法的正确性，本节先在模拟数据集环境下确定 Web 服务 QoS 监控方法的有效性。首先收集按照一定条件随机生成的数据集，然后在该数据集中放入错误的数据，为了保证实验的准确性，收集两种不同标准的数据，Web 服务 QoS 属性标准为"响应时间小于 2s 的概率大于 0.8"和"响应时间小于 3s 的概率大于 0.85"，在数据集一中的 900～1100 样本中放入大于 20%的响应时间大于 2s 的错误样本，在数据集二中的 1000～1200 样本中放入大于 15%的响应时间大于 3s 的错误样本，从宏观上来控制实验结果。

模拟数据集一的对比监控结果如图 12-20 所示，在第 160 个样本处注入若干个响应时间大于 2s 的数据集，在第 720 个样本处注入若干个响应时间大于 2s 的数据集。从图中可以看出在样本数为 200～400 时，监控结果出现了波动，说明此时注入的错误数据出现了效果。Chan 监控方法的结果波动性很大，而且在注入错误数据的区域还出现了监控结果为 1 的情况，显然该方法的监控结果不准确；SPRT、ProMo、iBSRM 在刚注入错误数据的时候出现了无法判断的情况；wBSRM 监控方法最早检

测出错误，在样本 800~961 时，SPRT、ProMo 方法同样出现了无法判断的情况，iBSRM、wBSRM 最先检测出了错误的情况，因此基于贝叶斯思想的监控方法相对比较准确。

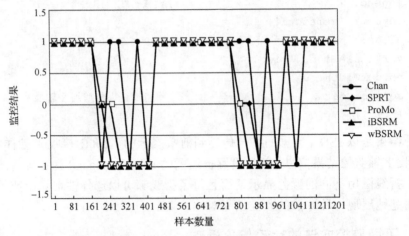

图 12-20　模拟数据集一的对比监控结果

　　模拟数据集二的对比监控结果如图 12-21 所示，在第 470 个样本处注入若干个响应时间大于 3s 的数据集，从图中可以看出在 480 左右的样本处监控结果出现了波动，显然此时注入的错误数据出现了效果。Chan 监控方法的结果依然波动性很大；在刚注入错误数据时，SPRT、ProMo、iBSRM 也出现了无法判断的情况；wBSRM 监控方法最早检测出错误，在样本恢复满足 QoS 属性标准时，iBSRM、wBSRM 最先得出结论，因此考虑环境因素的基于贝叶斯思想的监控方法相对比较准确。

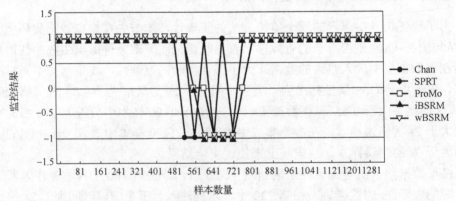

图 12-21　模拟数据集二的对比监控结果

### 2. 真实数据环境下不同 Web 服务的对比分析

根据不同的 Web 服务地址，筛选出来自中国的 Web 服务，服务地址为

http://www.webxml.com.cn/WebServices，对该服务进行监控时，选择响应时间作为监控对象，该 QoS 属性标准为"响应时间小于 3s 的概率大于 0.8"，得出的监控结果如图 12-22 所示。通过该结果图可以看出，满足该概率属性标准的样本数还是比较多的，监控方法 iBSRM 和 wBSRM 监控结果相对比较稳定，基本上每个样本都能得出准确的监控结果；监控方法 SPRT 和 ProMo 监控结果为 0 的比较多，即不能判断的情况比较多，可能出现了多个真实 QoS 属性值比较接近 QoS 属性标准的情况；Chan 监控方法的监控结果波动性比较大，与其他方法对比，显然是不准确的。

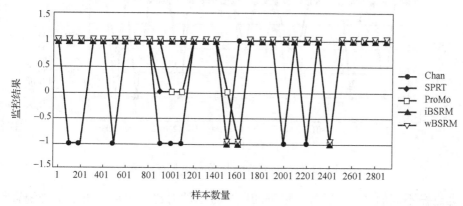

图 12-22　中国 Web 服务 QoS 监控结果

　　选择来自加拿大的 Web 服务，服务地址为 http://biomoby.org/services，对该服务进行监控时，选择响应时间作为监控对象，该 QoS 属性标准为"响应时间小于 3s 的概率大于 0.8"，得出的监控结果如图 12-23 所示。通过该结果图可以看出，结果为 0 的样本比较少，说明该服务的 QoS 相对比较高，Chan 监控方法的准确性不是很好，跳跃性很大；SPRT 和 ProMo 方法中结果为 0 的点也不多；iBSRM 和 wBSRM 方法的结果最有效和稳定。

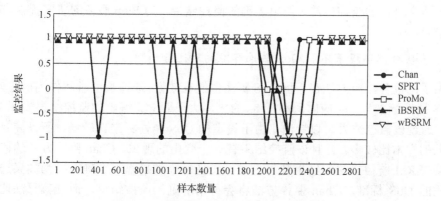

图 12-23　加拿大 Web 服务 QoS 监控结果

选择来自美国的 Web 服务，服务地址为 http://iaspub.epa.gov/webservices，对该服务进行监控时，选择响应时间作为监控对象，该 QoS 属性标准为"响应时间小于 3s 的概率大于 0.7"，得出的监控结果如图 12-24 所示。通过该监控结果可以看出，Chan 监控方法得出的结果不是很准确；SPRT 和 ProMo 方法的准确性还不错；iBSRM 监控方法有几个为 0 的监控结果；相对来说 wBSRM 监控方法是最准确的，整个服务满足 QoS 属性的样本较多，服务质量比较高。

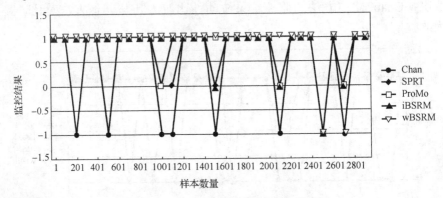

图 12-24　美国 Web 服务 QoS 监控结果

通过在不同的 Web 服务环境下的监控方法的对比，可以看出基于传统思想的 Chan 监控方法，需要为了满足用户需求设定一个概率属性标准，这种方法缺乏统一性，不论设定的概率属性标准是否合理，都不能得到准确的定义，而且从折线图可以看出，监控结果是不稳定的，与其他方法之间的差距太大；基于假设检验的 SPRT、ProMo 监控方法，首先设定原假设和备择假设，结合 SPRT 概率属性监测器，通过假设检验公式得出监控结果，两种方法的结果相对稳定，也很相似，存在的误差相对来说也比较小；基于贝叶斯的 iBSRM、wBSRM 监控方法，从监控折线图可以看出，该方法得出的监控结果相对比较稳定。综合以上分析，用户可以根据自己的需求选择适合自己的监控方法，得出正确的监控结果，为 Web 服务的研究提供有力的参考平台。

### 3. 真实数据环境下不同 QoS 属性标准的对比分析

为了比较各监控方法在不同QoS 属性中的有效性，选择响应时间作为监控对象，该 QoS 属性标准为"响应时间小于 3s 的概率大于 0.5"，得出的监控结果如图 12-25 所示，通过该监控结果可以看出，由于设定的 QoS 属性标准比较低，所以满足该属性标准的样本比较多，并且该监控结果有一个突出的现象，Chan 监控方法的监控结果与 wBSRM 监控方法的结果几乎一样，而且每个结果都很准确，因为如果选择一个合适的 QoS 标准，Chan 监控方法将会得出准确的监控结果，而且其算法比较简单，时间复杂度较低，所以得出结果的速度比较快。

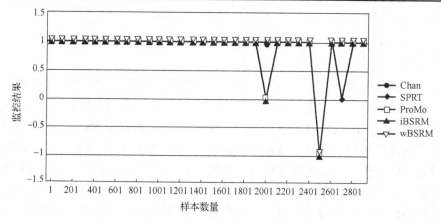

图 12-25　QoS 属性一监控结果

选择响应时间作为监控对象，该 QoS 属性标准为"响应时间小于 3s 的概率大于 0.9"，得出的监控结果如图 12-26 所示，从该图可以看出，与图 12-25 结果进行比较，随着 QoS 属性标准的提高，整个监控结果波动性比较大，SPRT 和 ProMo 监控方法中为 0 的监控结果也会相对比较多；Chan 监控方法还是准确性不够高；wBSRM 方法出现了不能判断的监控结果，可能是考虑环境因素的权值不准确造成的，但是即使出现这种情况，服务也不会被丢弃，并不影响整个服务的应用。

从对不同 Web 服务 QoS 标准得出的监控结果可以看出，基于传统思想的 Chan 监控方法得出结果的速度快，但是相对来说准确性不高，因为选择一个合适的 QoS 属性标准比较困难；SPRT 和 ProMo 监控方法相对来说比较有利，减少了计算统计系统的运行开销，但是该方法不能实现连续监控，通过监控结果图可以看出，SPRT 方法的监控结果大多数为 0，即无法判断，因为当服务需求的概率属性值与真实的概率值近似时，监控结果将无法判断；从监控结果图可以看出 iBSRM 和 wBSRM 方法监控结果更稳定，提高了监控效率。

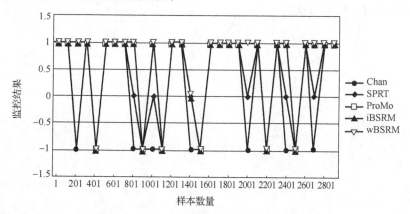

图 12-26　QoS 属性二监控结果

# 12.4　本章小结

　　本章主要介绍了 Web 服务 QoS 监控方法工具的整体设计，先对该工具的整体架构、总体结构、功能结构、工具操作流程进行简要介绍，然后详细介绍了该工具包含的五个监控方法的详细完成流程，又介绍了工具的数据形式和整体的功能界面，为接下来监控结果的分析做了很好的铺垫。同时对 Web 服务 QoS 监控方法工具的实现进行详细分析，首先对开发环境、开发工具进行了简要介绍，然后对整个工具的程序结构、数据结构进行了介绍，最后详细介绍了 Web 服务 QoS 监控方法的实现以及核心代码和监控结果分析，为用户对 Web 服务的研究提供便利条件。

## 参 考 文 献

[1] Zadeh M H, Seyyedi M A. Applying a predictive approach for QoS monitoring in web service[J]. Computer Networks and Information Technologies, 2011:237-241.

[2] 周蕾. 云服务器高效优化设计探析[J]. 计算机光盘软件与应用, 2013(2):157-158.

[3] Yao Y. Group-ordered SPRT for decentralized detection[J]. IEEE Transactions on Information Theory, 2012, 58(6):3564-3574.

[4] 曹玉苹, 田学民. 基于 Unscented 卡尔曼滤波新息的多变量序贯概率比检验故障检测方法[J]. 中国石油大学学报自然科学版, 2010, 34(3):165-169.

[5] Lucas P. Bayesian analysis, pattern analysis, and data mining in health care[J]. Current Opinion in Critical Care, 2004, 10(5):399-403.

[6] 张明卫, 王波, 张斌, 等. 基于相关系数的加权朴素贝叶斯分类算法[J]. 东北大学学报(自然科学版), 2008, 29(7):952-955.

# 第 13 章　Web 服务 QoS 预测工具

目前已有许多 Web 服务 QoS 预测方法，但还没有工作把这些不同的预测方法集中在一起制作成预测工具以提供给用户选择使用。为了实现这一目标，本章设计并实现了 Web 服务 QoS 预测工具。通过在服务代理商中嵌入 Java 代码收集 Web 服务响应时间数据，并使用性能负载测试工具 HP LoadRunner 收集 Web 服务吞吐量数据。本工具采用 C/S 架构，利用 Java 语言实现工具的客户端，客户端主要负责界面设计和预测结果展示与评估等；服务器端通过 R 语言实现，服务器端主要负责实现 Web 服务 QoS 预测方法；客户端与服务器端之间通过 Rserve 连接，客户端通过获得的连接调用服务器端中相应的 Web 服务 QoS 预测方法的 R 语言脚本。利用自测的四个 Web 服务的响应时间和吞吐量数据、四组网络中共享的吞吐量和响应时间数据作为工具的输入进行测试，并分析与评估测试结果。

## 13.1　引　　言

应用软件对人们的日常生活产生了越来越大的影响，人们的生活和工作都与多样的软件服务息息相关。人们能够在手机或者计算机上使用丰富的软件服务，例如，可以通过软件更加便捷地购买到火车票。Web 服务的 QoS 可以说是用来评估软件的一个重要标准。

伴随着面向服务计算技术和云计算技术[1,2]的快速发展，软件开发模式也随着发生相应的变化，很多软件都开始逐渐使用互联网上的 Web 服务。但是这些 Web 服务的 QoS 会受到很多影响，如受第三方网络环境的影响和用户环境的影响；另外，如果系统的软硬件升级，那么每个服务的 QoS 都可能随之变化。因此，预测 Web 服务的 QoS 能够解决在 QoS 不能满足需求时找到相应的服务进行替换。

经过观察大量的 QoS 历史数据的特征并对其进行细致的分析，发现 QoS 历史时间序列主要表现为线性特征和非线性特征。针对这个发现可以建立相应的预测模型：基本模型和组合模型。并且经过分析研究发现，不同的预测模型方法只适合于预测特定的 Web 服务，而且单一的预测方法并不能够用来预测具有不同特征的 QoS 数据。所以一种科学的方法是将不同的预测模型方法进行整合，形成 Web 服务 QoS 预测工具，然后从其中选择最合适的模型预测方法，如此能够大大提高 Web 服务

QoS 预测的准确度。

　　本章主要研究和实现目前几个经典与常用的 QoS 预测方法，包括 ARIMA 模型预测、基于滑动窗口的 ARIMA 模型预测、灰度模型 GM(1,1)预测、BP 神经网络模型预测、RBF 神经网络模型预测、基于 BP 神经网络的 ARIMA 和灰度组合模型预测、基于 RBF 神经网络的 ARIMA 和灰度组合模型预测。

## 13.2　Web 服务 QoS 预测工具的设计

　　本节将设计一个 Web 服务 QoS 预测工具，此工具包括 7 种 Web 服务 QoS 预测方法，分别是 ARIMA 模型预测方法、灰度模型 GM(1,1)预测方法、基于滑动窗口的 ARIMA 模型预测方法、BP 神经网络预测方法、RBF 神经网络预测方法、基于 BPNN 的 ARIMA 和灰度组合模型预测方法和基于 RBFNN 的 ARIMA 和灰度组合模型预测方法。

### 13.2.1　Web 服务 QoS 预测工具架构

　　由于该工具中预测方法的实现需要用到一些数据建模、神经网络、矩阵计算方面的知识，而 Java 比较适合开发应用系统软件，在数学建模和计算能力等方面非其所长。通过实践研究发现，R 语言在数据建模、神经网络、矩阵计算等方面比较擅长，而且 Java 可以通过 R 语言服务器程序（Rserve）与 R 语言进行通信。综上所述，此工具软件采用 C/S 架构，客户端使用 Java 语言实现，服务器端使用 R 语言实现，客户端与服务器端之间通过 R 语言服务器程序（Rserve）进行通信。其中 Java 主要负责工具的用户界面构建、预测结果的展示以及获得与 R 语言之间的连接，并通过获得的连接调用 R 语言脚本程序，再利用 R 语言进行运算引擎和数学建模，实现 Web 服务 QoS 预测方法，从而可以实现应用型和分析型相结合的软件。Web 服务 QoS 预测工具的架构如图 13-1 所示。

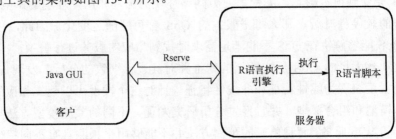

图 13-1　Web 服务 QoS 预测工具的架构

从图 13-1 中可以看出 Web 服务 QoS 预测工具包含客户端和服务器端,其中客户端通过 Rserve 连接服务器端,服务器端通过 R 语言执行引擎执行 R 语言脚本并返回结果,客户端负责对返回的结果进行分析处理并通过 JFreeChart 进行展示。

## 13.2.2  Web 服务 QoS 预测工具整体设计

在 13.2.1 节中,给出了 Web 服务 QoS 预测工具的架构,本节主要给出 Web 服务 QoS 预测工具的整体设计,其中包括 Web 服务 QoS 预测工具的主要功能的结构设计和工具的操作流程设计。

### 1. Web 服务 QoS 预测工具总体结构

本节主要给出总体结构设计即基本模型和组合模型的总体结构设计。其中基本模型预测模块包括 ARIMA 模型预测、灰度模型 GM(1,1)预测、基于滑动窗口的 ARIMA 模型预测、BP 神经网络模型预测和 RBF 神经网络模型预测,组合模型预测模块包括基于 BPNN 的 ARIMA 和灰度组合模型预测和基于 RBFNN 的 ARIMA 和灰度组合模型预测,它们是通过 Rserve 调用编写的 R 语言脚本来实现的。Web 服务 QoS 预测工具的总体结构设计如图 13-2 所示。

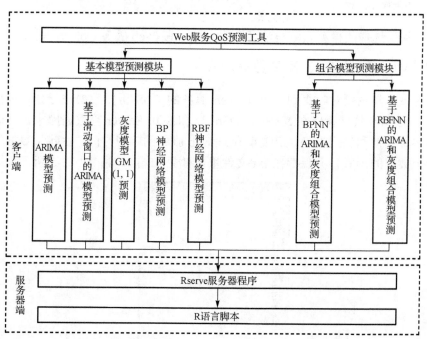

图 13-2　Web 服务 QoS 预测工具的总体结构设计

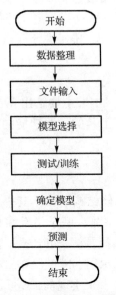

图 13-3　工具的 Web 服务 QoS 预测操作流程图

**2. Web 服务 QoS 预测工具操作流程**

为了更好、更加方便地帮助用户选择在未来一段时间内符合用户 QoS 需求的 Web 服务，需要对 Web 服务进行 QoS 预测。该工具的 Web 服务 QoS 预测的流程如图 13-3 所示。

根据图 13-3，工具的 Web 服务 QoS 预测操作流程如下。

（1）对进行预测的 Web 服务 QoS 数据如吞吐量或者响应时间等进行整理，整理成符合工具输入的数据形式和文件格式。

（2）导入进行训练或者测试的文件数据。

（3）选择相应的模型预测方法。

（4）对输入的数据进行测试和训练，得出结果。

（5）对结果进行分析评估。

（6）根据分析与评估的结果，选择最适合的模型预测方法。

（7）利用选择的模型预测方法预测未来的一段 Web 服务 QoS 数据。

## 13.2.3　Web 服务 QoS 预测数据形式

因为该工具主要对收集到的单一 Web 服务的 QoS 历史数据进行分析处理，所以不需要把 QoS 数据存储在 MySQL、Oracle 和 SQL Server 等数据库中，同时也为了工具实现方便和使用方便，把收集到的 Web 服务的响应时间、吞吐量数据转换成一行一个数据的形式，并保存在 txt 文件里，效果如图 13-4、图 13-5 所示。

图 13-4　DomesticAirLineWS 响应时间数据存储形式

| ResponseTime_DomesticAirLineWS.txt | 2017/1/20 21:33 | TXT 文件 | 12 KB |
| ResponseTime_MobileCodeWS.txt | 2017/1/20 21:42 | TXT 文件 | 12 KB |
| ResponseTime_ValidateEmailWS.txt | 2017/1/20 21:44 | TXT 文件 | 12 KB |
| ResponseTime_WeatherWS.txt | 2017/1/20 21:53 | TXT 文件 | 12 KB |
| Throughput_DomesticAirLineWS.txt | 2017/1/20 21:33 | TXT 文件 | 14 KB |
| Throughput_MobileCodeWS.txt | 2017/1/20 21:42 | TXT 文件 | 12 KB |
| Throughput_ValidateEmailWS.txt | 2017/1/20 21:44 | TXT 文件 | 12 KB |
| Throughput_WeatherWS.txt | 2017/1/20 21:54 | TXT 文件 | 13 KB |

图 13-5　四个 Web 服务的响应时间和吞吐量数据保存格式

## 13.2.4　Web 服务 QoS 预测工具的功能结构

　　Web 服务 QoS 预测工具的设计，其功能结构如图 13-6 所示，由 ARIMA 模型预测模块、基于滑动窗口的 ARIMA 模型预测模块、BP 神经网络模型预测模块、灰度模型 GM(1,1)预测模块、RBF 神经网络模型预测模块、基于 BPNN 的 ARIMA 和灰度组合模型预测模块、基于 RBFNN 的 ARIMA 和灰度组合模型预测模块、预测结果折线图显示模块和预测结果评估模块等 9 个部分组成。

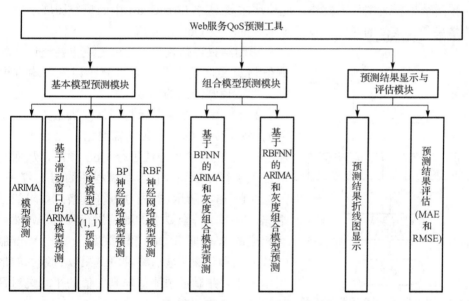

图 13-6　Web 服务 QoS 预测工具的功能结构图

　　下面分别对这些模块进行介绍。

　　ARIMA 模型预测模块：利用 ARIMA 模型对 Web 服务的 QoS 进行预测，一次可以预测多个 QoS 值。

　　基于滑动窗口的 ARIMA 模型预测模块：利用 ARIMA 模型进行预测，在每次预测之后滑动固定大小的窗口再次预测，并且每次预测只预测一个 QoS 值。

　　灰度模型 GM(1,1)预测模块：采用灰度预测模型中的 GM(1,1)进行预测，将

GM(1,1)模型所得到的预测值进行逆处理所得的结果就是灰度预测的结果。

BP 神经网络模型预测模块：利用 BP 神经网络算法进行预测，把 Web 服务 QoS 历史数据集划分为 BP 神经网络的输入和输出，然后训练出合适的 BP 神经网络模型，从而使用已经确定的 BP 神经网络进行 Web 服务 QoS 预测。

RBF 神经网络模型预测模块：利用 RBF 神经网络算法进行预测，把 Web 服务 QoS 历史数据集划分为 RBF 神经网络的输入和输出，然后训练出合适的 RBF 神经网络模型，从而使用已经确定的 RBF 神经网络模型进行 Web 服务 QoS 预测。

基于 BPNN 的 ARIMA 和灰度组合模型预测模块：把 ARIMA 模型预测的 QoS 值和灰度模型 GM(1,1)预测的 QoS 值作为 BP 神经网络的输入，然后训练 BP 神经网络模型，从而利用已经训练好的 BP 神经网络进行 Web 服务 QoS 预测。

基于 RBFNN 的 ARIMA 和灰度组合模型预测模块：把 ARIMA 模型预测的 QoS 值和灰度模型 GM(1,1)预测的 QoS 值作为 RBF 神经网络的输入，然后训练 RBF 神经网络模型，从而利用训练好的神经网络模型进行 Web 服务 QoS 预测。

预测结果折线图显示模块：此模块主要通过 JFreeChart 中的折线图展示模型预测的结果和真实值的对比以及显示未来的一段 QoS 预测值。

预测结果评估模块：这个模块主要通过计算预测值与真实值及平均绝对百分比误差和均方根误差来评估预测结果的精度。

其中，预测结果显示与评估模块主要是根据导入的 Web 服务 QoS 预测所需数据，然后结合 Web 服务 QoS 预测模型方法进行 QoS 预测，从而对预测结果进行显示和评估。其流程图如图 13-7 所示。

如图 13-7 所示，首先导入符合格式要求的预测数据，对于不符合要求的数据进行预处理，然后结合相应的 Web 服务 QoS 预测方法计算出 Web 服务 QoS 的预测结果，最后将预测结果以折线图的形式展示出来，并显示预测值与真实值的平均绝对百分比误差和均方根误差。

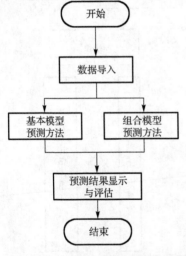

图 13-7　Web 服务 QoS 预测流程图

## 13.2.5　Web 服务 QoS 预测工具界面设计

Web 服务 QoS 预测工具的主界面如图 13-8、图 13-9 所示。该工具由 Web 服务 QoS 预测的基本模型主界面和组合模型主界面组成。整个窗体将基本模型预测模块和组合模型模块的预测方法集合在一起，形成本章所要实现的 Web 服务 QoS 预测工具。

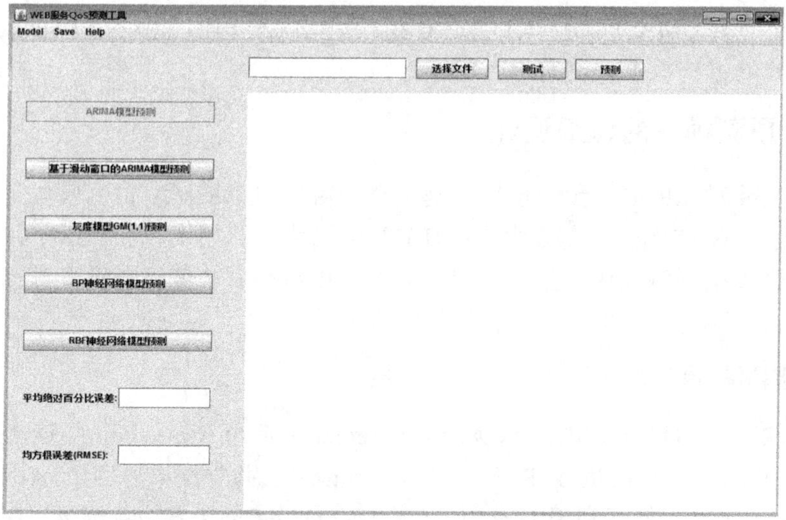

图 13-8　Web 服务 QoS 预测工具的基本模型主界面

图 13-9　Web 服务 QoS 预测工具的组合模型主界面

　　主界面的布局包括顶端的菜单栏、左边的模型选择按钮以及评估预测结果的平均绝对百分比误差和均方根误差显示框，还有就是右下方的训练和预测结果的显示面板以及右上方的选择文件、测试和预测按钮。通过主界面的菜单栏中的 Model 可以选择 Web 服务 QoS 预测基本模型和组合模型，其中基本预测模型包括 ARIMA 模型、灰度模型 GM(1,1)、基于滑动窗口的 ARIMA 模型、BP 神经网络模型和 RBF 神经网络模型，组合预测模型包括基于 BPNN 的 ARIMA 和 GM(1,1)组合模型、基于 RBFNN 的 ARIMA 和 GM(1,1)组合模型，通过主界面的工具栏的 Save 菜单可以以文本格式的方式保存预测结果[3]。

## 13.2.6　预测模块的详细设计

本节主要对 ARIMA 预测模块、基于滑动窗口的 ARIMA 预测模块、灰度预测 GM(1,1)模块、BP 神经网络预测模块、RBF 神经网络预测模块、基于 BPNN 的 ARIMA 和灰度组合模型预测模块和基于 RBFNN 的 ARIMA 和灰度组合模型预测模块进行详细设计。

### 1. ARIMA 预测模块

此模块主要通过 ARIMA 类、ARIMAPredict 类调用 RserveUtil 类连接 R 语言服务器程序 Rserve，从而执行 R 语言脚本 arima.R，并将结果返回给 ARIMA 类和 ARIMAPredict 类，然后利用 LineChart 类中的 showChart 方法将结果以折线图的形式展示出来。此模块的详细设计如图 13-10 所示。

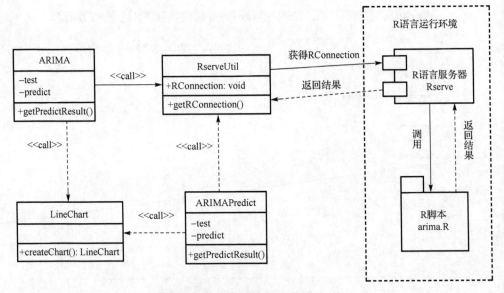

图 13-10　ARIMA 预测模块设计

### 2. 基于滑动窗口的 ARIMA 预测模块

此模块主要通过 SWARIMA 类、SWARIMAPredict 类调用 RserveUtil 类连接 R 语言服务器，从而执行 R 语言脚本 arima1.R，并将结果返回给 SWARIMA 类和 SWARIMAPredict 类，然后利用 LineChart 类中的 showChart 方法将结果以折线图的形式展示出来。此模块的详细设计如图 13-11 所示。

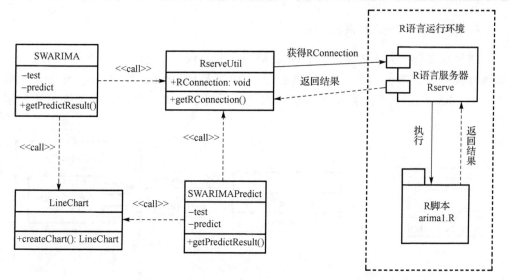

图 13-11　基于滑动窗口的 ARIMA 模型预测模块设计

### 3. 灰度模型 GM(1,1)预测模块

此模块主要通过 GM11 类、GM11Predict 类调用 RserveUtil 类连接 R 语言服务器，从而执行 R 语言脚本 gm11.R，并将结果返回给 GM11 类和 GM11Predict 类，然后利用 LineChart 类中的 showChart 方法将结果以折线图的形式展示出来。此模块的详细设计如图 13-12 所示。

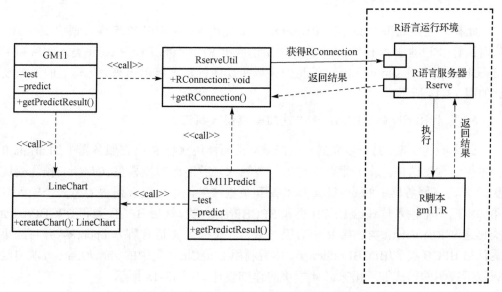

图 13-12　灰度模型 GM(1,1)预测模块设计

4. BP 神经网络预测模块

此模块主要通过 BP 类、BPPredict 类调用 RserveUtil 类连接 R 语言服务器，从而执行 R 语言脚本 bp11.R，并将结果返回给 BP 类和 BPPredict 类，然后利用 LineChart 类中的 showChart 方法将结果以折线图的形式展示出来。此模块的详细设计如图 13-13 所示。

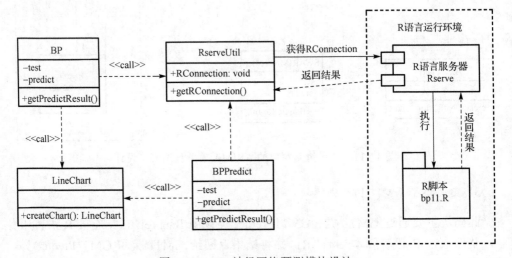

图 13-13　BP 神经网络预测模块设计

5. RBF 神经网络预测模块

此模块主要通过 RBF 类、RBFPredict 类调用 RserveUtil 类连接 R 语言服务器，从而执行 R 语言脚本 rbfnn.R，并将结果返回给 RBF 类和 RBFPredict 类，然后利用 LineChart 类中的 showChart 方法将结果以折线图的形式展示出来。此模块的详细设计如图 13-14 所示。

6. 基于 BPNN 的 ARIMA 和灰度组合模型预测模块

此模型的实现，第一步先通过 ARIMA 预测模块执行 R 语言服务器中的 arima.R 脚本得到预测结果，作为组合模型的一个输入，并通过灰度模型 GM(1,1) 预测模块执行 R 语言服务器中的 gm11.R 脚本得到预测结果，作为组合模型的另一个输入；第二步把两个输入传递给 BPCB 类和 BPCBPredict 类，然后 BPCB 类和 BPCBPredict 类再通过 RserveUtil 类连接 R 语言服务器，从而执行 R 语言脚本 bpcb.R，并将结果返回给 BPCB 类和 BPCBPredict 类，然后利用 LineChart 类中的 showChart 方法将结果以折线图的形式展示出来。此模块的详细设计如图 13-15 所示。

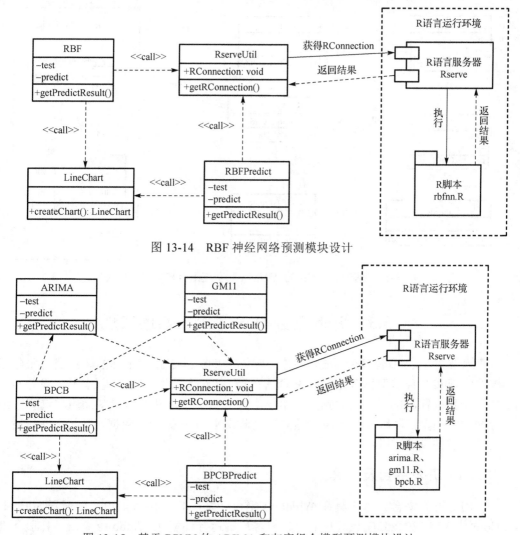

图 13-14　RBF 神经网络预测模块设计

图 13-15　基于 BPNN 的 ARIMA 和灰度组合模型预测模块设计

### 7. 基于 RBFNN 的 ARIMA 和灰度组合模型预测模块

此模型的实现，第一步先通过 ARIMA 预测模块执行 R 语言服务器中的 arima.R 脚本得到预测结果，作为组合模型的一个输入，并通过灰度模型 GM(1,1)预测模块执行 R 语言服务器中的 gm11.R 脚本得到预测结果，作为组合模型的另一个输入；第二步把两个输入传递给 RBFCB 类和 RBFCBPredict 类，然后 RBFCB 类和 RBFCBPredict 类再通过 RserveUtil 类连接 R 语言服务器，从而执行 R 语言脚本 rbfcb.R，并将结果返回给 RBFCB 类和 RBFCBPredict 类，然后利用 LineChart 类中的 showChart 方法将结果以折线图的形式展示出来。此模块的详细设计如图 13-16 所示。

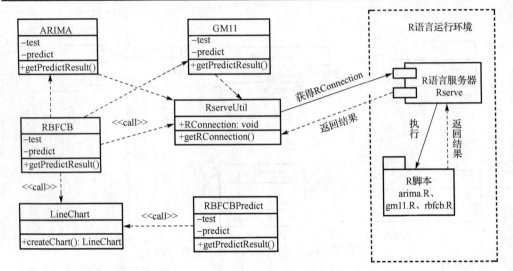

图 13-16　基于 RBFNN 的 ARIMA 和灰度组合模型预测模块设计

# 13.3　Web 服务 QoS 预测工具的实现

本节在 13.2 节设计的基础上，给出 Web 服务 QoS 预测工具的客户端与服务器端的实现和 7 种模型预测方法的 R 语言代码，并对本章设计与实现的 Web 服务 QoS 预测工具进行测试，然后对预测的结果进行分析评估，从而可以帮助用户选择最适合的预测模型，最后利用此模型预测法预测未来的一段 QoS 数据，以此选择最适合用户需求的 Web 服务。

## 13.3.1　开发平台及工具

（1）开发平台。本工具在 Windows 平台开发，其内存为 4GB，处理器为 Intel®CoreTM i3 M 380 2.53GHz，其中工具的客户端运行环境在 Windows 系统下，服务器运行在 Ubuntu 16.04 LTS 系统中。

（2）开发工具。此工具的客户端使用 Eclipse 作为开发工具，Eclipse 是一个用于开发 Java 应用程序的集成开发环境。服务器端使用的是开发工具 RStudio，RStudio 是一个用于开发R 语言程序的集成开发环境。

## 13.3.2　工具的程序结构

此工具是在遵循模块化开发思想的基础上进行开发的，其中客户端中有 arima、bpcb、bpnn、chart、gm11、rbf、rbfcb、ui、utils 等 9 个 Java 包，其效果如图 13-17 所示。服务器端有 arima.R、arima1.R、gm11.R、bp11.R、rbfnn.R、bpcb.R、rbfcb.R 等 7 个 R 语言脚本。每个 Java 包的具体内容如下。

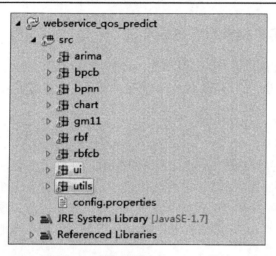

图 13-17　客户端程序的 Java 包结构

arima：用来处理 ARIMA 模型预测和基于滑动窗口的 ARIMA 模型预测的业务逻辑以及执行服务器端的 R 语言脚本 arima.R 和 arima1.R。

bpcb：用来处理基于 BPNN 的 ARIMA 和灰度组合模型预测的业务逻辑以及执行服务器端的 R 语言脚本 Bpcb.R。

bpnn：用来处理 BP 神经网络模型预测的业务逻辑和执行服务器端的 R 语言脚本 bp11.R。

chart：利用 JFreeChart 中的折线图显示 Web 服务 QoS 的预测结果。

gm11：用来处理灰度模型 GM(1,1) 预测的业务逻辑和执行服务器端的 R 语言脚本 gm11.R。

rbf：用来处理 RBF 神经网络模型预测的业务逻辑和执行服务器端的 R 语言脚本 rbfnn.R。

rbfcb：用来处理基于 RBFNN 的 ARIMA 和灰度组合模型预测的业务逻辑以及执行服务器端的 R 语言脚本 rbfcb.R。

ui：用来编写 Web 服务 QoS 预测工具的客户端界面以及处理各种组件的事件响应。

utils：Web 服务 QoS 预测工具客户端的工具包，如连接 R 语言服务器 Rserve 的工具类 RserveUtil.Java 与文件上传和保存的工具类 FileUtil.Java。

服务器端中的 7 个 R 语言脚本 arima.R、arima1.R、gm11.R、bp11.R、rbfnn.R、bpcb.R、rbfcb.R 分别表示使用 ARIMA 模型、基于滑动窗口的 ARIMA 模型、灰度模型 GM(1,1)、BP 神经网络模型、RBF 神经网络模型、基于 BPNN 的 ARIMA 和灰度组合模型、基于 RBFNN 的 ARIMA 和灰度组合模型进行 Web 服务 QoS 预测的 R 语言代码。

### 13.3.3　工具的客户端和服务器端实现

工具的客户端由 Java 语言编程实现，运行在 Windows 平台下，由于 Java 的跨平台特性，也可以运行在 Linux 操作系统下。工具的服务器端由 R 语言执行引擎和 R 语言脚本组成。

**1. 客户端实现**

工具的客户端主要通过 Java Swing 和 JFreeChart 技术实现，其中 Java Swing 主要实现客户端的界面以及给界面中的组件添加监听器，并通过在监听器中添加相应的事件处理程序来响应客户的操作，而 JFreeChart 主要用来将预测结果绘制成折线图在界面中展示出来。客户端通过 Rserve 的方式调用服务器端的 R 语言脚本，其实现步骤如下。

（1）在工程属性中导入 REngine.jar 和 RserveEngine.jar 包。

（2）通过 Rserve 连接 R 语言服务器，从而获得 connection 连接对象，其关键代码如下。

```
public static RConnection getRConnection() { // 使用单例模式获得到 Rserve
                                                的连接
    if(connection==null) {
        try{
            connection=new RConnection(PropertiesUtil.getProperty("ip"));
            return connection;
        } catch(RserveException e) {
            e.printStackTrace();
            System.out.println("连接 R 语言服务器失败");}
    }
    return connection;
}
```

（3）利用获得的 connection 对象中的 eval()、assign()、parse()等方法操作 R 语言代码和服务器端的 R 语言脚本。

**2. 服务器端实现**

工具服务器端的实现，主要通过在 Ubuntu 16.04 LTS 系统中安装 R 语言运行环境，并通过在 R 语言运行环境的控制台上或者使用 R 语言的集成开发环境 RStudio 安装实现各个预测模型方法所需要的 R 语言包以及用于 Java 调用 R 语言代码的 Rserve 包，然后加载已经安装的 R 语言包，其具体操作如下。

```
install.packages(Rserve)        #安装 Java 调用 R 语言代码所需要的 R 语言包
install.packages(forecast)      #安装 ARIMA 模型所需要的 R 语言包
install.packages(AMORE)         #安装 BP 神经网络模型所需要的 R 语言包
install.packages(RSNNS)         #安装 RBF 神经网络模型所需要的 R 语言包
library(Rserve)                 #加载 Rserve 包
library(forecast)               #加载 forecast 包
library(AMORE)                  #加载 AMORE 包
library(RSNNS)                  #加载 RSNNS 包
```

除此之外，利用安装好的 R 语言包编写 ARIMA 模型预测、基于滑动窗口的 ARIMA 模型预测、灰度模型预测、BP 神经网络模型预测、RBF 神经网络模型预测、基于 BPNN 的 ARIMA 和灰度组合模型预测以及基于 BPNN 的 ARIMA 和灰度组合模型预测的 R 语言脚本，并分别保存在 R 语言服务器中的/home/hhu-zpc1/Rscripts 下的 arima.R、arima1.R、gm11.R、bp11.R、rbfnn.R、bpcb.R、rbfcb.R 中，其结果如图 13-18 所示。

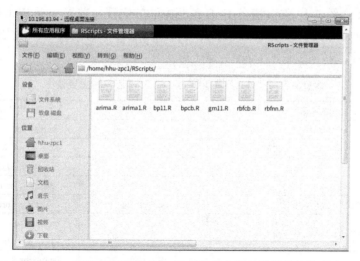

图 13-18　实现模型预测的 R 语言脚本在服务器端的存储形式

服务器端 Rserve 服务的启动是通过打开服务器端 Ubuntu 16.04 LTS 系统终端，然后在终端的命令行中输入 R CMD Rserve--RS-enable-remote 命令，此命令允许 Java 通过 Rserve 方式远程连接 R 语言服务器，从而可以使用 Java 语言代码调用并执行 R 语言脚本。Rserve 启动效果如图 13-19 所示，如果终端的命令行出现 Rserve started in daemon mode 等词说明 Rserve 启动成功。Rserve 服务启动成功后，客户端就可以通过 Java 代码连接 R 语言服务器端，并可以调用 R 语言脚本或者执行 R 语言代码，也可以通过获得的连接对象 connection 中的 eval()、assign()等方法在 Java 代码中使用 R 语言代码。

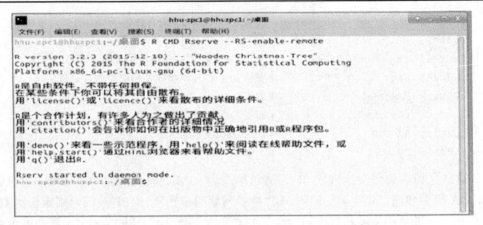

图 13-19　启动 Rserve 命令和 Rserve 启动成功截图

## 13.3.4　主要功能模块的实现

本节主要介绍 7 种 Web 服务 QoS 预测方法的实现，并以一组 Web 服务的响应时间为例，利用相应的模型预测方法对响应时间进行预测。其中 7 种主要预测模型用到的 R 语言包以及主要函数如表 13-1 所示。

表 13-1　7 种预测模型所使用的 R 语言包和主要函数

| 预测模型 | R 语言包 | 主要函数 |
|---|---|---|
| ARIMA 模型 | FORECAST 包 | auto.arima( )、forecast( ) |
| 基于滑动窗口的 ARIMA 模型 | FORECAST 包 | auto.arima( )、forecast( ) |
| 灰度模型 | R 语言内置包 | R 语言基本函数 |
| BP 神经网络模型 | AMORE 包 | newff()、train()、sim() |
| RBF 神经网络模型 | RSNNS 包 | rbf( )、precdict( ) |
| 基于 BPNN 的 ARIMA 和灰度模型 | AMORE 包、FORECAST 包 | auto.arima( )、forecast( ) newff()、train()、sim() |
| 基于 RBFNN 的 ARIMA 和灰度模型 | RSNNS 包、FORECAST 包 | auto.arima( )、forecast( ) rbf( )、precdict( ) |

### 1. ARIMA 预测

ARIMA 模型预测的实现，需要对输入的数据进行归一化然后划分为训练集和测试集，然后使用 FORECAST 包中的 auto.arima()函数确立 ARIMA 预测模型，即确定 ARIMA($d,p,q$)中差分次数 $d$ 的值、自回归多项式阶数 $p$ 的值和移动平均多项式阶数 $q$ 的值。依据确立的 ARIMA($d,p,q$)模型进行预测，预测结果如图 13-20 所示。其中实现 ARIMA 模型的 R 语言脚本 arima.R 如下。

```
1: library(forecast) #加载 ARIMA 模型包
2: dat<-read.table(file.choose()) #选择进行预测的文件
3: m<-as.matrix(dat) #转换为矩阵
4: data1<-m[, 1] #转换只有一列的矩阵
5: diff<-max(data1)-min(data1)
6: data<-(data1-min(data1)+1)/(diff+1) #数据归一化
7: len<-length(data)
8: ceshi<-data[(len-num+1):len] #测试集
9: k<-length(data)-num
10: index<-data[1:k]
11: index.fit<-auto.arima(index, parallel=TRUE, stepwise=FALSE,
    trace=TRUE) #自动确定模型
12: result<-(forecast(index.fit, h=num, level=c(99.5)))$mean #用确定
    的 ARIMA(d,p,q)模型进行预测
13: result<-result*(diff+1)+min(data1) #对预测结果进行反归一化
```

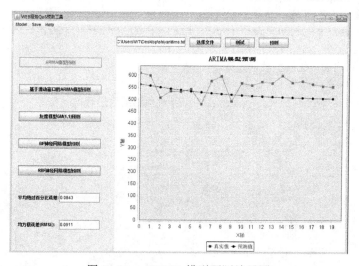

图 13-20　ARIMA 模型预测结果图

## 2. 基于滑动窗口的 ARIMA 预测

基于滑动窗口的 ARIMA 模型预测的实现，需要对输入的数据进行归一化，然后划分为训练集和测试集，通过 FORECAST 包中的 auto.arima()函数确定 ARIMA 模型，即确定 ARIMA(d,p,q)中差分次数 d 的值、自回归多项式阶数 p 的值和移动平均多项式阶数 q 的值。利用确定的 ARIMA(d,p,q)进行单步预测，每一次预测一个 Web 服务 QoS 值。预测一个值后，对历史数据进行窗口滑动，再根据重新调整的历史数据确定 ARIMA(d,p,q)模型，然后利用此模型预测，依次类推，循环执行。预测

结果如图 13-21 所示。其中实现基于滑动窗口的 ARIMA 模型的 R 语言脚本如下。

```
1: library(forecast) #加载 ARIMA 模型包
2: dat<-read.table(file.choose()) #选择进行预测的文件
3: m<-as.matrix(dat) #转换为矩阵
4: data1<-m[,1] #转换只有一列的矩阵
5: diff<-data1-min(data1)
6: data<-(diff+1)/(diff+1) #数据归一化
7: len<-length(data)
8: ceshi<-data[len-num+1]:len] #测试集，其中 num 为预测的个数
9: k<-length(data)-num
re<-matrix()
10: for(x in 1:num){
11:    m<-k+x
12:    index<-data[x:m]
13:    index.fit<-auto.arima(index,parallel=TRUE, stepwise=FALSE,
       trace=TRUE) #自动确定模型
14:    result<-(forecast(index.fit, h=1, level=c(99.5)))$mean
15:    re<-rbind(re, result)
16: } #利用确定的模型进行预测
17: dtm<-max(data1)-min(data1)
18: re<-re*(dtm+1)+min(data1)-1 #对预测结果进行归一化
```

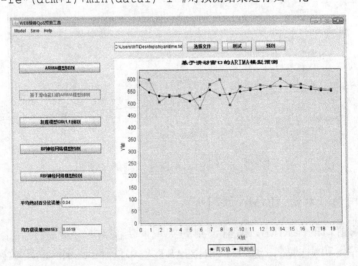

图 13-21　基于滑动窗口的 ARIMA 模型预测结果图

### 3. 灰度模型 GM(1,1)预测

灰度模型 GM(1,1)将离散数据看作一个连续变量在离散时间点上所取的值，进

一步通过求解微分方程的方式来对数据进行处理；通过使用原数据生成的累加生成序列代替原始数据，将微分方程模型应用到该生成序列，从而达到减少大部分随机误差的目的，并体现数据变化的规律性。利用灰度预测模型 GM(1,1)预测的结果如图 13-22 所示。其中实现灰度预测模型的 R 语言代码如下。

```
 1: gm11<-function(x0, t){
 2: x1<-cumsum(x0)
 3: b<-numeric(length(x0)-1)
 4: n<-length(x0)-1
 5: for(i in 1:n) {#生成 x1 的紧邻均值生成序列
 6:   b[i]<--(x1[i]+x1[i+1])/2
 7: } #得序列 b, 即为 x1 的紧邻均值生成序列
 8: D<-numeric(length(x0)-1)
 9: D[]<-1
10: B<-cbind(b,D) #按列合并
11: BT<-t(B) #作转置矩阵
12: Q<-solve(BT%*%B)
13: P1<-numeric(length(x0)-1)
14: P1<-x0[2:length(x0)]
15: alpha<-Q %*% BT %*% P1 #最小二乘法估计参数
16: alpha2<-matrix(alpha, ncol=1)
17: a<-alpha2[1]
18: b<-alpha2[2]
19: y<-numeric(length(c(1 : t)))
20: y[1]<-x1[1]
21: for(w in 1 : (t-1)) {
22:   y[w+1]<-(x1[1]-b/a)*exp(-a*w)+b/a
23: }
24: x<-numeric(length(y))
25: x[1]<-y[1]
26: for(o in 2 : t) {#运用后减运算还原得模型输入序列 x0 预测序列
27: x[o]<-y[o]-y[o-1]
28: }
29: t<-read.table(file.choose())  #选择预测文件
30: m<-as.matrix(t)
31: data<-m[, 1]
32: len<-length(data)
33: x0<-c(data[1:len])
34: t<-length(x0)+num
35: gm11(x0, t)  #进行预测
```

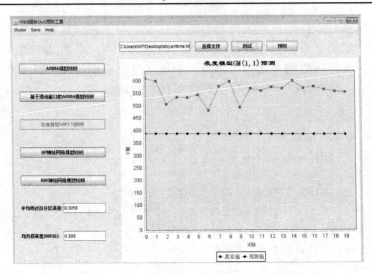

图 13-22　灰度预测模型 GM(1,1)预测结果图

### 4. BP 神经网络预测

BP 神经网络预测模型，首先利用 read.table()函数读取历史数据并利用 scale() 函数对数据进行标准化，然后将数据划分成训练集和测试集，再把训练集代入 train 函数中训练 BP 神经网络，并利用训练好的神经网络结构对测试集进行预测，最后 对预测结果进行反标准化。利用 BP 神经网络进行 Web 服务 QoS 预测的结果如 图 13-23 所示。其中实现 BP 神经网络预测的 R 语言代码如下。

```
 1: library(AMORE)  #加载 BP 神经网络包
 2: dat<-read.table(file.choose())  #输入数据
 3: dat1<-as.matrix(dat)
 4: dat<-scale(dat)  #数据标准化
 5: bzc<-sd(dat1)
 6: pjz<-mean(dat1)  #平均值
 7: if(length(dat) %%2!=0){
 8: dat<-dat[1:(length(dat)-1)]
 9: }
10: dat<-matrix(dat, ncol=1)
11: P<-dat[1:(length(dat)/2) ,]  #输入数据
12: target<-dat[(length(dat)/2+1):length(dat),]  #输出数据
13: net<-newff(n.neurons=c(1,8,2,1),
learning.rate.global=1e-2, momentum.global=0.5 ,
error.criterium="LMLS",Stao=NA, hidden.layer="tansig",
output.layer="purelin", method="ADAPTgdwm")
```

```
14: result <<- train(net, P, target, error.criterium="LMS",
    report=TRUE ,
     show.step=100, n.shows=5)
15: y<-sim(result$net, P)
16: y<-y[(length(y)-num+1):length(y)]
17: y<-y*bzc*pjz  #数据反标准化
```

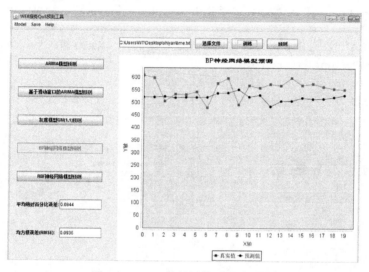

图 13-23 BP 神经网络预测结果图

## 5. RBF 神经网络预测

RBF 神经网络预测模型[4]，首先将数据进行归一化，然后将数据划分成训练集和测试集，再利用 rbf()函数训练 RBF 神经网络结构，并利用训练的神经网络结构进行预测，最后对预测的结果进行反归一化。利用 RBF 神经网络进行 Web 服务 QoS预测的结果如图 13-24 所示。其中实现 RBF 神经网络预测的 R 语言代码如下。

```
1: library(RSNNS) #加载 rbf 神经网络包
2: dat<-read.table(file.choose()) #选择输入文件
3: dat<-as.matrix(dat)
4: if(length(dat) %% 2!=0) {
5:   dat<-dat[1:(length(dat)-1)]
6: }
7: dat1<-matrix(dat, ncol=1)
8: diff<-max(dat1)-min(dat1)
9: dat<-(dat1-min(dat1)+1)/(diff+1)  #数据归一化
10: len<-length(dat)
11: inputs<-dat[1:(len/2),]
```

```
12： inputs<-matrix(inputs, ncol=1)
13： outputs<-dat[(length(dat)/2+1):length(dat),]
14： outputs<-matrix(outputs, ncol=1)
15： rbfmodel<<-rbf(inputs, outputs, size=40, maxit=200,
initFunc="RBF_Weights",learnFunc="RadialBasisLearning",
initFuncParams=c(0, 1, 0, 0.01, 0.01),
     learnFuncParams=c(1e-8, 0, 1e-8, 0.1, 0.8), linOut=TRUE)
#进行训练
16： predictions<-predict(rbfmodel, inputs) #进行测试
17： lenP<-length(predictions)
18： y<-predictions[(lenP-num+1):lenP]
19： y<-y*(max(dat1)-min(dat1)+1)+min(dat1)-1 #数据反归一化
```

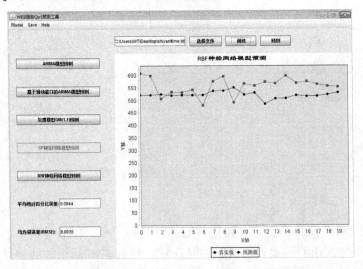

图 13-24　RBF 神经网络预测结果图

### 6. 基于 BPNN 的 ARIMA 和灰度组合模型预测

基于 BPNN 的 ARIMA 和灰度组合模型预测[5,6]的实现，需要将 ARIMA 模型和灰度预测模型 GM(1,1)预测的 Web 服务 QoS 值组合起来作为 BP 神经网络的输入，Web 服务 QoS 的实际值作为 BP 神经网络的输出，再将输入、输出进行归一化，然后利用此输入、输出训练对应的网络模型，并利用训练好的网络模型预测 Web 服务 QoS 值，并对预测的结果值再进行反归一化。利用基于 BPNN 的 ARIMA 和灰度组合模型预测的结果如图 13-25 所示。其中实现基于 BPNN 的 ARIMA 和灰度组合模型预测的 R 语言代码如下。

```
1： library(AMORE) #加载 BP 神经网络包
2： p1 #把 ARIMA 模型预测的结果赋值给 p1
```

```
3：p2  #把灰度模型预测的结果赋值给 p1
4：P<-cbind(p1,p2)  #把 p1,p2 合并
5：data<-read.table(file.choose())
6：len<-length(data)
7：ceshi<-data[(len-num+1):len]
8：ceshi<-ceshi[(length(ceshi)-num+1):length(ceshi)]
9：target<-matrix(as.numeric(ceshi),ncol=1)
10：P<-(P-min(P, target)+1)/(max(P, target)-min(P, target)+1)
#数据归一化
11：target<-(P-min(P, target)+1)/(max(P, target)-min(P, target)+1)
12：bpcbnet<-newff(n.neurons=c(2,8,2,1),
learning.rate.global=1e-2,momentum.global=0.5, error.criterium
="LMLS",
Stao=NA, hidden.layer="tansig", output.layer="purelin",
method="ADAPTgdwm")  # 进行训练
13：result <<- train(bpcbnet, P, target, error.criterium="LMS",
report=TRUE,
show.step=100, n.shows=5)  # 进行测试
14：y<-sim(result$net, P)
15：y<-y*(max(P, target)-min(P, target)+1)+min(P, target)-1#反归一化
```

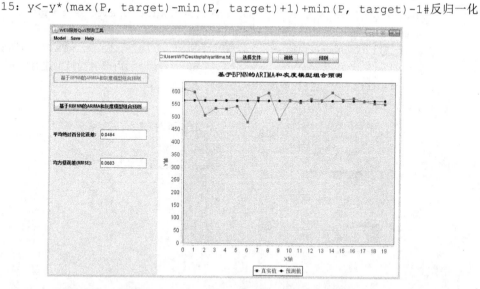

图 13-25　基于 BPNN 的 ARIMA 和灰度组合模型预测结果图

### 7. 基于 RBFNN 的 ARIMA 和灰度组合模型预测

基于 RBFNN 的 ARIMA 和灰度组合模型预测[6]的实现，需要将 ARIMA 模型和灰度预测模型 GM(1,1)预测的 Web 服务 QoS 值组合起来作为 RBF 神经网络的输入，

Web 服务 QoS 的实际值作为 RBF 神经网络的输出，再将输入、输出进行归一化，然后利用此输入、输出训练对应的网络模型，并利用训练好的网络模型预测 Web 服务 QoS 值，并对预测的结果再进行反归一化。利用基于 RBFNN 的 ARIMA 和灰度组合模型预测的结果如图 13-26 所示。其中实现基于 RBFNN 的 ARIMA 和灰度组合模型预测的 R 语言代码如下。

```
 1: library(RSNNS)  #加载 RBF 神经网络包
 2: inputs<-cbind(p1, p2)  #合并 ARIMA 模型预测结果 p1 和灰度预测结果 p2,作为输入
 3: data<-read.table(file.choose())
 4: len<-length(data)
 5: ceshi<-data[(len-num+1):len]
 6: ceshi<-ceshi[(length(ceshi)-num+1) : length(ceshi)]
 7: outputs<-matrix(as.numeric(ceshi), ncol=1)   #输出
 8: min<-min(inputs, outputs)
 9: max<-max(inputs, outputs)
10: diff<-max-min
11: inputs<-(inputs-min+1)/(diff+1)  #输入归一化
12: outputs<-(outputs-min+1)/(diff+1)  #输出归一化
13: cbmodel<<-rbf(inputs, outputs, size=40, maxit=200,
    initFunc="RBF_Weights", learnFunc="RadialBasisLearning" ,
    initFuncParams=c(0, 1, 0, 0.01, 0.01),
    learnFuncParams=c(1e-8, 0, 1e-8, 0.1, 0.8) ,linOut=TRUE)  #模型训练
14: predictions<-predict(cbmodel, inputs)   #利用形成的模型进行测试
15: y<-predictions   #数据反归一化
16: y<-y*(max-min+1)+min-1
```

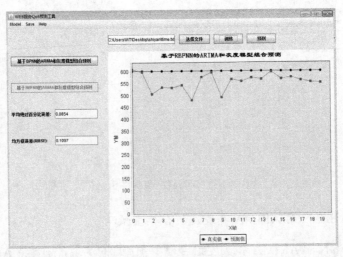

图 13-26　基于 RBFNN 的 ARIMA 和灰度组合模型预测结果图

### 13.3.5　工具测试与分析

1. 模型评估标准

一般使用平均绝对百分比误差（Mean Absolute Percentage Error，MAPE）和 RMSE 对预测模型的精度进行评估，使用这些指标可以对预测值的误差进行量化[7]，其具体公式如下。

MAPE 为

$$\text{MAPE} = \frac{1}{N} \sum_{i=1}^{N} \frac{|y_i - y_i'|}{y_i} \tag{13-1}$$

其中，$N$ 表示预测的总体数量；$y_i$ 表示第 $i$ 个实际观察值；$y_i'$ 表示与之对应的第 $i$ 个预测结果。MAPE 值的大小表明了预测结果偏离实际观察值的程度。

RMSE 为

$$\text{RMSE} = \sqrt{\frac{1}{N} \sum_{i=1}^{N} \left( \frac{y_i - y_i'}{y_i} \right)^2} \tag{13-2}$$

其中，$N$ 为预测的总体数量；$y_i$ 为第 $i$ 个实际观察值；$y_i'$ 为与之对应的第 $i$ 个预测结果。RMSE 值既可以表明相对误差的大小，又可以表明预测结果的稳定性。

2. 工具测试与结果分析

本次测试选择四个自测 Web 服务的响应时间和吞吐量作为测试数据（数据已经上传到了 GitHub 平台上①），分别是 DomesticAirLine、MobileCode、ValidateEmail、Weather，每 10 分钟收集一次，每个服务的响应时间与吞吐量数据长度为 2000，并将前 1980 个数据划分为训练集，后 20 个数据作为测试集。另外，本次测试为了更具有代表性和避免偶然性，又选择了四组网络共享数据的响应时间和吞吐量进行测试，这四个 Web 服务分别为 BuyerData、CinemaSinchronization、StadiumData 和 Stadium Sinchronization，其中这四个服务 QoS 属性值中响应时间和吞吐量的数据长度分别为 64，并将前 54 个数据作为训练集，后 10 个数据作为测试集（数据来源于数据堂②）。为了作图方便，下面将 Web 服务 QoS 预测工具中的预测模型作如下简称，分别为 ARIMA、SW-ARIMA、GM11、BP、RBF、C-BP 和 C-RBF，并分别对四个自测 Web

---

① https://github.com/WT-SE/WS_QoS_Predict.git.

② http://more.datatang.com/data/15932.

服务的响应时间和吞吐量的预测结果、四组网络共享数据的响应时间和吞吐量的预测结果进行作图和作表。

从图 13-27 和表 13-2 可以看出，在这四个 Web 服务响应时间的预测中，基于滑动窗口的 ARIMA 模型预测效果比 ARIMA 模型预测效果好，基于 BPNN 的 ARIMA 和灰度组合模型、基于 RBFNN 的 ARIMA 和灰度组合模型的预测效果都分别优于灰度模型 GM(1,1)、ARIMA 模型、BP 神经网络和 RBF 神经网络的预测效果。因为四个 Web 服务的响应时间呈现的规律不同，所以各个模型对于每个服务响应时间的预测效果都不同。对四个 Web 服务响应时间的预测结果进行分析发现，ARIMA 模型对 DomesticAirLine 服务响应时间的预测效果最好，MAPE 和 RMSE 值都小于 0.1，而对 MobileCode 服务响应时间的预测效果最差，MAPE 和 RMSE 值都大于 0.2。虽然灰度模型 GM(1,1) 预测效果都不是很好，但是 GM(1,1) 与 ARIMA、BP 和 ARIMA、RBF 组合起来的预测效果都比较好。

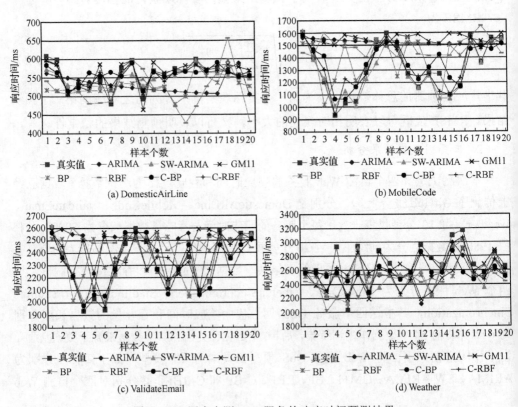

图 13-27　四个自测 Web 服务的响应时间预测结果

表 13-2　四个自测 Web 服务响应时间的 MAPE 和 RMSE 值对比

| Web 服务 | DomesticAirLine | | | | | | |
|---|---|---|---|---|---|---|---|
| 模型 | ARIMA | SW-ARIMA | GM11 | BP | RBF | C-BP | C-RBF |
| MAPE | 0.0787 | 0.0315 | 0.0241 | 0.0747 | 0.0995 | 0.0314 | 0.0185 |
| RMSE | 0.0873 | 0.0399 | 0.0305 | 0.0861 | 0.1251 | 0.0497 | 0.0273 |
| Web 服务 | MobileCode | | | | | | |
| 模型 | ARIMA | SW-ARIMA | GM11 | BP | RBF | C-BP | C-RBF |
| MAPE | 0.2044 | 0.0343 | 0.2191 | 0.1495 | 0.1897 | 0.0648 | 0.0429 |
| RMSE | 0.2708 | 0.0521 | 0.2875 | 0.1971 | 0.2503 | 0.0797 | 0.0662 |
| Web 服务 | ValidateEmail | | | | | | |
| 模型 | ARIMA | SW-ARIMA | GM11 | BP | RBF | C-BP | C-RBF |
| MAPE | 0.0859 | 0.0217 | 0.0751 | 0.0862 | 0.1055 | 0.0222 | 0.0318 |
| RMSE | 0.1234 | 0.0357 | 0.1244 | 0.1105 | 0.1361 | 0.0271 | 0.0444 |
| Web 服务 | Weather | | | | | | |
| 模型 | ARIMA | SW-ARIMA | GM11 | BP | RBF | C-BP | C-RBF |
| MAPE | 0.0845 | 0.0673 | 0.0769 | 0.1038 | 0.0866 | 0.0682 | 0.0558 |
| RMSE | 0.1062 | 0.0942 | 0.1000 | 0.1297 | 0.1031 | 0.0909 | 0.0770 |

　　从图 13-28 和表 13-3 可以看出，对于 DomesticAirLine 服务吞吐量的预测，预测效果最好的是基于 RBFNN 的 ARIMA 和灰度组合模型预测方法，效果最差的是 ARIMA 模型预测方法，其 MAPE 和 RMSE 值都大于 0.15；对于 MobileCode 服务吞吐量的预测，各个模型的预测效果都不是很好，它们的 MAPE 和 RMSE 值基本都在 0.1～0.3。对于 ValidateEmail 服务吞吐量的预测，基于 RBFNN 的 ARIMA 和灰度组合模型预测方法与基于 BPNN 的 ARIMA 和灰度组合模型预测方法的预测效果都比较好，其中预测效果最差的两个分别是灰度模型 GM(1,1)预测方法和 ARIMA 模型预测方法，其 MAPE 和 RMSE 值都大于 0.1。对于 Weather 服务吞吐量的预测，各个模型的预测效果都差不多，其中预测效果最好的是基于 RBFNN 的 ARIMA 和灰度组合模型预测方法，但是其 MAPE 和 RMSE 值都大于 0.05。对于这四个服务吞吐量的预测，ARIMA 预测效果都不是很好，而基于滑动窗口的 ARIMA 模型预测效果与 ARIMA 模型的预测效果相比有较大的提高，BP 神经网络和 RBF 神经网络预测效果基本差不多，两个组合模型的预测效果相对于 ARIMA、灰度模型 GM(1,1)预测效果都有较大的提高，而对于 BP 神经网络和 RBF 神经网络的预测效果提高得不是很明显，但是总的来说组合模型预测效果与基本模型预测效果相比，其预测效果更好。

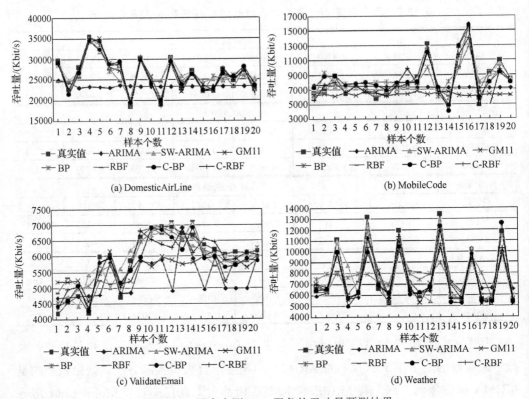

图 13-28　四个自测 Web 服务的吞吐量预测结果

表 13-3　四个自测 Web 服务吞吐量的 MAPE 和 RMSE 值对比

| Web 服务 | DomesticAirLine | | | | | | |
|---|---|---|---|---|---|---|---|
| 模型 | ARIMA | SW-ARIMA | GM11 | BP | RBF | C-BP | C-RBF |
| MAPE | 0.1534 | 0.0661 | 0.0336 | 0.0414 | 0.0665 | 0.0323 | 0.0160 |
| RMSE | 0.1806 | 0.0953 | 0.0391 | 0.0562 | 0.0955 | 0.0365 | 0.0210 |
| Web 服务 | MobileCode | | | | | | |
| 模型 | ARIMA | SW-ARIMA | GM11 | BP | RBF | C-BP | C-RBF |
| MAPE | 0.2174 | 0.1019 | 0.2372 | 0.1991 | 0.0910 | 0.1095 | 0.1067 |
| RMSE | 0.2745 | 0.1721 | 0.2931 | 0.2592 | 0.1353 | 0.1369 | 0.1508 |
| Web 服务 | ValidateEmail | | | | | | |
| 模型 | ARIMA | SW-ARIMA | GM11 | BP | RBF | C-BP | C-RBF |
| MAPE | 0.1223 | 0.0655 | 0.1053 | 0.0462 | 0.0673 | 0.0480 | 0.0450 |
| RMSE | 0.1457 | 0.0952 | 0.1196 | 0.0641 | 0.0824 | 0.0555 | 0.0520 |
| Web 服务 | Weather | | | | | | |
| 模型 | ARIMA | SW-ARIMA | GM11 | BP | RBF | C-BP | C-RBF |
| MAPE | 0.1204 | 0.1044 | 0.1982 | 0.0891 | 0.1201 | 0.0747 | 0.0605 |
| RMSE | 0.1373 | 0.1573 | 0.2518 | 0.1151 | 0.1491 | 0.0930 | 0.0859 |

　　从图 13-29 和表 13-4 可以看出，对于 BuyerData 服务响应时间的预测，预测效果最好的是基于滑动窗口的 ARIMA 模型预测方法，但是其 MAPE 和 RMSE 值也较大，效果最差的是 RBF 神经网络预测方法，其 MAPE 和 RMSE 值都大于 0.19。对于 CinemaSinchronization 服务响应时间的预测，预测效果都不是很好，相对较好的是 RBF 神经网络预测方法，效果最差的是 ARIMA 模型预测方法，其 MAPE 和 RMSE 值都大于 1.5。对于 StadiumData 服务响应时间的预测，预测效果最好的是 ARIMA 模型预测，预测效果最差的是灰度模型 GM(1,1)预测方法，其 MAPE 和 RMSE 值都达到了 0.2 以上。对于 StadiumSinchronization 服务响应时间的预测，基于 BPNN 的 ARIMA 和灰度组合模型预测效果最好，预测效果最差的是 ARIMA 模型预测方法。从上面的四个服务响应时间预测效果可以看出，BP 神经网络和 RBF 神经网络的预测效果都不佳。

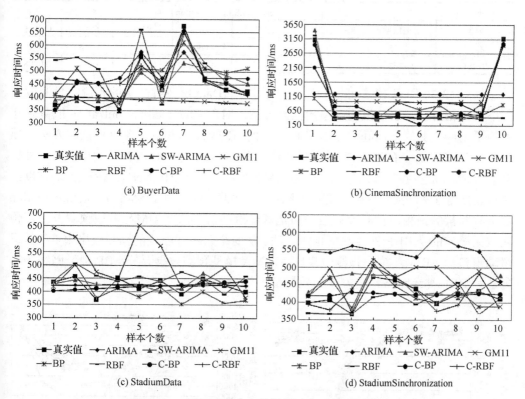

图 13-29　四组网络共享数据的响应时间预测结果

表 13-4    四组网络共享 Web 服务响应时间的 MAPE 和 RMSE 值对比

| Web 服务 | BuyerData | | | | | | |
|---|---|---|---|---|---|---|---|
| 模型 | ARIMA | SW-ARIMA | GM11 | BP | RBF | C-BP | C-RBF |
| MAPE | 0.1428 | 0.0766 | 0.1465 | 0.1378 | 0.1987 | 0.0729 | 0.0854 |
| RMSE | 0.1675 | 0.0978 | 0.1888 | 0.1539 | 0.2528 | 0.1083 | 0.1182 |
| Web 服务 | CinemaSinchronization | | | | | | |
| 模型 | ARIMA | SW-ARIMA | GM11 | BP | RBF | C-BP | C-RBF |
| MAPE | 1.6683 | 0.1834 | 1.0511 | 0.4550 | 0.1642 | 0.2581 | 0.5845 |
| RMSE | 1.7619 | 0.4221 | 1.1756 | 0.5868 | 0.2884 | 0.2868 | 0.7187 |
| Web 服务 | StadiumData | | | | | | |
| 模型 | ARIMA | SW-ARIMA | GM11 | BP | RBF | C-BP | C-RBF |
| MAPE | 0.0580 | 0.0632 | 0.2295 | 0.0817 | 0.0943 | 0.0694 | 0.0599 |
| RMSE | 0.0696 | 0.0767 | 0.2983 | 0.0894 | 0.1260 | 0.0770 | 0.0700 |
| Web 服务 | StadiumSinchronization | | | | | | |
| 模型 | ARIMA | SW-ARIMA | GM11 | BP | RBF | C-BP | C-RBF |
| MAPE | 0.2985 | 0.0917 | 0.1076 | 0.0600 | 0.0781 | 0.0586 | 0.0729 |
| RMSE | 0.3263 | 0.1306 | 0.1356 | 0.0720 | 0.0896 | 0.0742 | 0.0908 |

从图 13-30 和表 13-5 可以看出，对于 BuyerData 服务吞吐量的预测，预测效果都不好，相对较好的是组合模型的预测方法。对于 CinemaSinchronization 服务吞吐量的预测，预测效果最好的是基于 BPNN 的 ARIMA 和灰度组合模型预测方法，预测效果最差的是 ARIMA 模型预测方法，其 MAPE 和 RMSE 都大于 0.2。对于 StadiumData 服务吞吐量的预测，预测效果最好的是基于 RBFNN 的 ARIMA 和灰度组合模型预测方法，预测效果最差的是灰度模型预测方法。对于 StadiumSinchronization 服务吞吐量的预测，预测效果最好的是基于滑动窗口的 ARIMA 模型预测方法，预测效果最差的是 RBF 神经网络预测方法。从四个服务吞吐量的预测效果来看，基于滑动窗口的 ARIMA 模型预测效果比 ARIMA 模型预测效果要好，BP 神经网络预测方法和 RBF 神经网络预测方法的效果都不好。

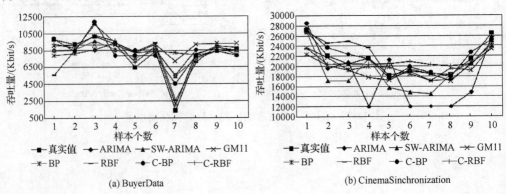

(a) BuyerData                    (b) CinemaSinchronization

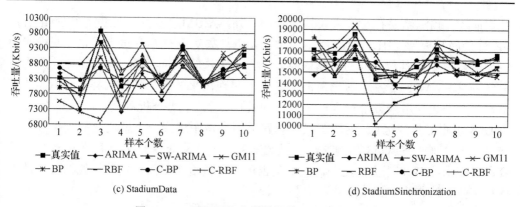

(c) StadiumData

(d) StadiumSinchronization

图 13-30 四组网络共享数据的吞吐量预测结果

表 13-5 四种网络共享 Web 服务吞吐量的 MAPE 和 RMSE 值对比

| Web 服务 | BuyerData | | | | | | |
|---|---|---|---|---|---|---|---|
| 模型 | ARIMA | SW-ARIMA | GM11 | BP | RBF | C-BP | C-RBF |
| MAPE | 0.3960 | 0.3534 | 0.5254 | 0.5943 | 0.2138 | 0.3084 | 0.0882 |
| RMSE | 0.9779 | 0.9533 | 1.3692 | 1.5968 | 0.3352 | 0.7362 | 0.1617 |
| Web 服务 | CinemaSinchronization | | | | | | |
| 模型 | ARIMA | SW-ARIMA | GM11 | BP | RBF | C-BP | C-RBF |
| MAPE | 0.2176 | 0.1104 | 0.0681 | 0.0869 | 0.0738 | 0.0392 | 0.0809 |
| RMSE | 0.2646 | 0.1423 | 0.0860 | 0.0937 | 0.0939 | 0.0495 | 0.0883 |
| Web 服务 | StadiumData | | | | | | |
| 模型 | ARIMA | SW-ARIMA | GM11 | BP | RBF | C-BP | C-RBF |
| MAPE | 0.0466 | 0.0428 | 0.0782 | 0.0330 | 0.0385 | 0.0301 | 0.0230 |
| RMSE | 0.0551 | 0.0549 | 0.1106 | 0.0400 | 0.0488 | 0.0450 | 0.0263 |
| Web 服务 | StadiumSinchronization | | | | | | |
| 模型 | ARIMA | SW-ARIMA | GM11 | BP | RBF | C-BP | C-RBF |
| MAPE | 0.0653 | 0.0398 | 0.0820 | 0.0552 | 0.1053 | 0.0515 | 0.0475 |
| RMSE | 0.0745 | 0.0506 | 0.0930 | 0.0621 | 0.1325 | 0.0630 | 0.0511 |

综合前面四个分析可以得出，在绝大多数情况下基于滑动窗口的 ARIMA 模型预测方法的效果比 ARIMA 模型预测方法好，从而可以发现使用合适的滑动窗口可以提高预测效果；基于 BPNN 的 ARIMA 和灰度组合模型与基于 RBFNN 的 ARIMA 和灰度组合模型预测效果都比单独的 ARIMA 和灰度模型 GM(1,1)预测效果要好，从而可以发现组合模型通过综合使用 ARIMA 预测方法和灰度预测方法有利于提高输入质量，进而能在一定程度上提高预测效果。并且从四组网络共享数据与四个自测 Web 服务数据的吞吐量和响应时间的 MAPE 和 RMSE 值对比表中可以明显看出，在数据量较小的情况下，传统的 BP 神经网络模型和 RBF 神经网络模型不能得到很

好的训练，预测结果存在较大误差。除此之外，ARIMA 模型、灰度模型 GM(1,1)、BP 神经网络模型、RBF 神经网络模型的预测效果对于有着不同特性和不同规律的 QoS 历史数据，有着不同的预测效果。并且从大量的 Web 服务 QoS 属性的历史值中分析发现，Web 服务 QoS 值随时间变化而呈现出来的规律各种各样，而不同的模型预测方法适合用来拟合符合一定规律的数据。通过以上分析可以反映出该 Web 服务 QoS 预测工具的优点，这个工具可以帮助用户从中选择一个最适合的模型预测方法作为 Web 服务的 QoS 预测方法，以此来帮助用户从众多的 Web 服务中选择最适合自己需求的 Web 服务。此外，该工具也可以提供给相关人员使用，他们可以从中选择某些方法作为对比实验进行分析比较。

## 13.4　本章小结

本章主要介绍了 Web 服务 QoS 预测工具的设计，其中主要介绍了 Web 服务 QoS 预测工具的架构、功能结构、界面设计以及整体设计和 Web 服务 QoS 预测数据形式。工具中的 7 种模型预测主要通过 Rserve 调用编写的 R 语言脚本实现。通过计算平均绝对百分比误差值和均方根误差值来评估各个模型进行 Web 服务 QoS 预测的效果。并利用四个自测 Web 服务的响应时间和吞吐量、四组网络共享数据的响应时间和吞吐量进行测试，并对预测结果进行了分析与评估。

### 参 考 文 献

[1] Huhns M N, Singh M P. Service-oriented computing: Key concepts and principles[J]. Internet Computing, 2005, 9(1): 75-81.

[2] Chen K, Zheng W M. Cloud computing: System instances and current research[J]. Journal of Software, 2009, 20(5): 1337-1348.

[3] 秦静芳. 支持动态 QoS 的 Web 服务注册中心的研究与实现[D]. 大连：大连海事大学, 2015.

[4] Zhang P, Sun Y, Li W, et al. A combinational QoS-prediction approach based on RBF neural network[C]//IEEE International Conference on Services Computing. IEEE, 2016:577-584.

[5] 闫建波. 基于 BP 神经网络的灰色预测模型[D]. 西安：西安理工大学, 2009.

[6] Luo X, Luo H, Chang X. Online optimization of collaborative web service QoS prediction based on approximate dynamic programming[C]//International Conference on Identification, Information and Knowledge in the Internet of Things. IEEE, 2015:80-83.

[7] Ye Z, Mistry S K, Bouguettaya A, et al. Long-term QoS-aware cloud service composition using multivariate time series analysis[J]. IEEE Transactions on Services Computing, 2016, 9(3): 382-393.